叶不争春，花不争艳，防风固沙，果粮皆宜；
铁杆庄稼，抗寒耐旱，蜜源树种，食药同源。

叶不争春

花不争艳

防风固沙

果粮皆宜

铁杆庄稼

抗寒耐旱

蜜源树种

食药同源

我国拥有近千个枣品种，满足了鲜食、制干、加工、观赏等不同用途。

冬枣

骏枣

灰枣（吊干枣）

灵武长枣

木枣

金丝小枣

枣优质高效栽培、保鲜与加工、膳食养生，是枣文化的主要范畴。

水肥一体化矮密栽培

病虫害绿色防控

近冰点贮藏 127 天的冬枣

系列枣加工产品

膳食养生（红枣木耳枸杞粥）

民间传统节日食物中离不开枣（枣山）

普及红枣科技知识，传承红枣文化精髓。

枣红国色文化传承

以枣为媒产业融合

山东乐陵第 32 届金丝小枣文化旅游节

金丝小枣主产地乐陵朱集镇

山东百枣枣产业技术研究院

中国金丝小枣文化博物馆

中国枣知识
集锦260条
—— 科学技术古今文化食疗养生

◎ 王文生　李长云　编著

中国农业科学技术出版社

图书在版编目（CIP）数据

中国枣知识集锦 260 条：科学技术古今文化食疗养生 / 王文生，李长云编著 . -- 北京：中国农业科学技术出版社，2022.4
ISBN 978-7-5116-5714-5

Ⅰ.①中… Ⅱ.①王… ②李… Ⅲ.①枣－文化－中国 ②枣－果树园艺 ③枣－食物疗法 Ⅳ.①S665.1 ②R247.1

中国版本图书馆 CIP 数据核字（2022）第 044449 号

责任编辑	马维玲　崔改泵
责任校对	李向荣
责任印制	姜义伟　王思文

出 版 者	中国农业科学技术出版社
	北京市中关村南大街 12 号　　邮编：100081
电　　话	（010）82109194（编辑室）（010）82109702（发行部）
	（010）82109702（读者服务部）
网　　址	http:// www.castp.cn
经 销 者	各地新华书店
印 刷 者	北京科信印刷有限公司
开　　本	170 mm×240 mm　1/16
印　　张	20.5　彩插 4 面
字　　数	357 千字
版　　次	2022 年 4 月第 1 版　2022 年 4 月第 1 次印刷
定　　价	68.00 元

　　枣树起源于我国，是我国栽培历史最为悠久的主栽果树和五大优势经济树种之一。枣果是我国著名的特产干果和传统滋补佳品，产量居干果首位，占世界产量的98%左右。枣产业已成为我国年产值近千亿元的支柱性农业产业，在山沙碱旱地区农民增收、生态建设和社会发展中占有重要地位，并将在未来健康食品产业发展和特色农产品出口创汇中发挥越来越重要的作用。

　　作者在多年调研、研究和实践基础上，广泛收集整理我国枣领域的古今文献，历时多年撰写了《中国枣知识集锦260条——科学技术古今文化食疗养生》一书。该书分为枣综合知识篇、枣文化知识篇、枣树主要栽培及观赏品种知识篇、枣树特性及栽培管理知识篇、枣保鲜及贮藏知识篇、枣加工知识篇、枣营养保健和药理作用知识篇以及枣食疗保健知识篇，共8篇260条目，以一问一答的简朴形式，对枣文化、枣树农艺、枣营养及健康养生、枣产业相关知识等，进行了全景式的系统介绍。该书凝聚了作者对枣的深情厚谊和多年心血，内容丰富、图文并茂、深入浅出，令人读来趣味盎然，是一本不可多得的枣科普著作。

　　当前，枣产业已进入转型升级关键期，正在迈向高质量发展新阶段。我国独具特色优势的枣产业，在未来的大健康产业、外向型现代农业及一二三产业融合发展中必将大有作为。该书的出版对于相关研究工作者、从业人员和消费者等都大有裨益。

刘孟军
2021年11月

前　言

　　枣树起源于我国，枣是重要的药食同源食物，我国枣资源在世界上具有独一无二的优势。根据测算，我国有 800 万～1 000 万人以枣产业为主要经济来源，其中不少枣区分布于山沙碱旱等贫困地区。因此，枣树是一些地区农民脱贫致富的"摇钱树"，枣果具有丰富的营养和药用价值，是我国历来推崇的滋补食品，属于健康养生的强身果。

　　20 多年来，我国枣树种植面积剧增，产量约占世界总产量的 98 %，枣产业已发展成一个年产值约千亿元的产业（据中国林业统计年鉴，2017 年我国干制枣产量为 562.47 万吨）。现阶段，我国对枣产品的加工与开发总体尚处于初级阶段，其中枣干制品是枣系列产品中最常见的，也是我国枣加工的大众化产品。根据相关资料总结，2017 年我国枣消费以原枣消费为主（包括清洗烘干枣，即免洗枣），消费量约 695.94 万吨，销售额约 454.4 亿元；枣初加工品（包括果脯蜜饯等糖制品等）约 85.03 万吨，销售额约 76.9 亿元；枣深加工品（包括枣饮料、枣粉、枣提取物等）约 68.91 万吨，销售额约 84.3 亿元。虽然在蜜枣、枣泥等传统枣果加工产品的基础上，多年来相继开发了低糖枣脯、枣酒、枣醋、枣汁、枣粉、枣片、枣可乐、枣香精、枣系列提取物等新型产品，增加了枣加工产品的种类，丰富了枣产品市场，枣精深加工品所占份额年平均上升约 0.9 %，但是枣销售仍以原枣和初加工品为主的局面没有发生根本改变。科技含量低，产业链不长，产品同质化严重，附加值不高，是目前我国枣加工业面临的现状和痛点。

　　山东是我国五大产枣省份之一，也是我国最早利用枣资源的省份之一。早在 2 500 年前，齐鲁大地已广泛栽种枣树。在漫长的发展过程中，形成了一大批优良地方品种，在鲁西北盐碱地和鲁南瘠薄山区林业建设中，种植枣树具有不可替代的地位，产生了良好的生态效益、经济效益和社会效益。山东著名枣产区有鲁北平原的乐陵及无棣金丝小枣产区、鲁西平原的茌平圆铃枣产区、鲁南山地丘陵区的宁阳、枣庄、邹城圆铃枣和长红枣产区；鲜食枣主要集中在鲁北平原的滨州沾化和黄河入海口的东营河口冬枣产区。

以新疆为代表的干旱少雨地区，具有发展枣产业明显的地域优势，所产枣以个头大、色泽好、含糖量高、裂果少等为主要特色，迅速占领了我国枣的主流市场。近年来，山东的枣园面积特别是金丝小枣栽植面积呈现逐年减少的趋势，整体经济效益大幅下滑，许多枣园出现"丰产不丰收"现象，严重挫伤了生产者和经营者的积极性。虽然各级政府和农林技术推广部门在品种选育、栽培管理、提高品质、产业融合等方面进行了持续的努力，但目前枣产业面临的挑战依然严峻。然而，在不少贫困山区、革命老区，枣产业作为当地农民的主要创收产业，作为他们破解经济与生态协调发展难题主要抓手的现实不会改变。

尽管优质高效新枣区逐渐兴起，但传统枣区的高灾害、低效益未能改善，市场需求有限，使得产区转移、产业转型势在必行。枣产业发展的重要突破口之一，在于精深加工和高质保鲜，而我国枣加工产品亟须升级换代，亟须通过加强精深加工技术的研发与应用，提升产品的品质，增强产业核心竞争力。

《诗经》是我国最早的一部诗歌总集，是我国古代人民智慧和经验的结晶。在《国风·豳风》篇中，诗歌《七月》有"八月剥枣，十月获稻"的诗句。豳是今陕西彬县、旬邑县一带，是甘肃、陕西泾河流域晋枣和疙瘩枣的产区，这说明3 000多年前，我国劳动人民已经开始了枣树的人工栽培；《礼记》成书于汉宣帝时期，是中国古代一部重要的典章制度书籍，书中有"枣栗饴蜜以甘之"的描述；《打枣谱》为元代著名文学家、诗人柳贯创作的农书，是我国第一部有关果品枣类的著作；《齐民要术》由北魏末年高阳太守贾思勰所著，该书收录了枣品种45个，并且对各品种的来源、产地及生长状况等进行了较为详细的描述，反映出我国枣传统栽培技术体系和利用方式在当时已基本形成。古往今来，人们种枣、食枣、用枣、选育枣，咏枣、唱枣、画枣、研究枣，枣已经进入人类社会生活的各个领域，形成了极其丰厚的枣文化积淀。枣作为一种具有悠久历史的果品，在中国历史的演进过程中，逐渐被赋予丰富多样的文化内涵。

　　《伤寒论》《金匮要略》《神农本草经》《本草纲目》等众多医药典籍中，对枣的药用价值均有记载。现代营养学研究表明，枣不仅含有丰富的营养，同时含有多种功能性成分。枣是我国目前所列的药食同源食物中成本低廉的滋补食品之一，合理食用枣对维持人体健康具有非常重要的作用。

　　长期以来，我国对枣的研究非常重视，关于枣方面的研究成果、专利、论文和著作很多，这对枣产业的技术与文化提升起到了积极的推动作用。但总体来看，注重产前研究，而产后精深加工和高质保鲜研究相对薄弱；注重产地历史文化的宣传策划，而缺乏科学配套的长远产业布局；注重规模效应和产量提高，而忽视质量效益和品质提升；企业从事加工与保鲜的一线人员简单操作工多，而对加工和保鲜基本知识有比较全面了解的人员少。这些都是导致市场上枣加工产品科技含量较低，同质化严重，安全隐患常有发生，企业产品竞争日趋激烈的重要原因。

　　为此，山东百枣枣产业技术研究院的科技人员，通过深入产地及市场进行调研与实践，与同行专家广泛交流研讨，并查阅已经出版的相关著作和发表的研究论文、引用部分未公开发表的研究资料，或通过试验测定等多种途径，历时3年，编写了《中国枣知识集锦260条——科学技术古今文化食疗养生》。全书包含了序、前言、正文、后记和主编心语，其中正文共8篇，分别为枣综合知识篇、枣文化知识篇、枣树主要栽培及观赏品种知识篇、枣树特性及栽培管理知识篇、枣保鲜及贮藏知识篇、枣加工知识篇、枣营养保健和药理作用知识篇、枣食疗保健知识篇，共包括知识内容条目260条。

　　该书从策划构思阶段起，就得到了众多专家学者、同行企业家及行业与地方领导的鼓励和支持，目前关于枣专业技术方面的书籍虽然较多，但枣综合科普知识的书籍较少；枣栽培管理及品种方面的书籍虽然较多，但枣保鲜与加工方面的书籍较少；虽然出版物中介绍了不少枣研究领域的最新成果，但对近年来所取得的实用技术研究成果总结较少。由此可见，撰写一本科学、实用、新颖、知识面覆盖广、可读性强的枣知识科普读物，对从事枣树栽培、枣果保鲜与加工、枣食疗与保健的基层相关人员来讲相当必要，关键是编写的内容要科学、实用、面向大众。为此，编著者力求将一些"科学合理办得到，经济省钱推得开，效果突出看得见"的实用技术也纳入此书，并广泛收集产业、生产企业和消费者所普遍关注的问题，进行梳理分析，做出简明回答。

该书在枣综合知识篇中，不仅对枣的起源、历史上记载枣的主要典籍和枣的食疗作用等进行了概述，同时也对人们日常遇到的对枣的挑选和清洗、与枣相关的药食同源等知识进行了阐述；在枣文化知识篇中，收集了关于枣的常见谚语、成语、诗词及相关风俗民情，以增强读者对枣文化的认知和全书内容的感染力；在枣树主要栽培及观赏品种知识篇中，以多种切入点介绍了我国目前生产中常见的枣栽培品种和观赏品种的分布和主要特性；在枣树特性及栽培管理知识篇中，主要围绕枣树品种适应性、主要病虫害种类及防治、优质高效生产技术等进行了阐述；在枣保鲜及贮藏知识篇和枣加工知识篇中，所列条目既注重了技术和工艺的先进性，也考虑了实用性和经济性，对鲜枣高质保鲜和新产品研发及加工生产过程有很强的现实指导意义；在枣营养保健和药理作用知识篇中，大量总结引用了近年来的研究成果，使读者对枣的营养知识有了比较全面的认识和了解；在枣膳食保健知识篇中，重点整理引用了红枣养身保健的验方和食疗膳食，对指导人们平衡营养、合理膳食保健有一定借鉴。同时拍摄选用了百余幅照片，以增强该书的直观性和亲和力。为了便于查找读者关注的知识内容和兴趣点，该书以 260 个条目为标题，分别进行了阐述。在这些条目内容阐述中，参考了许多专家学者的研究论文、著作、成果以及国家标准、行业标准和团体标准。

如上所述，本书撰写中参考引用了许多已出版的著作、已发表的学术论文和相关文献、资料、图片及照片。借此机会，向这些参考文献和图片资料的作者及单位表示真诚的感谢。

需要特别提出的是，河北农业大学园艺学院院长、中国园艺学会干果分会理事长、国际园艺学会枣属植物工作组主席、河北省枣产业技术研究院院长、中国经济林协会枣分会会长刘孟军教授，为本书撰写提出了许多宝贵的意见和指导性建议，并撰写了序；山西农业大学（山西省农业科学院）食品科学与工程学院张立新院长提供了许多晋陕枣加工方面的基本情况；新疆农业科学院农产品贮藏加工研究所潘俨研究员提供了许多新疆枣发展及研究方面的基本情况；新疆生产建设兵团农一师农业科学研究所王华强副研究员提供了新疆枣业发展的一些资料以及大量产地栽培及品种照片；山西省管涔山国有林管理局王石会高工提供了山西部分产地红枣生产和干制现状的照片；国家农产品保鲜工程技术研究中心（天津）于晋泽高级工程师、陈存坤研究员和董成虎助理研究员，山东农业大学张仁堂副教授，齐鲁工业大学刘新利教授，南京林业大学吴彩娥教授，中国林业科学研究院王贵禧研究员，中国农业科学院果树研究所王文辉研究员，山东省农业科学院果树研究所张琼副研究员等，对该书选题内容和资料收集给予了大力协助；天津农学院闫师杰教授、梁丽雅教授，天津大学寇晓虹教授，中国农业大学石淑源博士等，为该书文献资料查阅、真空冷冻金丝小枣维生素 C 含量的测定和干制枣呼吸强度测定、超高压处理鲜枣保鲜研究等，提供了支持和帮助；山东乐陵市政府相关部门人员、山东百枣纲目生物科技有限公司石守华副总经理及技术与宣传部门的相关人员、中国金丝小枣文化博物馆的工作人员，为该书中部分照片的拍摄、红枣虫害印度谷螟发生规律及其防治的研究等提供了支持。在此一并表示衷心的感谢。

　　撰写一本读者喜读乐见，集枣科技、枣文化与枣养生为一体的科普读物，是编著单位及编著者的由衷心愿，更是当前枣产业面临挑战和机遇并存、亟待普及提高科技水平的迫切需求，也是许多枣行业从业人员的热情期盼。所以，在认真选题的基础上，反复推敲，尽量做到内容科学、形式新颖、图文并茂、数据可信、结论可靠。由于该书涉及内容广泛，加之编著时间和编著者水平有限，书中一些表述、数据或结论不免有疏漏和偏颇，恳请读者不吝指教，以便及时纠正。

山东百枣枣产业技术研究院

王文生　李长云

2021 年 10 月

目录

第三篇　枣树主要栽培及观赏品种知识篇 // 63

第四篇　枣树特性及栽培管理知识篇 // 95

第七篇　枣营养保健和药理作用知识篇 // 213

第一篇
枣综合知识篇

1 枣树起源于我国

枣（*Ziziphus jujuba* Mill.），又称中国枣、红枣、大枣。研究表明，酸枣是枣的野生种。换言之，酸枣就是现在栽培枣的原生种，酸枣和栽培枣是同一个种，只不过一个是野生的，一个演变为栽培种而已（曲泽洲等，1983）。酸枣在我国分布十分广泛，虽遭乱砍滥伐，难以形成乔木，却在许多地区的荒山秃岭上形成了茂密的灌木丛。特别是在北方的太行山、吕梁山、五台山等地，均有大量分布。在五台山区、山西高平、陕西清涧、山东乐陵、河北邢台、河南新郑，至今仍有几百年乃至千年以上树龄的枣树和酸枣树。

一般认为，根据野生种群的地理分布，就可以推断出其栽培树种的原产地。因此，许多中外植物学家都认为枣原产于中国。在中国，有关枣的古文献记载历史有 3 000 多年，出土的碳化枣核历史在 7 000 年以上。枣原产中国完全可以定论（刘孟军等，2009）。

山东临朐县上林镇山旺村发现的中新世硅藻土中山旺酸枣叶化石证明，至少在 1 400 万年前我国黄河流域就有酸枣分布。1978 年，在我国河南新郑市裴李岗发掘的新石器时代遗址中，发现了碳化酸枣核（赵世纲，1987）。在长葛石固遗址发掘中，发现碳化果核更多，距今 7 450 年左右，有酸枣核、榛子和核桃，说明距今 7 400 年前人们就采集利用枣果实（李友谋，2003）。1978 年在我国河南密县莪沟北岗遗址发掘中，发现距今 7 000 多年前的枣核和干枣。在河南郑县水泉遗址发掘中，也有距今 7 000 多年前的枣核、核桃出土，这说明在 7 000 多年前，先民可能已通过栽培或

1

半栽培方式生产利用枣果，种子繁殖可能是重要方式。

自 20 世纪 60 年代，先后在我国南部的湖北随州、江陵、云梦，湖南长沙，广东广州，江苏，四川昭化，北部的甘肃武威，西部的新疆吐鲁番古高昌国等地古墓中，均发掘出枣核和干枣遗迹，这些古墓均已有 2 000 年以上的历史，说明早在 2 000 年前枣树在我国广大地区已大量栽培。

2 我国枣树最早的栽培中心在黄河中下游一带

《诗经》是我国第一部诗歌总集，其中《国风·豳风》篇中，诗歌《七月》有"八月剥枣，十月获稻"的诗句，定期采收说明枣已经开始人工栽培。《诗经》是最早记载枣树栽培的书籍，豳是今陕西彬县、旬邑县一带，是甘肃、陕西泾河流域的晋枣和疙瘩枣产区，这说明至少 3 000 多年前在我国西北地区就已经开始人工栽培枣树。

从文献资料分析，栽培枣树与我国的文化和历史进展密不可分。中华民族起源于黄河中下游，先民们的生产生活活动也主要是在这个区域。因此，我国枣树最早的栽培中心也在黄河中下游一带，并且以陕西、山西等地栽培较早。

曲泽洲等（1993）阐述，晋陕黄河峡谷是我国栽培枣最早的区域，渐及黄河中下游一带的河南、河北、山东等地。殷晓等（2014）采用简单序列重复（SSR）标记，对陕北枣品种群遗传结构的分析也证明了这一点。现在该区域仍存在枣的很多原始类型，如陕西佳县泥河沟和荷叶坪、清涧县王宿里等村，现存很多千年古枣树；绥德县鱼家湾村、神木县界牌村，现存千年的酸枣接大枣古树；佳县小会坪村有酸枣到枣的多种"过渡类型"。

李新岗等（2015）采用 SSR 研究发现，我国酸枣资源分为太行山以西（黄土高原）和太行山以东（华北平原）两大遗传群体，下游（华北平原）群体比上游（黄土高原）群体具有更高的遗传多样性；我国枣品种首先划分为 A 和 B+C 两支，A 为陕晋黄土高原和辽宁朝阳原始枣品种群，B+C 两支则为黄河、海河中下游及其支流驯化枣品种群。

3 我国枣属植物中最重要的种为枣、酸枣和毛叶枣

全世界枣属植物约有 170 种，作为经济栽培或利用的有 12 种

（Hammer，2001）。我国枣属植物中最重要的 3 种分别是普通枣、酸枣、毛叶枣。

（1）普通枣。普通枣（*Ziziphus jujuba* Mill.）原产我国，为落叶乔木，南北各地均有分布，适应性及抗逆性强，我国栽培的枣均属此种。枣树为我国第一大干果树种和第七大果树种。20 世纪 80 年代以来，我国科技工作者在全国范围内进行了最大范围的收集，记入《中国果树志·枣卷》的有 704 个枣地方品种，其中制干品种 224 个，鲜食品种 261 个，蜜枣品种 56 个，兼用品种 159 个，观赏品种 4 个。2009 年出版的《中国枣种质资源》（刘孟军等，2009）中阐述，迄今已经发现和记载的枣品种和优良类型近 1 033 个。

传统上可根据托叶刺的有无、枝条的弯曲与否、果实的形状、萼片的宿存与否、果核的有无等性状，把枣划分为 6 个变种（曲泽洲，王永蕙，1993），即枣原变种（*Ziziphus jujuba* Mill. var. *jujuba*）、无刺枣［*Ziziphus jujuba* Mill. var. *inermis*（Bunge）Rehd.］、龙爪枣（*Ziziphus jujuba* Mill. var. *tortuosa* Hort.）、葫芦枣（*Ziziphus jujuba* Mill. var. *lageniformis* Nakai.）、宿萼枣（*Ziziphus jujuba* Mill. var. *carnosicalleis* Hort.）、无核枣（*Ziziphus jujuba* Mill. var. *anucleatus* Y. G. Chen），除原变种外，以下对其他 5 个变种加以简述：无刺枣，与原变种的主要区别是长枝无皮刺，幼枝无托叶刺，如延川脆枣、神木无刺枣、冬枣等；龙爪枣，一般树体小，树姿开张，枝形奇特，观赏价值较高，如陕西龙枣、南京龙须枣、河南龙枣、北京龙爪枣等；葫芦枣（缢痕枣），如葫芦枣、磨盘枣等；宿萼枣，如大荔柿枣、五花枣等；无核枣，枣核严重退化，其枣核部分无枣仁，只剩核膜，可以 100 ％ 食用，无硬感，如乐陵无核枣、淇县无核枣等。

彭建营等（2002）用随机扩增多态性 DNA 标记技术（RAPD），探讨中国枣的种下划分指出，龙爪枣、葫芦枣、无核枣等几个变种内的遗传距离大于变种间遗传距离，认为枣的变种划分是不自然的，宜并入其原变种；枣种下不宜设变种，对枣种下的众多品种，应根据品种间的遗传关系，直接归为品种群比较合理。李新岗（2015）也认为枣种下包括 2 个变种：枣（*Ziziphus jujuba* Mill. var. *jujuba*）和酸枣［*Ziziphus jujuba* Mill. var. *spinosa*（Bunge）Hu et H. F. Chow.］比较合理。

（2）酸枣。酸枣［*Ziziphus jujuba* Mill. var. *spinosa*（Bunge）Hu et H. F. Chow.］在我国北方分布较多，华中及华东地区也有分布，为灌木或乔木。

果小，圆形或长圆形，味酸，核大肉薄，仁可入药。酸枣适应性极强，可作栽培枣砧木。《中国枣种质资源》中收录酸枣品种和类型 35 个（刘孟军，2009）。

对枣和酸枣的分类地位，曾有两者同属一种、枣是酸枣的变种、酸枣是枣的变种、两者为 2 个独立种等 4 种观点（王永蕙等，1989）。刘孟军等（2015）基于历史认知及自然分布、形态和用途等差异，认为枣和酸枣为 2 个独立种，并根据植物命名法规给予了酸枣新的学名（*Ziziphus jujuba* C. Y. Cheng et M. J. Liu）。

（3）毛叶枣。毛叶枣（*Ziziphus mauritiana* Lam.）又叫滇刺枣、印度枣，在我国台湾、云南、海南岛等地有分布，为落叶小乔木，在亚热带地区多为常绿。《中国枣种质资源》中收录毛叶枣品种 24 个（刘孟军，2009）。

4 我国枣品种群及其遗传变异研究

曲泽洲是我国著名的枣领域专家，在所著的《中国果树志·枣卷》（曲泽洲等，1993）中阐述，晋陕黄河峡谷是我国栽培枣最早的区域，渐及黄河中下游一带的河南、河北、山东等地。20 世纪 90 年代，刘孟军在枣上较早开展了 RAPD 分子标记应用研究（刘孟军，1995），之后许多学者相继开展了枣 AFLP、SSR、SRAP 等分子标记体系的建立和应用（彭建营等，2000；鹿金颖等，2005；李莉等，2009；Ma et al.，2011；马秋月等，2013；Wang et al.，2014；Xiao et al.，2015），但大多局限于对数十个品种类型的分析。在 SSR 标记开发方面，Wang et al.（2014）利用 SSR文库和 3 引物 PCR 技术，开发了 301 个多态性枣 SSR 标记，利用转录组数据筛选出 71 个 3 核苷酸重复的多态性枣 SSR 标记。马秋月等（2013）利用 454 高通量测序技术对枣基因组进行部分测序，获得约 8.4 Mb 的序列，找出 15 036 个微卫星重复序列，并对其特征进行了初步分析。Xiao et al.（2015）利用全基因组数据并与近缘物种进行比较，全面分析了枣基因组 SSR 特征，共设计出 30 565 个 SSR 引物，公布了 725 对多态性 SSR引物。

李新岗等（2015）在编著的《中国枣产业》中，归纳出了全国枣品种群及其遗传变异。研究采用 19 对 SSR 引物，对我国 21 个省（直辖市、自治区）采集的 687 个枣样本（涉及枣品种约 500 个）所做的 Nei's 遗传距离UPGMA聚类图分析发现，在遗传距离为0.36处，分为5个遗传类型。我国的枣品种首先划分为A和B+C两支，A为陕晋黄土高原和辽宁朝阳原始枣品种群；B+C两支则为黄河、海河中下游及其支流驯化枣品种群。各群内代表性品种如下。

A类原始枣品种群。包括辽宁朝阳枣品种群、陕晋黄土高原木团枣品种群和陕晋南部黄河流域枣品种群。该群代表品种为木枣、团枣、佳县酸团枣、骏枣、壶瓶枣、相枣、板枣、蛤蟆枣、七月鲜、屯屯枣、灵宝大枣等。

B类驯化枣品种群。涉及区域较广，包括黄河、海河中下游，是历史上人类活动和品种交流频繁的地区。该群代表品种为尜尜枣、襄汾圆枣、郎家园枣、圆铃枣、灰枣、鸡心枣、晋枣、冬枣、扁核枣、辣椒枣、茶壶枣、胎里红、磨盘枣等，许多南方品种，多为引种遗留。

C类枣品种群。该群代表品种为狗头枣、临猗梨枣、山东梨枣、早脆王、鸡蛋枣、伏脆蜜、灵武长枣、蜂蜜罐、大荔水枣、大荔圆枣、疙瘩枣、金丝小枣、无核小枣、赞皇大枣、敦煌大枣、小口枣、兰州圆枣等，该品种群向西北地区引种较多。

除了归纳出上述3类枣品种群外，还有22个品种（如新疆小圆枣、库尔勒小枣、西双版纳小枣、大荔羊奶枣等），或许属于更原始的品种类型，需要进一步研究。

5 柳贯所著《打枣谱》是我国第一部有关枣的专著

柳贯是我国元代著名文学家、诗人、哲学家、教育家和书画家，柳贯一生著作颇多。陈耀东（1996）阐述，《打枣谱》为元代柳贯创作的农书，是一部有关果品枣类的著作。

《打枣谱》全书分"事"和"名"两大部分，从经、史、子、集诸书中辑录有关枣的出典和故事。"事"类共11条，即"《埤雅》云：棘，大者枣，小者棘。盖若酸枣。所谓棘也，于文重束为枣。""《诗经》曰：'八月剥枣，十月获稻。'剥，击也。枣实未熟，虽击不落也。""《孟子》曰：'养其樲棘'樲，酸枣也。""世云：啖枣，多令人齿黄。""《养生论》曰：'齿，居晋而黄。'，晋食此故也。""《尔雅》曰：'今江东枣大而锐，上者呼为壶枣，犹瓢也。'细腰者，今辘轳枣""卢谌《祭法》曰：'春祠用枣油'""苏秦说燕文侯曰：'比有枣栗之利，民虽不由田作，枣栗之实足食于民矣。'""潘岳《闲居赋》曰:'周文弱枝之枣。'""《唐本草》云:枣啖服使人瘦,久即呕吐,揩热痱疮良。'""《食疗》云:'枣和桂心、白瓜仁、松树皮为丸,久服之,令人香身'。"

"名"类著录枣的品名 73 种,并一一注明它的形状(或长短,或大小,或粗细)、性味(或色,或香,或味)、产地、种植、功用和出处。例如:"鸡冠枣,出晊阳,宜作脯;醒醐枣,出晊阳,宜生啖;拭酸枣,树最小,实酢;西王母枣,三月熟;谷城紫枣,长二寸;御枣,出青州;香枣,出哈密;大枣,出河东猗氏;崂嵫枣,汉崂嵫山献,万年一实;蜜云枣,出蜜云县,味最甘;金城枣,形大而虚,少脂;沙枣,出赤金蒙古卫;盐官枣,出海盐,紫色,味佳;牙枣,先熟,亦甘美;波斯枣,生波斯国,长三寸;羊枣,实小而圆,紫黑色……"

综上所述,柳贯所著《打枣谱》内容简约,征引疏略,是我国第一部有关枣的专著,具有一定的文献价值和经济实用价值,值得我们关注和研究。但是在所记载的 73 种枣中,所包括的波斯枣、羊枣、沙枣 3 种枣,虽然具有枣的称呼,却并非是枣属植物中的普通枣种类。

6 我国历史上记载枣的主要典籍

我国历史上记载枣的主要典籍很多,如古史书中的《诗经》《尔雅》《史记·货殖列传》《战国策》《广志》等;古医学中的《神农本草经》《本草纲目》《图经本草》《本草衍义》等;古农书中的《齐民要术》《群芳谱》《农政全书》《广群芳谱》等。

《诗经》收集了自西周初年至春秋时期 500 多年的 305 篇诗歌,由此可见《诗经》的作者就是上古的大众(桑楚,2016)。最早关于枣的文字记载见于《国风·豳风》篇中,诗歌《七月》有"八月剥枣,十月获稻"的诗句。

《尔雅》是中国最早解释词义的专著,成书大致在战国到西汉初年之间,书中记载了 11 种枣名,其中枣品种 9 个,酸枣 1 个,软枣(黑枣)也列入了枣品种。主要是壶、边、櫅、樲、杨彻、遵、洗、煮、蹶泄、皙等,但是这些名称大多生涩古奥,若无注解,今人很难与枣扯上关系。

《史记·货殖列传》是我国西汉著名史学家司马迁撰写的一部纪传

体史书，其中记载："安邑千树枣；燕、秦千树栗；蜀、汉、江陵千树橘……此其人皆与千户侯等。"可见，早在汉代，枣已在安邑（即今山西运城、夏县一带）成片栽培，且收益可观，足可与千户侯的财富相匹之说。

《战国策》是一部记录战国时代谋臣策士言行的文章集，不是某一人的作品，它是战国至秦汉间纵横家游说之辞和权变故事的汇编（桑楚，2016）。《战国策》所载纵横家苏秦游说燕文侯时说："南有碣石、雁门之饶，北有枣栗之利，民虽不由田作，枣栗之实足食于民矣，此所谓天府也。"这是历史上我国红枣产区的第一个记载，即当时的"燕国北部枣产区"。可见，当时枣、栗这2种果木种植之多，产量之大。我国北方地区的居民当时已经把枣作为重要的粮食作物，即使在粮食歉收年份，枣、栗也可以维持生活。

《广志》是我国古代的一部优秀博物志书籍，由郭义恭创作，成书约在公元270年前后（王利华，1995）。书中记载21个枣品种，其中描述有：河东安邑枣（相枣——编者注），东郡谷城紫枣长二寸。西王母枣，大如李核，三月熟（早熟品种——编者注），在众果之先。洛阳后宫园、河东汲郡枣，一名墟枣，一名安益枣。海东（山东、江苏东部——编者注）蒸枣、洛阳夏白枣、安平信都（河北冀州——编者注）大枣、梁国（今陕西韩城，洛阳后宫园）夫人枣。大白枣，一名曰蹙咨，小核多肌，三星枣，骈白枣，灌枣，此四者，宫园所种。有狗牙枣、鸡心枣、牛头枣、细腰枣、桂枣、夕枣、玄枣、崎廉枣……

《神农本草经》简称《本草经》或《本经》，是中国现存最早的药物学专著，也是早期临床用药的第一次系统总结，被历代誉为中药学经典著作（沐之，2015）。《本经》约起源于神农氏，代代口耳相传，于东汉时期集结整理成书，是秦汉时期众多医学家搜集、总结、整理当时药物学经验成果的专著。书中记载："大枣，味甘，平。主心腹邪气，安中养脾，助十二经，平胃气，通九窍，补少气，少津液，身中不足，大惊，四肢重；和百药。久服轻身长年。"

《齐民要术》由北魏末年高阳太守贾思勰所著，该书中收录了枣品种45个，并且对各品种的来源、产地及生长状况等进行了较为详细的描述，反映出我国枣传统栽培技术体系和利用方式基本形成。比如在选种、育苗和栽培等技术方面，记载有："常选好味者，留栽之。候枣叶始生而移之。

三步一树，行欲相当。地不耕也。"对山东枣产区记载有："青州有乐氏枣，丰肌细核，膏多肥美，为天下第一。父老相传云，乐毅破齐时，从燕赍来所种也。"

《本草纲目》是我国明代伟大医药学家李时珍所著，书中有："大枣气味甘平，脾之果也。"主治心腹邪气，安中者，谓大枣安中，凡邪气上干于心，下干于腹，皆可治也。养脾气，平胃气，通九窍，助十二经者，谓大枣养脾则胃气自平，从脾胃而行于上下，则通九窍。从脾胃而行于内外，则助十二经。补少气、少津液、身中不足者，谓大枣补身中之不足，故补少气而助无形，补少津液而资有形。大惊、四肢重、和百药者，谓大枣味甘多脂，调和百药，故大惊而心主之神气虚于内，四肢重而心主之神气虚于外，皆可治也。四肢者，两手两足，皆机关之室，神气之所畅达者也。久服则五脏调和，血气充足，故轻身延年。

北宋苏颂《图经本草》曰："大枣，干枣也。生枣并生河东，今近北州郡皆有，而青、晋、绛州者特佳。江南出者，坚燥少脂。第一青州，次蒲州者好。"北宋寇宗奭《本草衍义》20 卷，记载药物 460 种，也对枣有较为详细的描述。

明代王象晋《群芳谱》、明代徐光启《农政全书》、清代汪灏《广群芳谱》、清代吴其濬《植物名实图考》等，都对枣有较为详细的描述。

此外，晋代傅玄《枣赋》已经明确区分了鲜枣和制干枣："脆者，宜新，当夏之珍；坚者宜干，荐羞天人。"大意是脆枣宜鲜食，为上等果品；坚硬者宜制干，为祭天和人食用。清代潘荣陛《帝京岁时纪胜》属北京人记北京风土，其中七月时品记述："都门枣品极多，大而长圆者为缨络枣，尖如橄榄者为马牙枣，质小而松脆者为山枣，极小而圆者为酸枣。又有赛梨枣、无核枣、合儿枣、甜瓜枣、外来之密云枣、安平枣，博野、枣强等处之枣……"汉代刘歆《西京杂记》载："初修上林苑，群臣远方，各献名果异树，亦有制为美名以标奇丽者……枣七：弱枝枣、玉门枣、棠枣、青华枣、樗枣、赤心枣、西王母枣出昆仑山。"大意是："汉武帝初修上林苑（位于今陕西周至到户县之间——编者注）时，群臣及远方诸国，各自进献名果异树，也有命为美名，以标志为奇丽之物。"其中枣树 7 类，有弱枝枣、玉门枣、棠枣、青华枣、樗枣（软枣——编者注）、赤心枣和出于昆仑山的西王母枣。

7 《齐民要术》的问世标志着我国枣传统栽培技术体系基本形成

据史料记载，北魏时期实行的授田法为均田制：露田种植谷物，不得买卖；桑田种植桑榆枣树，不须交给国家，可卖出一部分。《齐民要术》为北魏末年高阳太守贾思勰所著，该书在枣树适应性、栽植时期、密度和花果管理等方面记载的论述有："旱涝之地，不任稼穑者，种枣则任矣。""候枣叶始生而移之。""三步一树，行欲相当。""正月一日日出时，反斧斑驳椎之，名曰'嫁枣'。""以杖击其枝间，振去狂花。不打，花繁，不实不成。"

此外，在1500年前的北魏时期，枣的采收方法和干制技术已基本成熟。《齐民要术》中提出："全赤即收"；主张分期采收，"日日撼而落之为上"；关于晒枣，指出："先治地，令净……布椽于箔下，置枣于箔上，以杈聚而复散之，一日中二十度乃佳。夜仍不聚。得霜露气，干速成。阴雨之时，乃聚而苫盖之。五六日后，别择取红软者，上高厨而曝之，厨上者已干，虽厚一尺，亦不坏。"东汉儒家学者郑玄对枣的加工亦有记述："枣油：捣枣实，和以涂缯上，燥而形似油也，乃成之。"

从汉朝至北魏末年（公元前202—公元534年）的700多年间，枣树栽培技术发展迅速，《齐民要术》的发行标志着中国枣传统栽培技术体系的基本形成（曲泽洲，1963；刘孟军，2008）。

8 《尔雅》中枣品名的注疏

《尔雅》是我国最早的一部解释词义的专著，也是第一部按照词义系统和事物分类来编纂的词典。现行版本19篇，全书收词语4 300多个，分为2 091个条目（桑楚，2016）。该专著（十四）《释木中》记述了壶、边、櫅、棫、杨彻、遵、洗、煮、蹶泄、晳、还味11种枣名。其中，共记载枣品种9个，酸枣品种1个，并将软枣（黑枣）也列为枣品种。

《尔雅注疏》是中国古代对《尔雅》加以注解的著作，作者为晋代郭璞（注作者）与北宋邢昺（疏作者）。据《尔雅注疏》，壶，今江东枣大而锐者为壶，壶犹瓠也；边，大而腰细者，名边腰枣；子细腰，今谓之辘轳枣；櫅，白枣，即今枣子白熟；棫，酸枣，树小实酢；杨彻，系一种齐地所产之枣，故又有齐枣之名；遵，是一种呈紫黑色、小而圆且味美的枣，又称羊枣（黑枣——编者注）；洗是一种果大如鸡卵的枣，今河东猗氏县出大枣，子如鸡卵（临猗梨枣——编者注）；煮，填枣；蹶泄，是一种果实味苦的枣，俗称苦枣；晳，一种无子的枣，故名无实枣；还味，稔枣，这种枣树所结果实味道淡薄。足见，《尔雅》中描述的枣树所产之果，其味或甜或酸或苦，其形或如辘轳，或如瓠瓜，或大如卵……

9 近年来出版的关于枣方面的主要著作

1949 年以来，特别是近 20 年来，我国红枣产业得到了快速发展，在枣品种选育、枣树栽培、枣保鲜与加工、枣营养及保健功能研究、产业融合等方面获得了较大突破，同时也撰写出版了许多著作，这对促进我国枣产业和枣文化发展起到了积极的推动作用。近 20 年来，国内出版的关于枣方面的主要著作如下。

曲泽洲，王永蕙，1993.中国果树志：枣卷［M］.北京：中国林业出版社.

白金，王敏，1998.枣树丰产栽培技术问答［M］.北京：中国农业出版社.

温陟良，刘平，彭士琪，1998.枣树栽培技术［M］.北京：中国农业大学出版社.

李新岗，等，1998.枣树丰产栽培［M］.西安：陕西人民教育出版社.

彭士琪，1998.枣［M］.北京：经济管理出版社.

彭士琪，1998.枣树良种与育苗［M］.北京：科学普及出版社.

解进保，解秉旭，1998.枣树丰产栽培管理技术［M］.北京：中国林业出版社.

毛永民，1999.枣树高效栽培 111 问［M］.北京：中国农业出版社.

王凌诗，1999.板栗核桃枣树栽培技术［M］.北京：中国盲文出版社.

周俊义，申莲英，王秀玲，等，1999.鲜枣高效栽培与保鲜技术［M］.石家庄：河北科学技术出版社.

陈锦屏，2000.红枣烘干技术［M］.西安：陕西科学技术出版社.

黄德炎，2000.毛叶枣早结丰产栽培［M］.广州：广东科技出版社.

王慕同，2000.枣的保健功能与药用便方［M］.北京：金盾出版社.

毕平，2001.枣树矮密丰产栽培技术［M］.北京：台海出版社.

高梅秀，2001.枣优新品种矮密生产栽培［M］.北京：中国农业大学出版社.

彭士琪，2001.枣栽培技术［M］.北京：中国农业出版社.

任冬植，2001.枣树病虫害综合治理原理与技术［M］.北京：中国林业出版社.

武之新，2001.枣树优质丰产实用技术问答［M］.北京：金盾出版社.

于洪长，王玉英，高新一，2001.沾化冬枣［M］.北京：中国林业出版社.

郭继胜，2002.鲁北冬枣［M］.哈尔滨：黑龙江科学技术出版社.

刘孟军，2002.枣优质丰产栽培技术彩色图说［M］.北京：中国农业出版社.

王斌，2002.优质丰产栽培技术枣推广新品种图谱［M］.济南：山东科学技术出版社.

张毅，孙岩，2002.枣推广新品种图谱［M］.济南：山东科学技术出版社.

张志善，2003.枣树良种引种指导［M］.北京：金盾出版社.

周沛云，姜玉华，2003.中国枣文化大观［M］.北京：中国林业出版社.

刘孟军，2004.枣优质生产技术手册［M］.北京：中国农业出版社.

张铁强，2004.北京名果：枣篇［M］.北京：科学技术文献出版社.

李登科，2006.枣种质资源描述规范和数据标准［M］.北京：中国农业出版社.

王彩敏，宋宏伟，2006.鲜食大枣［M］.郑州：河南科学技术出版社.

刘孟军，2008.中国枣产业发展报告（1949—2007）［M］.北京：中国林业出版社.

刘孟军，汪民，2009.中国枣种质资源［M］.北京：中国林业出版社.

刘孟军，2009.中国同心圆枣［M］.北京：中国农业出版社.

郭裕新，单公华，2010. 中国枣［M］. 上海：上海科学技术出版社.

刘孟军，赵锦，周俊义，2010. 枣疯病［M］. 北京：中国农业出版社.

罗莹，2010. 枣保鲜与加工实用技术新编［M］. 天津：天津科技翻译出版公司.

谭洪福，胡剑北，王惟恒，2010. 大枣妙用［M］. 北京：人民军医出版社.

王继贵，2010. 漫画枣树三字经［M］. 北京：中国农业科学技术出版社.

李新岗，王长柱，高文海，2012. 陕北红枣优质高效栽培［M］. 杨凌：陕西林业科技大学出版社.

王立新，梁文杰，陈功楷，等，2012. 枣高效益生产技术［M］. 北京：中国农业出版社.

王毕妮，高慧，2012. 红枣食品加工技术［M］. 北京：化学工业出版社.

李登科，牛西午，田建保，2013. 中国枣品种资源图鉴［M］. 北京：中国农业出版社.

杨海中，王新才，等，2014. 枣故乡：红枣历史起源［M］. 北京：中国林业出版社.

高文海，周爱英，赵建民，2015. 鲜食枣高效设施栽培［M］. 北京：金盾出版社.

李新岗，2015. 中国枣产业［M］. 北京：中国林业出版社.

王惟恒，王君，谭洪福，2017. 妙用大枣治百病［M］. 北京：中国科学技术出版社.

焦高中，刘杰超，2018. 红枣功能性成分［M］. 北京：科学出版社.

10 我国古枣树资源丰富

根据 2001 年全国绿化委员会、国家林业局关于《全国古树名木普查建档技术规定》（全绿字〔2001〕15 号）：古树指树龄 100 年以上的树木。古树分为国家一、二、三级，树龄 500 年以上为国家一级古树，树龄 300～499 年为国家二级古树，树龄 100～299 年为国家三级古树。

据调查统计，全国300年以上树龄的古枣树约10万株，其中1 000年以上的古枣树44株；超过1 000年的古酸枣树16株，树龄最大的是山西高平石末古酸枣树（李新岗，2015）。

山东乐陵对古枣树进行编号挂牌保护

潘兴杰（2016）就我国古枣树资源及其利用调查指出，我国古枣树资源主要分布在北方，涉及枣品种共32个，其中北方品种31个，南方品种1个（崂山米枣）；按类别划分，制干品种16个，鲜食品种5个，兼用品种10个，蜜枣品种1个。全国树龄300年以上的古枣树10万余株，树龄最大是位于山东庆云县周尹村的古枣树，当地人称"唐枣"。周尹村的古枣树，树龄1 600多年，相传为隋末唐初所植，虽饱经千年沧桑，屡罹兵燹，仍根固叶茂。枝干似镂龙雕凤，苍劲俊逸，已载入《中国名胜辞典》（2003）。从地域分布看，山东数量最多，36 000多株，约占37%；从品种方面看，金丝小枣古树最多。全国300年以上古酸枣树480余株，主要集中在黄土高原、太行山区、燕山和胶东半岛，其中陕西最多，占全国的70%左右，树龄最大的是山西高平石末的古酸枣树，树龄约2 000年。

陕西佳县泥河沟村的"千年古枣林"，2013年5月入选"中国重要农业文化遗产"，2014年4月入选联合国粮农组织"全球重要农业文化遗产"（潘兴杰，2016）。山东乐陵金丝小枣种植历史悠久，距今已有3 000多年历史，其中现有500年以上的枣树7 800多棵，100年以上的枣树20 000多棵，是重要的自然资源。

古枣树是全球重要农业文化遗产

注：陕西佳县古枣园系统（左）；山东庆云的古枣树当地人称"唐枣"（中）；
山东乐陵的"枣王"（右）。

11 枣树的寿命、经济寿命及其主要影响因素

从目前全国各地保存下来的古枣树和重要产区各树龄段的树株结果情况分析，枣树个体寿命一般为 100～400 年，少数树株可生长 400～1 000 年。目前树龄最大的老枣树是位于山东庆云县周尹村的古枣树，树龄 1 600 多年，相传于隋末唐初栽种（潘兴杰，2016）。

枣树不但寿命长，而且经济寿命（高产树龄期）也很长。在我国北方地区，常规栽培条件下，枣树的经济寿命一般为 80～100 年，南方地区为 60～80 年。

影响枣树寿命和经济寿命的主要因素包括气候、立地土壤条件、栽培管理技术、品种等。

12 我国红枣主产省份及集中产区

2017 年，我国有 20 多个省（直辖市、自治区）种植枣树，全国鲜枣和干制枣产量约合 850 多万 t，红枣（干制枣）产量 562.47 万 t（据中国林业统计年鉴）。产量排在前 6 位的省或自治区分别是新疆、河北、山东、山西、陕西和河南，累计枣树种植面积达全国种植面积 90 % 以上。

新疆著名的红枣有和田骏枣、阿克苏大枣、喀什大枣、若羌灰枣和哈密大枣。灰枣和骏枣是目前新疆红枣的主流品种，灰枣产量占全疆枣

产量的 60 % 以上，骏枣产量占 30 % 以上，其他产量小于 5 %。骏枣的原产地为山西交城，灰枣的原产地为河南新郑，但由于新疆独特的自然地理条件，所以引入新疆后所产的骏枣和灰枣产量和品质总体上优于原产地。哈密大枣为新疆当地的特色优良品种，鸡心枣和七月鲜在新疆也有一定面积的发展。

河北著名的红枣品种有赞皇大枣（主产区赞皇）、婆枣（主产区行唐、阜平、曲阳、唐县）、冬枣（主产区黄骅）、金丝小枣（主产区沧州、沧县、泊头）等。

山东著名的枣品种有金丝小枣（主产区乐陵、无棣、庆云）、宁阳大枣（也称圆红枣、圆铃大枣，主产区宁阳）、长红枣（主产区枣庄）、冬枣（主产区沾化、无棣）等。

山西和陕西沿黄河流域两岸的木枣，俗称"黄河滩枣"，主要产区为山西柳林和临县、陕西清涧和佳县；山西晋中壶瓶枣（主产区太谷）、骏枣（主产区交城）、板枣（主产区稷山）及相枣（主产区运城北相镇）也很有名气；陕西狗头枣（主产区延川）、晋枣（主产区彬县、长武）也是当地特色枣品种。

河南著名的红枣品种有新郑大枣（也叫鸡心大枣，主产区新郑及周边）、灰枣（主产区新郑）和灵宝大枣（主产区灵宝）等。

13 新疆枣种植业全国领先

历史上，新疆除哈密、和田、阿克苏栽植枣树外，其他城乡也有少量栽培，但较大面积种植是中华人民共和国成立之后，巴音郭楞蒙古自治州若羌县是开先河者。大规模栽植枣树则在 20 世纪 80 年代以后，其中新疆生产建设兵团是一支重要的生力军。新疆大枣的品种来源和主要品种包括河南的灰枣、河北的赞皇大枣、山西的骏枣，其次是陕西和山东的一些品种。据《果树品种志》记载，1975 年骏枣被引种至喀什，其适应性强、丰产（高玉华，1991）。在《中国果树志·枣卷》中记载，骏枣是新疆引进栽培表现良好的品种之一。从 2000 年以来，新疆红枣产业快速发展，灰枣和骏枣作为新疆主栽品种，在环塔里木盆地区域大量栽培，并形成了"若羌灰枣""和田玉枣""阿克苏红枣""喀什大枣"等优质红枣品牌，获得了广大消费者的青睐。

我国枣产区向西部的转移（有专家称为"东枣西移"），使得枣品质有所提高,规模效益更加突出。比如南疆枣产区,年平均温度 12～14℃,年降水量 100～200 mm,光热资源丰富,地势平坦,具有比较完善的防护林系统、道路系统、水网系统和配套的机械化作业,已成为我国红枣的最佳优生区(周丽等,2015)。

2017 年,新疆干制枣产量约 275.17 万 t,占我国干制枣总产量的 48.91 %,接近全国干制枣总产量的 1/2,成为我国名副其实的"红枣之乡"。新疆大枣集中产区有和田、阿克苏、若羌和哈密,产品名分别为和田骏枣、阿克苏骏枣、若羌灰枣和哈密大枣。其中灰枣和骏枣栽培面积占总面积的 95 % 以上(曹尚银等,2017)。

和田位于南疆,是公认的"水果优生区域",白天长达 15 h 的日照,为枣树生长发育提供了充分的光照条件,全年长达 220 余天的无霜期,使和田枣的成熟期更长,碱性沙质土壤和冰山雪水的灌溉,为和田枣的生长发育提供了丰富的矿质营养。独特的自然环境和气候,使得这里生产的红枣病虫害发生较少。

阿克苏也是新疆红枣的主产地之一,主栽品种以新郑灰枣、骏枣及赞新枣为主,其中灰枣、骏枣是从引种栽植的几十个红枣品种中,经过市场、产量、品质、效益等多方面对比后优选出来的。

若羌灰枣产于新疆巴音郭楞蒙古自治州若羌县,当地光照时数长,昼夜温差大,光热资源的极佳配置,十分有利于红枣的生产。若羌灰枣也称若羌枣、楼兰枣、楼兰红枣,品种引至河南新郑的灰枣,由于当地独特的自然地理条件,生产的枣果圆润饱满,核小肉质瓷实,干制后枣香浓郁。

哈密大枣主要产地为新疆哈密,栽培历史已有 2 000 余年,是唯一见于历史文献记载的新疆红枣。据《新唐书·地理志》记载:"伊州伊吾郡(伊吾即今新疆哈密),土贡:香枣、阴牙角、胡桐律",哈密大枣古代谓之"香枣",果实个大,肉厚,核小,干制后表皮圆滑,有光泽,风味浓郁,在药用方面更加适宜。

新疆枣产量高且品质好的主要原因,其一,光热资源好,南部地区年日照时数长达 2 750～3 029 h,有效积温 3 800～4 100℃,年总辐射为 5 340～6 060 MJ·m^{-2},光照度强,昼夜温差大,光能资源丰富,有利于红枣可溶固形物和其他营养物质的积累;其二,土地资源优势,全疆现有大面积的荒漠化土地和无污染的碱性沙化土壤,并通过天山雪水和地下水进行灌溉，为优质红枣的生长提供了优良的自然条件；其三，较少的降水量，气候干燥，使得枣树病虫害发生较少，裂果损失相对也少，有利于红枣自然成熟和制干，单产高，品质好。

据资料，大约85％的新疆红枣以未分级或简单分级后的原枣形式，经河北沧州崔尔庄市场中转至全国各地，少部分新疆红枣在河南进行中转。由于各地居民的红枣消费偏好不同，个头偏小的灰枣主要发往我国华中及华南地区，个头较大的骏枣主要发往我国东北及华北地区。

然而，随着近年来大量枣树进入丰产期，红枣产量猛增，供大于求导致田头收购价格大幅回落，枣农收入受到较大影响。因此，红枣产地、品种、品质及品牌等，都成为影响红枣销售市场、销售数量和销售价格的重要因素，红枣产业既迎来人们日益重视食养保健大健康时代所带来的机遇，也面临着效益不高和市场销售不畅的严峻挑战，当前是红枣产业发展提质增效的重要转型期。

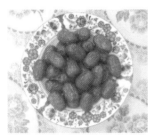

新疆的三大红枣品种

注：若羌灰枣（左）；和田骏枣（中）；哈密大枣（右）。

14 青州和乐氏枣指什么地方的哪种枣

《齐民要术》为北魏末年高阳太守贾思勰所著，书中记载："青州有乐氏枣，丰肌细核，膏多肥美，为天下第一。父老相传云，乐毅破齐时，从燕赍来所种也。"

《禹贡》是我国第一部区域地理专著，青州之名始见于《禹贡》，也叫禹贡九州，相传是大禹治水时将整个天下分为九州，分别是豫州、徐州、扬州、荆州、梁州、雍州、冀州、兖州、青州。到了东汉时期，天下被分为13个州，分别是幽州、冀州、并州、青州、徐州、兖州、凉州、豫州、司隶州、益州、扬州、荆州、交州，也就是现在13个省的意思。东汉时期青州的治所在临淄县，也就是今天山东淄博临淄县，治所就相当于政府所在地，青州在当时的大体范围是东到今山东济南，北至山东东营利津县，南到泰山以北，东至山东半岛最东边的威海，然后一直到大海，差不多就山东半岛偏北的地理位置。

乐氏枣也叫乐毅枣。战国时期，燕昭王二十八年（公元前284年），赵、秦、韩、魏、燕五国合纵伐齐，乐毅为上将军，接连拿下齐国70余城，攻占齐国都城临淄（今山东淄博），因功封为"昌国君"。当时燕国北部盛产枣和栗，乐毅从燕国引种红枣到齐国，富民强邦。古青州地处黄河入海口，多盐碱地，适宜栽植枣树，为青州枣"兴于魏晋，盛于明清"奠定了基础。青州乐氏枣，天下第一，有人认为是指现在金丝小枣产区的金丝小枣。但是在清王士禛《池北偶谈·谈异五·乐毅枣》载有："乐毅枣，产吾乡，大倍常枣，云是乐毅伐齐所遗种也。"说明当时青州最出名的枣是大枣，并非指金丝小枣。

由上可见，无论乐毅枣是指大枣还是金丝小枣，战国时期的乐毅，成为山东青州地域红枣发展兴起的先师，故有"齐人恨燕，却记挂几乎灭齐的乐毅"。

15　乐陵是我国金丝小枣重要产区之一

山东乐陵地处鲁西北黄河冲积平原鲁冀交界处，土地肥沃，耕作层以轻壤和中壤为主，pH值7～8。农产品丰富，尤以盛产金丝小枣而闻名。

北宋苏颂《图经本草》有："大枣，干枣也。生枣并生河东，今近北州郡皆有，而青、晋、绛州者特佳……"这与1 000多年后今天的山东金丝小枣、圆铃大枣、长红枣以及冬枣和山东梨枣等形成呼应。北魏末年高阳太守贾思勰所著《齐民要术》中对山东产的枣有："青州有乐氏枣，丰肌细核，膏多肥美，为天下第一"的记载（石声汉，2009）。

乐陵小枣在明清时期发展较快。根据《乐陵县志》记载，明洪武年间曾下诏书："栽种枣树，不论多少，均无赋税"。明万历十九年（公元1591年），乐陵知县王登庸主张"教民树艺，劝民种枣"。根据《山东通志》记载，清嘉庆年间，乐陵知县张大成"立枣林书院，延名师主讲"，对乐陵小枣的发展也起到了积极的作用。

清代诗人刘彤所作《虚心枣》："谦为君子德，枣亦解虚心。嚼去馨生香，摘来露满林。接枝还生性，结实望甘霖。自恃微长者，尝斯可作篾。"虚心枣"就是金丝小枣产区的无核金丝小枣（曲泽洲等，1993）。清代纪晓岚的《食枣杂咏》中记述："破枣观其核，中空无所有，乐陵传此种，海内云无偶。"清代诗人吴泰庞在《同登乐陵城远眺》七言绝句中写下"六月鲜荷连水碧，千家小枣射云红"的佳句，十分形象地描述了当时乐陵小枣栽培的盛况和金秋时节的丰收景象。1934 年实业部国际贸易局出版的《中国实业志·山东省》记载："枣，乐陵一直为最多，民国二十二年全县有枣树 136 万株 …… 销往济南、天津、南京和上海。"1935 年《科学的山东》称"乐陵小枣甲于山东"。

中华人民共和国成立后，在党和政府的领导下，乐陵小枣得到了新发展。1960 年，乐陵曾向苏联、阿尔巴尼亚等国和国内十多个省、自治区的 65 个县市供应枣苗达 170 万株，乐陵小枣在国内外许多地区也得到发展。2000 年国家林业局、中国经济林协会命名乐陵为"中国金丝小枣之乡"。2012 年乐陵建设了占地面积约 50 亩（15 亩 =1 hm^2，1 亩 ≈667 m^2，全书同）、目前国内最大的中国金丝小枣文化博物馆。2014 年乐陵金丝小枣通过国家农产品地理标志认证。

近年来，随着传统农业向现代农业的转型，枣及枣园已经成为产业融合观光农业中的新亮点，数百年树龄的枣林及采用新栽培模式的枣园设施、古枣园、枣品种资源圃等特有资源，结合湿地公园、枣乡书院、枣乡红色革命教育馆等开发，体现出较强的观光旅游开发价值，集中体现在审美价值、文学艺术价值、红色教育价值、枣的营养健康价值以及民俗文化价值等。

乐陵依托深厚的枣文化底蕴，已经初步成为我国最早的枣文化旅游地区之一。1989 年 10 月根据乐陵市政府提议，乐陵市十一届人大常委会第十六次会议通过决议，每年 9 月召开乐陵金丝小枣文化节，乐陵在连续举办了 26 届"中国乐陵金丝小枣文化节"后，从 2012 年开始每年举办一届"中国乐陵枣博会"，2021 年举办的是第十届山东（乐陵）红枣暨健康食品产业博览会。

此外，从 2019 年开始，首届枣花节也在乐陵市国家 AAA 级景区千年枣林游览区举办。

乐陵是我国金丝小枣的重要产地之一

以枣为媒，枣文化旅游产业方兴未艾

注：第 32 届中国（乐陵）金丝小枣文化旅游节（左、中）；百枣园观光旅游（山东乐陵）（右）。

16 新疆枣产区率先采用现代栽培管理模式

新疆的枣产区除了哈密大枣外，主要产自南疆。因为是沙漠绿洲，以及靠近水源的沙漠、戈壁建园，所以一般都建立防护林、道路系统和供水管网，然后按照"宽行密植矮化"的栽培模式，采用现代农业生产管理模式。

采用"宽行密植矮化"的栽培模式，幼龄枣园株行距（0.5～0.6）m×（3～3.5）m，每亩栽植 444 株，盛果期枣园株行距（1～1.2）m×（3～3.5）m，每亩栽植 222 株。枣园以单株效益为目标，推行枣园精细化管理。"宽行密植矮化"栽培模式适合机械化耕作，供水管网保证水肥一体化供给，矮小树形有利于田间管理和果实采收，充足的光热资源有利于红枣的产量和质量。近年来，为了进一步提升红枣品质，新疆一些州县也在推广疏密种植技术，建议每亩枣树控制在 125 株左右的水平，即株距 2 m，行距 4 m，区别于之前的密集种植情况。

一般而言，枣园现代栽培模式应包括以下主要内容。

其一，枣园基础保障设施。在规模化栽培的枣园，必须有完善的道路系统、防护林系统和水网系统。

其二，先进的栽培模式。包括良种建园、高效管理（纺锤形树形，水肥一体化管理，病虫与灾害防控）。

其三，产前和产后机械化配套设施。生产过程机械化是现代化农业的必经之路，产后商品化处理是提高农产品附加值的重要途径。

枣园大面积采用水肥一体化现代农业生产管理模式（新疆阿拉尔，2013 年）

17 我国枣产业发展趋势

李新岗等（2015）阐述了红枣（制干枣）优生区的划分标准，其中年平均温度（11～14℃）和降水量（<400 mm）成为重要限制因素。年平均温度低、光照不足、年降水量高，制干枣有机酸含量增高，品质下降以及成熟期阴雨裂果损失，都是黄河中下游传统红枣产区面临的问题。研究提出，新疆沙漠红枣的发展，可置换出平原枣区（如金丝小枣、骏枣、灰枣产区）为良田，扩大了农业土地，提高了适宜红枣栽培的沙漠土地的利用效率。

在《中国枣产业》中阐述，我国黄河中下游的传统枣产区，红枣作为县域主导产业的地位，将被优生区几个乡镇所取代；县域内无谓地扩大规模（如 50 万亩以上），其结果必将是劣质低效。优生区内品种优异、有限规模（10 万～20 万亩）、现代栽培模式、优质高效安全生产与加工销售配套，是我国枣产业发展的方向。单位面积产生的效益，最终决定着一个优质枣区的稳定和可持续发展。

18 枣在国外也有引种和少量栽培

枣树起源于我国，国外的枣树都是直接或者间接从我国引入的。我国的枣树最早传入朝鲜、日本遍及亚洲邻国，后来传到欧洲、美洲等地，现已遍及韩国、日本、泰国、印度、蒙古国、以色列、俄罗斯、法国、意大利、西班牙、澳大利亚等 40 多个国家。但大多数国家为资源收集保存和庭院栽培，其中试验性栽培或少量栽培的国家有美国、泰国、乌克兰、意大利、以色列等（Asatrgan et al.，2013），一定规模栽培的国家有韩国和澳大利亚。

韩国栽培枣的历史比较长，20 世纪 90 年代以来，栽培面积一直稳定在 7 万亩左右，枣树主要分别在全罗南道、忠清北道和尚庆南道。主要以鲜食及部分制干品种为主，制干枣品质一般，鲜食枣品质良好。韩国枣产区气候条件与我国内地东部枣区相近，为了防止成熟期裂果，多数采用避雨设施栽培。栽培管理水平和效益都很高，产业化程度也很好，加工产品的种类和质量良好。2010 年后，澳大利亚在西部、南部地区，从我国引种栽培临猗梨枣和冬枣获得成功，产区气候、经营模式以及产品质量都与我国新疆枣产区类似，这些鲜食枣受到市场欢迎（李新岗，2015）。在美国西部加利福尼亚等州，蜂蜜罐枣、梨枣等品种有零星栽培（Yao，2013）。

19 枣是药食同源的滋补佳品

自古以来，我国就十分重视"药"和"食"的结合，早在周朝（公元前 4 世纪以前），朝廷所设立的医疗机构中就设有"食医"这一职位，主要负责君主的食疗养生。

红枣不仅是人们喜爱的果品，也是一味滋补脾胃、养血安神、治病强身的良药。春秋季节，乍寒乍暖，在红枣中加几片桑叶煎汤代茶，可预防伤风感冒；夏令炎热，红枣与荷叶同煮可利气消暑；冬日严寒，红枣汤加生姜和红糖，可驱寒暖胃。此外，红枣还有美容养颜、保肝护肝、补气养血、促进睡眠、防治心血管疾病的辅助功用。

1995 年《中华人民共和国食品卫生法》和 1996 年《保健食品管理办法》的颁布与实施，2002 年我国卫生部颁布《卫生部关于进一步规范保健食品原料管理的通知》（卫法监发〔2002〕51 号），引发了既是食品又是药品的物品名单，名单中共列 86 种物品，一直沿用至今。其中枣为药食同源物品之一。2019 年新修订的《食品安全法实施条例》规定，对按照传统既是食品又是中药材的物质目录，国务院卫生行政部门会同食品安全监督管理部门应当及时更新。2021 年 11 月 10 日，国家卫生健康委员会印发《按照传统既是食品又是中药材的物质目录管理规定》（国卫食品发〔2021〕36 号），其中第三条指出，食药物质是指传统作为食品，且列入《中华人民共和国药典》的物质；第四条指出，国家卫生健康委会同市场监管总局指定、公布食药物质目录，对目录实施动态管理；第五条指出，纳入食药物质目录的物质应符合下列要求：有传统上作为食品食用的习惯；已经列入中国药典；安全性评估未发现食品安全问题；符合中药材资源保护、野生动植物保护、生态保护等相关法律法规规定。

既是食品又是药品的物品名单87种（按笔画顺序排列）（卫法监发〔2002〕51号）

丁香、八角茴香、刀豆、小茴香、小蓟、山药、山楂、马齿苋、乌梢蛇、乌梅、木瓜、火麻仁、代代花、玉竹、甘草、白芷、白果、白扁豆、白扁豆花、龙眼肉（桂圆）、决明子、百合、肉豆蔻、肉桂、余甘子、佛手、杏仁（甜、苦）、沙棘、牡蛎、芡实、花椒、赤小豆、阿胶、鸡内金、麦芽、昆布、枣（大枣、酸枣、黑枣）、罗汉果、郁李仁、金银花、青果、鱼腥草、姜（生姜、干姜）、枳椇子、枸杞子、栀子、砂仁、胖大海、茯苓、香橼、香薷、桃仁、桑叶、桑葚、桔红（橘红）、桔梗、益智仁、荷叶、莱菔子、莲子、高良姜、淡竹叶、淡豆豉、菊花、菊苣、黄芥子、黄精、紫苏、紫苏籽、葛根、黑芝麻、黑胡椒、槐花槐米、蒲公英、蜂蜜、榧子、酸枣仁、鲜白茅根、鲜芦根、蝮蛇（蕲蛇）、橘皮、薄荷、薏苡仁、薤白、覆盆子、藿香。

2019年11月，国家卫生健康委员会发布《关于当归等6种新增按照传统既是食品又是中药材的物质公告》（2019年第8号），当归、山柰、西红花、草果、姜黄、荜茇6种物质纳入按照传统既是食品又是中药材的物质目录管理，仅作为香辛料和调味品使用。

目前尚有党参、肉苁蓉、铁皮石斛、西洋参、黄芪、灵芝、天麻、山茱萸、杜仲叶9种物质，正在开展既是食品又是中药材的管理试点工作。

20 我国中医药经典著作中对食养及大枣医疗作用的描述

目前学术界常将《黄帝内经》《难经》《伤寒杂病论》《神农本草经》视为中医四大经典。也有部分中医教材把《黄帝内经》《伤寒论》《金匮要略》《温病条辨》作为中医四大经典。

《黄帝内经》是第一部中医理论经典，分为《素问》和《灵枢》2个部分。《素问》中说："毒药攻邪，五谷为养，五果为助，五畜为益，五菜为充，气味合而服之，以补精益气。"《灵枢·五味》中说："谷不入，半日则气衰，一日则气少矣。"可见，《黄帝内经》十分重视饮食调理，认为人从食物中吸收各种营养物质，化生为气、血、津液，以维持人体正常的生命活动。"精、气、神"是人之三宝。《黄帝内经》认为，精是后天水谷精微所化生的物质，为人体各种活动的物质基础；气是人体一切生理功能的动力，是由水谷之精与吸入的自然界大气合并而成；神则是指人体的精神活动，为生命之主宰。只有机体营养充沛，精、气才会充足，神志才能健旺。

《伤寒杂病论》由汉代名医张仲景所著，原著在流传过程中，经后人整理编纂将其中外感热病内容结集为《伤寒论》，另一部分主要论述内科杂病，名为《金匮要略方论》简称《金匮要略》。

《伤寒论》全书 10 卷，共 22 篇，列方 113 首，应用药物 82 种。枣是《伤寒论》中最常用的药物之一，包含枣的方剂共 40 首，绝大多数与生姜同用（33 首）。应用的方剂主要体现在：补脾益气，如小柴胡汤、炙甘草汤；益阴和营，如桂枝汤等；调和营卫，如桂枝去桂加茯苓白术汤等；滋养心脾，如小建中汤；除心腹邪气，如黄连汤；缓和药毒，如治疗悬饮的"十枣汤"，方中甘遂、大戟、芫花味苦峻下，破积逐水，恐其伤正，以枣 10 枚缓解药力，使下不伤正；调和诸药，如半夏泻心汤。方中枣用量也有不同，4～30 枚都有，用 4 枚的如桂枝麻黄各半汤，用 30 枚的是炙甘草汤。

《金匮要略》共 25 篇，前 22 篇共记载方剂 205 首（其中 4 首只列方名，未载药物），用药 155 味，而用大枣者则有 38 首，分论于 15 篇之中，所治疾病达 20 余种。

《神农本草经》简称《本草经》或《本经》，全书分 3 卷，载药 365 种，以三品分类法，将药物按照效用分为上、中、下三品，是古人长期养生、防病、治病实践经验的智慧结晶（沐之，2015）。在《本经》中，枣被列为植物药的上品（上药 120 种为君，主养命以应天，无毒，多服，久服不伤人，欲轻身益气，不老延年者，本上经），记载有："大枣，味甘，平。主心腹邪气，安神养脾，助十二经，平胃气，通九窍，补少气，少津液，身中不足，大惊，四肢重；和百药。久服轻身长年。叶，覆麻黄能令出汗。生平泽。"译文大意是："大枣，味甘，性平。主治心腹内邪气聚积，具有安定内脏，调养脾气的功效。能佐助人体的十二经脉，并能平调胃气，通利九窍，补益体内气血津液虚少，以及身体不足。治疗严重的惊恐，四肢沉重，并能调和百药。长期服用能使人身体轻快，延年益寿。其叶，与麻黄相配合，能令人发汗。产于水草丛杂的平原地区。"

　　载有大枣治疗或养生的其他主要中医药典籍有《名医别录》《肘后备急方》《本草纲目》《本草求真》《本草备要》等。

　　《名医别录》为药学著作，简称《别录》，共3卷，是秦汉医家在《神农本草经》一书药物的药性功用主治等内容有所补充之外，又补记365种新药物。书中记载，大枣具有"补中益气，坚志强力，除烦闷，疗心下悬，除肠澼"。

　　《肘后备急方》是我国东晋著名的中医药学家葛洪所著，是我国第一部临床急救手册。书中收集大枣治疗疾病的方剂共26方，临床应用十分广泛。

　　《本草纲目》是我国明代伟大的医药学家李时珍所著，书中有："《素问》言枣为脾之果，脾病宜食之，谓治病和药，枣为脾经血分药也。""入药须用青州及晋地晒干大枣为良。"

　　《本草求真》为清代著名医学家黄宫绣所著。该书分上下2编，其中记载："大枣性甘气温，色赤肉润，为补脾、胃要药，能润心肺、补五脏，生津液、治虚损、通九窍、和百药、疗心下悬，除肠胃癖气。"

　　此外，清代汪昂在所著《本草备要》中称，枣"补中益气，滋脾土，润心肺，调营卫，缓阴血，生津液，悦颜色，通九窍，助十二经，和百药"；《补养方》《必效方》中有："主补津液，洗心腹邪气，和百药毒，通九窍，补不足气，煮食补肠胃，肥中益气第一，小儿患秋痢，与虫枣食，良"；清代王士雄撰《随息居饮食谱》中载："红枣鲜者甘凉。刮肠胃，助湿热。干者甘温补脾养胃，滋营充液，润肺，食之耐饥……以北产大而坚实肉厚者，补力最胜。"

　　周文（2014）收集了《千金要方》中含有生姜、大枣、甘草的所有汤剂，并建立数据库，运用统计学方法对其功效、配伍以及剂量、服量进行统计和关联性分析，以期找出三者运用的特点和规律。其中大枣的功效有5个方面：补中益气、养血和营、益胃生津、解毒和药、安神定志。在各功效中，大枣发挥补中益气、解毒和药功效用量范围跨度较大，且是其最常用的功效。发挥益胃生津和安神定志功效时用量较大，发挥养血和营功效时用量最大。

　　《本经逢原》中张璐称："古方中应用大枣，皆是红枣，取生能散表也。入补脾药宜用南枣，取甘能益津也。其黑枣助湿中火损齿生虫，入药非宜。"

由此可见，我国医药典籍中很早就记载了红枣具有补虚益气、养血安神、健脾和胃等功效。红枣是脾胃虚弱、气血不足、倦怠无力、失眠等患者的治疗配伍药物和良好的滋补品。

21 判定红枣质量优劣的主要感官特征

感官判定红枣质量好坏，是一个综合定性的粗略判断，与品种、栽培管理、产地及生产年份、存放时间等密切相关。通过感官判定红枣质量的好坏，具有便捷、不需要专业设备等特点，但是需要有一定的相关知识，特别是长期种植、经销和食用枣所积累的丰富经验。有人总结为一捏，二吃，三看；一捏，就是用拇指和食指稍微用力捏红枣的腰部，优质的红枣手感是果肉瓷实，很难捏到枣核，非优质红枣的手感是果肉松软，很容易捏到枣核；二吃，优质的红枣口感是肉多质实、紧松适中、口感香浓、细腻醇厚，非优质红枣的口感是皮厚渣多、果肉松软，食后喉咙干涩，甚至有微苦（骏枣属于甜酸味儿红枣，一般入口甜，咀嚼后发酸味，凭借后面的酸味就能判别是否是优质的骏枣，优质枣一般酸味微弱，劣质枣大多酸味明显）；三看，优质的红枣外观呈暗红色，果体粗细均匀，枣核小而细长，劣质红枣外观多呈红黄色，果体粗细不均，枣核粗大肥胖，枣皮黄色主要是树龄小，果实成长期间，水分、养分、光照不足导致果皮偏黄。

蒲云峰（2019）对产自新疆的骏枣进行了贮藏期间苦味及其相关成分变化研究指出，在室温下贮藏 12 个月的骏枣苦味较贮藏初期显著增加，并且皱缩枣比饱满枣苦味更强；成分分析表明，皱缩枣的可滴定酸含量、总酚含量及总黄酮含量高于饱满枣，而总糖含量远低于饱满枣，说明皱缩枣中苦味物质含量高，而糖含量低、掩盖作用弱。

22 煮食干枣时水面漂浮少量白色粉状物属正常现象

日常生活中我们在煮食干枣时，发现水沸腾大约 5 min 后，常会在水面上出现一些白色粉状泡沫。陈振武等（2003）阐述，枣整个入药时，由于外表有厚 5～7.5 μm 的角质层及 4～6 列厚角细胞，阻碍溶剂的进入和内部成分的煎出，且煎煮过程中产生大量泡沫。

王文生等（2018，未发表）通过购买市场上多个品种的优质干制枣，用食用洗洁净仔细清洗并用纯净水反复冲洗后，煮制 10 min，发现均有不同程度的少量白色粉状泡沫出现。为了排除果实表面皱褶内脏物可能造成的影响，采用家用臭氧消毒机再对纯净水反复清洗过的红枣进行臭氧化水消毒处理，再用清水冲洗干净后，采用上述同样的火候和时间煮制，结果仍有白色粉状泡沫出现。

一些医学工作者解释煮枣时产生泡沫的现象为，干制枣内有很多孔隙，水煮时孔隙里的空气遇热膨胀，通过枣皮析出，这个过程是较缓慢的，所以形成无数小泡，集合在一起看着就像白沫。但是，笔者通过仔细观察，这些白色粉状物主要是红枣内自身含有的某些物质，煮沸后从果皮或果肉中溢出的（比如果皮上的天然蜡质、果实内所含的三萜类化合物和核苷类物质等），如同豆浆煮沸时产生的白沫是大豆皂苷的原因所致。枣中所含的某些蛋白质和氨基酸，煮沸时也可能会产生白色粉末。

肖禹安等（2014）采用高效液相色谱质谱联用法，对干制枣在水煮过程中产生的白色粉末状物质"枣霜"行了定性和定量分析，从"枣霜"中分析出 18 种三萜酸类成分，鉴定了其中的 15 种；定量分析结果表明，"枣霜"是从大枣溢出的脂溶性营养成分，"枣霜"中总三萜酸类化合物含量为（92.7±4.5）%，其中齐墩果酸含量约为"枣霜"总量的 7.1%，另外含有少量的高级脂肪酸。

由此得出，"枣霜"是大枣中所含某些营养成分煮沸时的溶出物，其主要成分是大枣中的三萜酸类化合物，另外含有少量的高级脂肪酸。通常情况下（排除果面涂被处理及其他不法化学处理外），煮食干枣时出现少量白色粉状泡沫——"枣霜"是正常的，是枣果自身所含的营养成分渗出所致。

通常情况下，煮食干枣时出现的少量白色粉状泡沫是枣的内含营养物

23 家庭食用红枣前应如何清洗

家庭购买的红枣有袋装免洗枣、袋装普通干制枣（自然晾晒或人工烘干）及散售枣等。近年来新疆的灰枣和骏枣也有吊干枣直接包装进行销售的，称为"原生态枣"。除了正规厂家生产的免洗枣外，其他无论哪种干制红枣，家庭购置后食用前（直接食用或蒸煮等食用），均应进行仔细清洗后，方可放心食用。这是因为，干制的红枣特别是采用传统方式晾晒干制的红枣，干制场所的卫生条件难以控制，干制时间又长，如果是多雨年份浆烂枣发生严重，霉菌、杂物等常会黏着在干制大枣表面的皱褶和缝隙中，用水简单冲洗常常不易清洗干净。以下推荐的清洗方法，虽然稍微烦琐，但是可以清洗干净，放心食用。首先把红枣放在容器里，往容器里倒入适量温水，然后往水里倒入少许食用小苏打（化学名称为碳酸氢钠）和食盐，并搅动溶解，浸泡几分钟，用手搓洗，如果枣上的脏物较多，也可用软毛刷刷一下，最后将浸泡好的红枣再用清水冲洗就可以了。小苏打溶液呈碱性，不仅可以去污，如果枣果表面有农药残留，也可有效分解。

如果购买的是鲜枣（无论是冬枣还是其他鲜食品种），也应仔细清洗，以清除表面可能的农药或生长调节剂残留。杨柳等（2010）研究了不同浓度柠檬酸、碳酸氢钠（$NaHCO_3$）、氯化钠（$NaCl$）和洗涤灵，对采后冬枣果实在实验室使用 3 种有机磷类农药（敌敌畏、辛硫磷、对硫磷浓度均为 $0.5 \, g \cdot L^{-1}$）处理后，进行洗脱效果研究；结果表明，上述试验条件下，冬枣果实农药残留通过上述不同的清洗方式进行洗脱，其中 $0.5 \, g \cdot L^{-1}$ 的柠檬酸对 3 种农药都有很好的洗脱作用；$NaHCO_3$ 的洗脱作用因为农药种类的不同而有所差异，对辛硫磷脱除效果较好；不同浓度的 $NaCl$ 对 3 种农药的洗脱均有促进作用；$2 \, g \cdot L^{-1}$ 的洗涤灵对辛硫磷和对硫磷有明显的洗脱作用，但对敌敌畏作用很小。

家庭用微型臭氧发生器，也常用于水果和蔬菜清洗消毒。常用的方法是：在果实清洗后，再用小微型臭氧发生器（商家称为果菜消毒机，臭氧产量一般为 $300 \sim 500 \, mg \cdot h^{-1}$）通过曝气的方式，产生臭氧化水进行消毒处理，时间一般为 $20 \sim 30 \, min$，经臭氧化水处理后的枣，再用清水反复冲洗干净，如果使用合理既可以起到消毒的作用，也有良好的去除果皮表面农药残留的效果。

采用臭氧化水清洗鲜枣有消毒除农残的良好效果

24 枣果适宜采收期应根据贮藏加工工艺具体要求而确定

枣果生长进入熟前增长期后，体积、重量增长逐渐减慢，最终停止，进入成熟期。按照外形特征、果肉质地、营养物质转化积累状况，可将枣果的成熟过程人为划分为 3 个时期。

（1）白熟期。白熟期是指果实绿色减退成绿白色或乳白色，果实体积和重量基本不再增加，肉质比较松软，汁液少，干物质和糖分含量低，多数无酸味。果皮薄而柔软，煮熟后果皮不易和果肉分离。果肉绿白色，质地不脆，松软而有韧性，少汁，含有丰富的维生素 C 和较多的原果胶。此期除了极少数品种（如江淮地区的小叶脆枣、大铃枣、冬枣等）外，一般品种可溶性固形物含量仅为 10 % 左右，因而鲜食不甜，口感淡泊。

（2）脆熟期。此期是枣果成熟的中期，体积重量停止增长。果皮自梗洼、果肩开始逐渐着色转红，直至全红。此期间果肉的干物质和含糖量迅速增长，含酸量递增，质地变脆，汁液增多，风味增强，果皮增厚，稍硬，煮熟后果皮容易与果肉分离。多数鲜食和干鲜兼用品种，在果皮全面着色转红后的 2～3 天，果肉中可溶性固形物含量达到最高值，鲜食口感达到最佳。此期也是检测品种营养成分、评定品质、判定品种特性的标准采样时间。

（3）完熟期。此期是指脆熟期后，果实继续积累养分，果肉含糖量进一步增高，果肉贴近果核的部分开始呈现浅黄色，质地变软，并逐渐向外层演化。最后果柄和果实连接的一端开始转黄而脱落。从果皮开始全红的脆熟期到完熟期终止，多数品种经历 10～15 天，晚熟品种长于早熟品种。由于含水量下降，糖酸浓度增加，此期测定的可溶性固形物、糖分含量通常高于脆熟期，但是维生素 C 含量有所降低。

通常鲜食品种以脆熟期采收最好，此时枣果颜色鲜艳，含汁液多，风味好；制干品种以完熟期采收最好，此时果实充分成熟，含糖量最高，营养丰富，而且色泽浓艳，果形饱满，富有弹性，品质最佳。制干率与成熟阶段和采收日期关系密切。对完全着色的乐陵金丝小枣，分为 9 月 16 日和 9 月 22 日 2 次采收，晚采收的比早采收的制干率高 22.6 %（郭裕新等，2010）。

不同的枣加工品，适宜的采收期不同，制作蜜枣用的以白熟期采收为适期，此时枣果肉质松软，糖煮后容易充分吸糖，成品晶亮；制作乌枣、南枣、贡枣的原料，则以果皮完全转红的脆熟期为最好，此时果甘甜微酸，松脆多汁，能获得皮纹细、肉质紧的上品；加工醉枣（酒枣）以脆熟期为最好，可保持最好的品味，也可防止过熟破伤而引起浆包、烂枣。贮藏保鲜的枣（一般贮藏品种多数采用冬枣）最好在脆熟期初期（常称作顶红期或圈红期）采收，以获得较长的贮藏期。

田晶等（2018）研究了以环核苷酸（环磷酸腺苷和环磷酸鸟苷）和三萜酸（白桦脂酸、齐墩果酸和熊果酸）为评价指标确定枣果最佳采收期；结果指出，行唐大枣最佳采收期为 9 月，武邑大枣、小枣以及马牙枣最佳采收期均为 8 月。

脆熟期采收的冬枣用于鲜食或贮藏保鲜，完熟期采收的金丝小枣用于干制

注：鲜销冬枣（左）；干制金丝小枣（右）。

25 虽然称呼枣但与普通枣并无关联的枣

枣是人们熟悉又喜爱的果品，但是由于种种原因，人们谈论和资料记载时常将许多不属于枣属植物中普通枣（*Ziziphus jujuba* Mill.）的果实也与普通枣混淆，现予简单梳理如下。

（1）椰枣（*Phoenix dactylifera* Linn）。椰枣又名波斯枣、海枣、番枣、伊拉克枣，是椰枣树的果实。椰枣属于棕榈科刺葵属，分布于西亚、北非以及我国福建、广西、云南等地。其中伊拉克、埃及、沙特、伊朗、美国（加州）都是椰枣生产大国，果实产量高，是中东一些国家的重要出口农产品。一般市面上常见的椰枣是天然风干的果干，而非加工过的蜜饯。

（2）拐枣（*Hovenia acerba* Lindl.）。拐枣属于鼠李科枳椇属树种，有北枳椇和枳椇2个种。拐枣又名万寿果、金钩梨、甜半夜、鸡爪树、拐子枣，属于地球上最古老的树种之一。可食部分是曲折分枝的肉质果梗和花序轴，酸甜可口，也可入药，民间常用枳椇浸泡制作"拐枣酒"，治疗风湿疾病。

（3）沙枣（*Elaeagnus angustifolia* Linn）。沙枣为胡颓子科胡颓子属树种，别名里香、香柳、刺柳、桂香柳、棉花柳等，我国西北沙漠地带分布很广，是重要的防风固沙树种。沙枣树为灌木或乔木，高 3～15 m，果实有大果型、小果型多种类型，色呈金黄，可鲜食和加工。

（4）黑枣（*Diospyros iotus* Linn）。黑枣为柿科柿属植物，学名君迁子，别名软枣、牛奶枣、羊粪枣、丁香枣。落叶乔木，我国多地有分布，多作柿树的砧木。果长圆或近圆形，长约 1.5 cm，成熟时橙黄，干制后变蓝黑色，可较长期存放食用。黑枣种子可榨油，含油量 20 %～25 %，

（5）藤枣［*Eleutharrhena macrocarpa*（Diels）Forman］。藤枣为防己科密花藤属树种，木质藤本，濒危种，又名苦枣，国家一级重点保护野生植物，中国仅此一属一种。核果椭圆形，成熟时橙红色，长 2.5～3 cm，直径 1.7～2.5 cm。

（6）石枣（*Bulbophyllum radiatum* Lindl.）。石枣为兰科石豆兰属植物，别名石豆、岩豆、金枣、石米，主要分布在云、贵、川、湘、黔、浙、赣等地，可入药。石枣入药可祛风除湿、消肿止痛、凉血活血。治高热惊风、风湿痹痛、四肢麻木、关节肿痛、痈肿、咽痛、跌打损伤。

（7）广枣［*Choerospondias axillaris*（Roxb.）Burtt et Hill.］。为漆树科植物南酸枣的干燥成熟果实，为蒙古族习用药材。南酸枣为落叶乔木，高 8～20 m，秋季果实成熟时采收，果实椭圆形或近卵形，黄色，长 2.5～3 cm，直径 1.4～2 cm，顶端具 5 个明显小孔，每孔内各含种子 1 枚。广枣具有行气活血、养心、安神的功效。

（8）枣皮（*Cornus officinalis* Sieb. et Zucc.）。枣皮也叫药枣，学名山茱萸，属山茱萸科山茱萸属植物，是山茱萸的成熟果实，核果长椭圆形，长1.2～1.5 cm，直径 7 mm 左右，成熟后红色，为一种常见的中药材，主产于浙江、安徽、陕西，河南等地也有分布。有补益肝肾的功效。

上述几种植物名称中虽然都带有"枣"字，但都不属于枣属植物，所以和普通枣没有任何亲缘关系，更不可将中药山茱萸（枣皮）当作红枣皮。

中药材中的枣皮是指山茱萸的果实，而不是红枣的皮

注：沙枣树（左）；中药材山茱萸（右）。

26 毛叶枣又名印度枣、台湾青枣

全世界枣属植物约 170 种，我国重要的栽培种仅 3 种，分别是①普通枣（*Ziziphus jujuba* Mill.）；②酸枣［*Ziziphus jujuba* Mill. var. *spinosa*（Bunge）Hu et H. F. Chow.］；③毛叶枣（*Ziziphus mauritiana* Lam.）。

毛叶枣又名印度枣、台湾青枣，属于热带水果。主要在东南亚、南亚一带栽培，素有"热带小苹果"之称。毛叶枣起源印度和我国云南，也有人认为起源和栽培中心都在印度。

我国毛叶枣引种、选种和栽培最早是在台湾（高雄、嘉义等），我国大陆主栽品种多从台湾引入，在云南、广西、海南、广东等地栽培。主要品种为高雄 11 号 - 珍蜜、台南 1 号、台南 2 号、高朗 1 号、蜜丝枣、脆蜜等，因品种和栽培地不同，单果重差异较大。

毛叶枣个大、核小、肉质脆嫩、皮薄，大的可达 250g，一般的也有鸡蛋大小。而它的味道也与其他枣类有所不同，除了人们说的有苹果味外，还兼有梨和枣的味道，有人形容毛叶枣是"一枣三味"。

毛叶枣与我们常见的普通枣在植物分类上虽然属于同科同属，但不是同种。我国的台湾青枣与越南毛叶枣、泰国毛叶枣、中国野生毛叶枣虽同种，但因不是同品种，其特征特性也有明显区别。

27 枣花蜜和洋槐蜜在感官和营养方面各有特色

彭艳芳（2008）研究指出，枣花中总皂苷、总黄酮、芦丁等含量很高。枣是优良的蜜源植物，花期长达 1～2 个月，集中连片的枣园，每年每亩枣园可收获蜂蜜 5.5 kg 左右。

蜂蜜具有很高的营养价值，枣花蜜和洋槐蜜是常见的蜂蜜种类。不同种类的蜂蜜，除了感官特性差异外，所含矿质营养的种类和含量也存在差异，比如枣花蜜中铁和铜含量较高，而洋槐蜜中钙和锌含量较高。在评价蜂蜜新鲜度上，酶的活性是一项重要指标。以淀粉酶为例，枣花蜜和洋槐蜜的淀粉酶含量均较高，且能经受较高的温度和较长时间，在 50℃下保持 24 h 后仍能维持在 8 以上。王萌等（2015）研究指出，枣花蜜含有的葡萄糖氧化酶（GOD），是由蜜蜂的咽腺分泌加入花蜜中，GOD 可以催化葡萄糖转化为葡萄糖酸和过氧化氢，在 70℃下加热 10 min，GOD 活性降低 67%，加热 90 min，GOD 完全失活。

玄红专等（2008）以洋槐蜜、枸杞蜜、椴树蜜和枣花蜜 4 种蜂蜜为试验材料，在测定总酸、还原糖、过氧化氢、淀粉酶值的基础上，采用羟自由基清除法测定并比较了 4 种蜂蜜的抗氧化活性；结果表明，洋槐蜜、枸杞蜜、椴树蜜、枣花蜜的淀粉酶值分别为 11.9、9.17、5.5、12.9；对羟基自由基的清除率分别为 4.96%、5.83%、16.8% 和 23.2%。可见，在供试验的 4 种蜂蜜中，枣花蜜的淀粉酶值以及对羟基自由基的清除率最高。周娟（2013）研究指出，枣花蜜比多数其他花蜜 pH 值高，23 个样品 pH 值平均为 6.71；在所测定的 13 种酚酸化合物中，香草酸、咖啡酸、丁香酸、鞣花酸、阿魏酸的含量最高；10 种不同地区枣花蜜样品的总酚含量范围 335.1～800.6 mg·kg^{-1}，平均值为 558.01 mg·kg^{-1}。枣花蜜可以抑制羟基自由基所致的小鼠红细胞氧化溶血、肝匀浆脂质过氧化和线粒体肿胀，抑制率与枣花蜜所含总酚含量呈正相关。枣花蜜可以有效地清除自由基，并且随枣花蜜样品浓度的增加，对自由基的清除效果也增强，酚类化合物是枣花蜜的主要抗氧化成分。

枣花蜜的特点：枣花蜂蜜属于上等蜂蜜。琥珀色或深色，质地浓稠，滋味甜腻，果糖含量比槐花蜜高，略感辣喉，回味重，具中草药芳香味。枣花蜜果糖含量在 40% 左右，葡萄糖含量在 30% 左右。因葡萄糖含量相对较低不易结晶，但冬天天冷有时在底部可见少量粗粒结晶。

洋槐蜜的特点：槐花蜜是春季蜂蜜，呈水白色或特浅琥珀色，浓稠适中，透明状，色泽清亮，口感清甜，有槐花特有的清香味，极难结晶或不结晶，为上等蜂蜜。

枣花蜜和洋槐蜜的品质不分千秋，各有侧重。两者相比较，洋槐蜜属凉性蜂蜜，而枣花蜜则是热性蜂蜜，所以容易上火和已经上火的人群就暂时不要食用枣花蜜，而适宜槐花蜜。洋槐蜜比较适合便秘、血压偏高和支气管哮喘的人群，胃肠道不好的人群适宜用枣花蜜。

新鲜成熟的蜂蜜可直接服用，也可将其配制成水溶液，水溶液比纯蜂蜜更易被吸收。蜂蜜中最主要的酶是蔗糖酶、淀粉酶、脂肪酶和转化酶。其中转化酶分为葡萄糖氧化酶和过氧化氢酶等，这些酶主要来源是蜜蜂在酿蜜时所分泌的，也有少量是植物所分泌的。因为蜂蜜中所含的酶类对温度较敏感，所以在冲泡蜂蜜时，应采用 50℃ 以下的温开水，而不宜用开水直接冲稀，水温过高不仅对蜂蜜中的酶类造成不可逆的破坏，也使蜂蜜颜色变深，香味挥发，滋味改变，食之有不愉快的酸味。

28 枣树叶中含有较高的黄酮类化合物及其他生物活性物质

崔雪琴（2017）对采集于陕西榆林市绥德县黄河流域地区的 6 个枣品种（木枣、金昌 1 号、骏枣、晋枣、赞皇大枣、相枣）5 个生长期采集的 30 个枣叶样品中的化学成分分析表明，枣叶中主要成分是黄酮类物质，9 个黄酮类化合物是槲皮素的糖苷类黄酮成分，总含量范围是 1 852～3 951 mg·100 g^{-1} DW。在 6 月 25 日（盛花期）和 7 月 5 日 2 个采样期的金昌 1 号、骏枣、晋枣和赞皇大枣枣叶中，黄酮类的含量水平较其他采收期和品种中高。彭艳芳（2008）研究指出，枣叶总三萜含量是枣果含量的 3.15 倍；枣叶桦木酸、齐墩果酸和熊果酸含量分别是枣果含量的 5.38 倍、21.71 倍和 41.68 倍；枣叶总膳食纤维含量是枣果的 4.2 倍；枣叶中 cAMP 含量也高于枣果。李喜悦等（2015）研究建立了一种枣叶中黄酮类成分定量分析的 HPLC 方法，并对赞皇大枣、大酸枣等 14 个品种的大枣及酸枣叶中 5 种黄酮的含量进行了分析；结果表明，在 14 个不同品种的枣叶中均检测出槲皮素 -3-O- 洋槐糖苷、芦丁、槲皮素 -3-O-β-D- 葡萄糖苷、山柰酚 -3-O-

芸香糖苷 4 种黄酮，但其含量存在较大差异。其中芦丁和槲皮素 -3-O- 洋槐糖苷的含量较高，平均为 783 mg·100 g^{-1} DW 和 461 mg·100 g^{-1} DW；槲皮素 -3-O-α-L- 阿拉伯糖 -（1→2）-α-L- 鼠李糖苷是一种特殊的黄酮成分，仅在 8 个品种中检出，平均含量为 532 mg·100 g^{-1} DW；而槲皮素 -3-O-β-D- 葡萄糖苷和山柰酚 -3-O- 芸香糖苷在 14 个品种枣叶中含量较低，平均值分别为 14 mg·100 g^{-1} DW 和 41 mg·100 g^{-1} DW。

由于枣树叶子中含有较高的黄酮类化合物以及其他活性成分（Husseiny et al.，2014；Zhang et al.，2014；Guo et al.，2011），所以近年来利用枣树嫩叶和嫩芽加工的枣芽茶，在市场上颇受欢迎。

29 枣树和酸枣树嫩芽或嫩叶制作的茶叶营养丰富

枣树和酸枣树嫩芽，是指每年春季在枣树萌芽期采摘的嫩芽和嫩叶，由于各地的物候期差异，所以枣树萌芽期也不同。在北方黄河流域，枣树和酸枣树萌芽通常在 4 月中旬，并且制作枣芽茶最适宜采摘时间很短，仅为 7 天左右。

制作枣芽绿茶的基本工艺可参照绿茶制作传统工艺进行。主要包括：适时采叶、分级及清洗、适度杀青、合理揉捻、及时烘焙和科学包装等环节，简述如下。

环节 1，适时采叶。加工枣叶茶以幼芽或嫩叶为佳。采回的叶子要及时加工处理，一时加工不完应将叶子平摊在阴凉、清洁、气温低于 25℃ 的室内，厚度不超过 10 cm，以防发热引起鲜叶变质。环节 2，分级及清洗。将采后的幼芽或嫩叶，进行分级筛选、除杂、清洗和甩水，在遮阳条件下摊晾适度失水。环节 3，适度杀青。通过杀青破坏鲜叶中酶的活性，防止芽叶变红，形成绿茶"绿叶绿汤"的品质特征，并随着叶内水分的散失，增进茶香，使叶质变软，为揉捻创造条件。杀青的炒锅通常为 25°～30° 倾斜式，锅温控制在 180～200℃，根据投料量控制杀青时间在 5～10 min。环节 4，合理揉捻。杀青后的叶子稍摊晾后，再进行揉捻。揉捻是形成绿茶外形的主要工序，一般为 1 次揉捻，其作用在于揉成紧结圆直的外形，并使叶细胞破碎，挤出茶汁附着叶表面，以增进茶汤的浓度。嫩叶一般要揉捻 20 min 以上，高档茶成条率应在 85% 以上。揉捻分为机器揉捻及手工揉捻。环节 5，及时烘焙。烘焙也叫炒制，目的是蒸发芽叶内多余水分，定型、产香。炒制分初炒和复炒。手工初炒是将揉捻过的叶子放入锅内，用双手或小木板压在锅内滚炒，并几次散开叶子使受热均匀。这样反复进行，经烘炒 20 min 左右，有刺手感时取出摊晾，让其回潮变软。复炒是将回软的叶子再倒入锅内，以文火加热，搅拌用力均匀，炒至叶烫手为度。环节 6，科学包装。选用阻隔性强的包装袋（如聚酯袋或铝箔袋），复炒好后进行包装，并贮藏于阴凉干燥场所。

枣芽绿茶冲泡后，汤色黄绿明亮，气味清香，鲜爽持久，略显苦味，可谓一种新型营养特色茶叶。但因茶性偏寒，孕妇、儿童和脾胃虚寒者应慎用，普通人也不宜饮用太多。频繁饮用后容易造成腹疼和拉肚子，这是饮用枣叶茶或酸枣叶茶后最普遍的副作用。

徐变娜等（2012）以陕北地区 5—8 月矮化密植枣园生长的梨枣嫩叶制成的梨枣叶茶为研究材料，研究了梨枣叶茶感官、滋味、色泽及营养品质随采收时期的变化规律；结果表明，不同时期制成的枣叶茶水浸出物含量无显著差异（$P>0.05$），而可溶性糖、游离氨基酸、茶多酚及抗坏血酸含量都表现出显著差异（$P<0.05$），咖啡碱含量极低。此外，梨枣叶茶具有高矿质元素 Zn 和 Fe 以及高维生素 C 含量的特点。采用 5 月的梨枣叶制作的茶，条索紧细，色泽嫩绿，汤色明亮，滋味鲜醇，整体品质最好，水浸出物、游离氨基酸、茶多酚和维生素 C 含量分别为 41.82%、8.99%、5.64%和 136.5 mg·100 g^{-1}；6 月叶制作的绿茶，色泽和茶汤滋味次之；7 月和 8 月叶制作的茶，色泽和茶汤滋味最差。

但在比较总酚、黄酮和维生素 C 含量及酚类物质的组成及抗氧化能力（总还原力、DPPH 自由基清除率和 ABTS 自由基清除率）的差异性时表明，7 月、8 月加工的梨枣叶茶抗氧化物质含量及抗氧化能力高于 5—6 月加工的梨枣叶茶。梨枣叶茶的酚类和黄酮类物质以及维生素 C 含量在不同时期呈现出显著性差异（$P<0.05$），其中总酚含量变化范围为（29.94 ± 0.28）～（42.65 ± 0.56）mg·g^{-1}（以没食子酸计），黄酮含量变化范围为（16.61 ± 0.39）～（25.21 ± 1.53）mg·g^{-1}（以芦丁计），维生素 C 含量变化范围为 136.5～324.6 mg·100 g^{-1}。梨枣叶茶检出的酚类物质主要为没食子酸、儿茶素、芦丁和槲皮素，它们的含量在不同时期也存在显著性差异（$P<0.05$），其中芦丁是含量最高的酚类物质，最高含量达到 60.11 mg·100 g^{-1}。梨枣叶茶抗氧化能力与总酚和黄酮含量分别呈现显著（$P<0.05$）和极显著（$P<0.01$）相关性，但与维生素 C 含量相关性不大（徐变娜等，2013）。覃旋等（2017）研究指出，以枣树叶制作的红茶，用顶

空 - 固相微萃取法（HS-SPME）、气相色谱 - 质谱联用法（GC-MS）分析其香气成分，其干茶样香气成分共检测出 49 种，酮类和杂环化合物相对含量较高，为其主要香气组分，其中主要香气成分为甲基庚烯酮（15.75%）、4,6- 二甲基嘧啶（12.76%）、6- 甲基 -3,5- 戊二烯 -2- 酮（6.17%）、2- 乙基 -5- 甲基吡嗪（3.81%）和 2,5- 二甲基吡咯（3.65%）。

虽然夏季采用枣叶制作茶叶以制作发酵型茶叶（红茶等）为宜，因为此时叶片较大且内含物含量丰富，制作红茶容易形成较好的滋味和汤色。但是由于枣叶自身的内含物特性，制作枣叶红茶时存在发酵缓慢且不宜转色的特点，所以优化枣叶红茶的制作工艺，尚需要进一步研究探索。

枣芽或嫩枣叶可制作营养特色枣芽茶

【参考文献】

曹尚银，曹秋芬，孟玉平，2017. 中国枣地方品种图志［M］. 北京：中国林业出版社.

陈耀东，1996. 关于柳贯研究及其佚著《打枣谱》［J］. 浙江师大学报（社会科学版）（2）：39-40.

陈振武，张钦德，王兴顺，2003. 炮制对大枣煎出物含量的影响［J］. 现代中药研究与实践（3）：23-24.

崔雪琴，2017. 红枣和枣叶中化学成分分析及生物活性研究［D］. 西安：西北大学.

国家文物局，2003. 中国名胜辞典［M］. 上海：上海辞书出版社.

郭裕新，单公华，2010. 中国枣［M］. 上海：上海科学技术出版社.

贾思勰, 2009. 齐民要术 [M]. 石声汉, 校释. 上海: 中华书局.

孔子, 等, 2014. 诗经图解详析 [M]. 沐言非. 北京: 北京联合出版公司.

李莉, 彭建营, 白瑞霞, 2009. 中国枣属植物亲缘关系的 SRAP 分析 [J]. 中国农业科学, 42 (5): 1713-1719.

李贤, 等, 2018. 大明一统志 [M]. 方志远, 点校. 成都: 巴蜀书社.

李叶, 2014. 本草纲目彩色图鉴 [M]. 北京: 北京联合出版公司.

李新岗, 2015. 中国枣产业 [M]. 北京: 中国林业出版社.

李友谋, 2003. 裴李岗文化 [M]. 北京: 文物出版社.

宋学海, 2011. 战国策 [M]. 昆明: 云南出版集团公司.

刘孟军, 汪民, 2009. 中国枣种质资源 [M]. 北京: 中国林业出版社.

刘孟军, 王玖瑞, 刘平, 等, 2015. 中国枣生产与科研成就及前沿进展 [J]. 园艺学报, 42 (9): 1683-1698.

刘孟军, 1995. RAPD 技术在枣和酸枣种质鉴定中的应用研究 [C] // 中国科学技术协会. 中国科学技术协会第二届青年学术年会园艺学论文集. 北京: 北京农业大学出版社.

刘孟军, 2008. 中国红枣产业的现状与发展建议 [J]. 果农之友 (3): 3-4.

鹿金颖, 毛永民, 申莲英, 等, 2005. 用 AFLP 分子标记鉴定冬枣自然授粉实生后代杂种的研究 [J]. 园艺学报, 32 (4): 680-683.

马秋月, 戴晓港, 陈赢男, 等, 2013. 枣基因组的微卫星特征 [J]. 林业科学, 49 (12): 81-87.

王萌, 杜冰, 曹炜, 2015. 枣花蜜和荞麦蜜中葡萄糖氧化酶的活性及稳定性研究 [J]. 食品工业科技, 36 (9): 83-86.

沐之, 2015. 神农本草经彩色图鉴 [M]. 北京: 北京联合出版公司.

潘兴杰, 2016. 我国古枣树资源及其利用调查 [D]. 杨凌: 西北农林科技大学.

彭建营, 束怀瑞, 孙仲序, 等, 2000. 中国枣种质资源的 RAPD 分析 [J]. 园艺学报, 27 (3): 171-176.

彭建营, 束怀瑞, 彭士琪, 2002. 用 RAPD 技术探讨中国枣的种下划分 [J]. 植物分类学报 (1): 89-94.

蒲云峰, 2019. 骏枣苦味物质鉴定及形成机理研究 [D]. 杭州: 浙江大学.

覃旋, 肖海兵, 邢珍珍, 等, 2017. 枣叶红茶干茶香气成分分析 [J]. 江西农业 (7): 114-115.

曲泽洲, 1963. 我国古代的枣树栽培 [J]. 河北农业大学学报, 2 (2): 1-8.

曲泽洲，武元苏，1983.关于枣的栽培起源问题［J］.北京农学院学报（1）：1-5.

曲泽洲，王永惠，1993.中国果树志：枣卷［M］.北京：中国林业出版社.

桑楚，2016.国学经典全知道［M］.北京：北京联合出版公司.

实业部国际贸易局，1934.中国实业志：山东省［M］.［出版地不详］：实业部国际贸易局.

田晶，李存满，李巧玲，2018.以环核苷酸和三萜酸为评价指标确定枣果最佳采收期［J］.中国食品添加剂（10）：62-68.

王利华，1995.《广志》成书年代考［J］.古今农业（3）：51-58.

王永蕙，刘孟军，1989.关于枣和酸枣学名的商榷［J］.河北农业大学学报，12（1）：10-13.

肖禹安，王红庚，王英平，2014.枣霜化学成分的色谱质谱分析［J］.特产研究（4）：55-59.

徐变娜，王敏，曹静，等，2012.不同时期梨枣叶茶品质的差异性分析［J］.食品工业科技，33（16）：134-137.

徐变娜，王敏，曹静，等，2013.不同时期梨枣叶茶抗氧化成分组成及活性差异的分析［J］.食品科学，34（13）：34-38.

玄红专，莫新迎，麻建军，2008.不同蜂蜜中淀粉酶值稳定性的研究［J］.蜜蜂杂志（11）：8-10.

杨柳，王贵禧，梁丽松，等，2010.洗脱处理对冬枣果实有机磷农药残留脱除效果研究［J］.浙江林业科技，30（6）：28-32.

殷晓，张春梅，李新岗，等，2014.陕北枣品种群遗传结构的SSR分析［J］.西北农林科技大学学报（自然科学版），42（6）：152-160，167.

赵世纲，1987.关于裴李岗文化若干问题的探讨［J］.华夏考古（2）：160-175.

周丽，杨伟志，王长柱，等，2015.新疆红枣优生区研究［J］.果树学报，32（3）：1017-1023.

周娟，2013.枣花蜜理化指标及抗氧化活性研究［D］.西安：西北大学.

周文，2014.《千金要方》中生姜大枣甘草运用规律研究［D］.成都：成都中医药大学.

ASATRYAN A，TEL Z N，2013. Pollen tube growth and self-incompatibility in three Ziziphus species（Rhamnacese）［J］. Flora，208：390-399.

GUO S，DUAN J A，TANG Y，et al.，2011. Simultaneous qualitative and quantitative analysis of triterpenic acids, saponins and flavonoids in the leaves of two *Ziziphus* species by HPLC-PDA-MS/ELSD [J]. Journal of pharmaceutical and biomedical analysis, 56（2）: 264-270.

HUSSEINY I, KHOLY S, OTHMAN A A, 2014. Laboratory testing of the toxicity of jujube（*Zizyphus jujuba*）oil and leaf extracts against culex pipiens（Diptera: Culicidae）[J]. African entomology, 22（4）: 755-761.

MA Q H, WANG G X, LIANG L S, 2011. Development and characterization of SSR markers in Chinese jujube（*Ziziphus jujuba* Mill.）and its related species [J]. Scientia horticulturae, 129（4）: 597-602.

WANG S, LIU Y, MA L Y, et al., 2014. Isolation and characterization of microsatellite markers and analysis of genetic diversity in Chinese jujube（*Ziziphus jujuba* Mill.）[J]. Plos one, 9（6）: e99842.

XIAO J, ZHAO J, LIU M J, et al., 2015. Genome-wide characterization of simple sequence repeat（SSR）loci in Chinese jujube and jujube SSR primer transferability [J]. Plos one, 10（5）: e0127812.

YAO S R, 2013. Past, present and future of jujubes-Chinese dates in the United States [J]. Hortscience, 48（6）: 672-680.

ZHANG R, CHEN J, SHI Q, et al., 2014. Quality control method for commercially available wild jujube leaf tea based on HPLC characteristic fingerprint analysis of flavonoid compounds [J]. Journal of separation science, 37（1-2）: 45-52.

第二篇
枣文化知识篇

30 枣文化主要涵盖哪些方面

枣文化是指人类社会历史实践过程中，所创造的与枣有关的物质财富和精神财富的总和。枣文化涵盖枣生产文化、饮食文化、精神文化和方仙文化等方面。

我国是枣的原产地，枣树的栽培利用历史十分悠久。古往今来，人们种枣、食枣、用枣、选育枣、咏枣、唱枣、画枣、研究枣，枣文化在我国传统文化的土壤中孕育、发展、传承，并渗透到了我国传统文化的各个领域，形成了极其丰厚的枣文化积淀。

从科学门类上分，枣文化可分为枣自然科学和枣人文科学两大方面。以时间长河为视角，枣文化应该包括枣的历史和现状，因为历史与文化是密不可分的，不同的历史阶段会产生不同的文化；从文化融合和相互影响的角度看，枣文化与政治、经济、哲学以及社会生活的各个方面有不同程度的融合和相互影响。枣文化进一步地挖掘、开发与利用，是当前和未来我国枣产业发展的新思路。

枣树起源于我国黄河流域，《诗经》中有"八月剥枣，十月获稻"的记述，水稻是南方农村的基本作物，而"枣"与稻并举，可见其在黄河流域是重要的经济树种。《黄帝内经》中提出"五谷为养、五果为助、五畜为益、五菜为充"的饮食原则，认为五谷杂粮才是养生的根本，五果为助说明水果是平衡饮食的辅助食物，五果一般是指枣、李、杏、栗子和桃。可见，从古至今国人便与枣结下了不解之缘，枣已经成为百姓赖以生存的主要作物之一。

　　枣文化中最少不了的是描写枣或者与枣有关的各种素材的文学艺术作品、典故等。由于"枣"与"早"谐音，其色如丹，表里赤子，是祈福纳瑞的节日佳果与吉祥礼品，尤其在我国传统文化中，逢年过节、娶妻生子、登科举业，都用枣来表示"早发大财、早生贵子、早登金榜、早成大业"的吉祥祝福。春节吃"枣山"，端午吃"粽子"，重阳节吃"花糕"，都配以枣做辅料，寓意"富贵临门、红红火火"，这一部分是枣文化中最为生动、最引人入胜的部分，是枣文化的灵魂，也是狭义的枣文化。它主要包括有关枣的传说、故事、小说、诗词、散文、戏剧、成语、谜语、歇后语、对联、幽默与笑话、绕口令、寓言、格言与谚语、绘画、摄影、雕塑、歌曲和器乐等。

　　关于枣的诗句是枣文化的璀璨明珠，比如："银地无尘金菊开，紫梨红枣堕莓苔"（唐代喻凫）；"白露皱红枣，西风摆老荷"（宋代舒岳祥作）；"秋来红枣压枝繁，堆向君家白玉盘""红枣林繁欣岁熟，紫檀皮软御春寒"（宋代欧阳修）；"风苞堕朱缯，日颗皱红玉"（宋代王安石）；"堰茗蒸红枣，看花似好时"（唐末五代时期贯休）；"白鸥池沼菰蒲影，红枣村虚鸡犬声"（宋代杨万里）……

　　人们以枣强身，以枣治病，以枣果腹，以枣抒情，以枣改善生活和生态环境，以枣发展和振兴乡村经济。因而，对于枣木、枣树、枣园、枣林均产生了深厚的情感。而枣子不仅经济价值高，营养丰富，香甜味美，品种繁多，即便是枣花也是花形纤秀，色泽米黄，清香淡雅，是很好的蜜源。因为枣子色红、花美，也被认为是吉利之物。在描述国色上，人们常将枣红誉为中国红。

　　枣文化当然也包括枣的自然科学知识，这些是人类在长期生产实践和科学研究中获得的最为宝贵也最为丰富的财富，如枣树类型与适应性、枣的品种特性及品种选育、不同类型或品种枣的栽培管理技术、枣精深加工工艺与贮运保鲜、枣的营养与药用价值开发利用等。

　　枣文化的融合和相互影响表现在许多方面，从枣发展历史看，枣除了与农业和日常生活提供食物直接相关外，还与工业、旅游业、信息产业、古今名人、风俗民情以及人名、地名等有着千丝万缕的联系，特别是我国民间处处都保留着枣文化的痕迹。

枣文化可分为枣自然科学和枣人文科学两大方面

注：山东乐陵第二届枣花节（左）；乐陵金丝小枣古树林（中）；中国金丝小枣文化博物馆（右）。

31 《杏园中枣树》是唐代诗人白居易的一首哲理诗

唐代白居易《杏园中枣树》："人言百果中，唯枣凡且鄙。皮皴似龟手，叶小如鼠耳。胡为不自知，生花此园里。岂宜遇攀玩，幸免遭伤毁。二月曲江头，杂英红旖旎。枣亦在其间，如嫫对西子。东风不择木，吹煦长未已。眼看欲合抱，得尽生生理。寄言游春客，乞君一回视。君爱绕指柔，从君怜柳杞。君求悦目艳，不敢争桃李。君若作大车，轮轴材须此。"

译文大意是："人们都说在各种果树中，唯有枣树既平凡又粗鄙。枣树皮像开裂的冻手，树叶像细小的鼠耳。它为什么没有自知之明，也在这杏园里来开花凑热闹。它不会被攀折赏玩，幸而没有遇到伤害摧毁。二月的曲江江边，各种花红得风光旖旎。枣树也在它们中间，它好像是嫫母对着西子。东风却谁也不嫌弃，不停地吹拂让它生生不息，很快便成了合抱的巨树，它按照自己的天性完成了自己。且让我传话给春游的客人，请回过头来细细注视。您如喜爱绕指的柔软，听凭您去怜惜柳和杞。您如追求悦目的美丽，它不敢去竞争桃李芬芳。可是如要造一辆大车，那车轮车轴的取材必须在此。"

《杏园中枣树》是白居易在京城任校书郎时所作。杏园在长安城南曲江池畔。每年春季，新中的进士就在这里宴会。春天的杏园百花盛开，诗人不写繁花美景，偏写枣树，乃是有所寄寓。这首哲理诗，表现了诗人白居易的价值观。诗人通过描述枣树平凡鄙陋，其身多刺，其貌不扬，它生在繁花似锦的杏园中，更让游春之客鄙弃；枣树虽然不如柳杞柔可绕指，也不如桃李赏心悦目，但如要造一辆大车，那车轮车轴的取材必须在此。

诗意阐明，绝不可以己之好而定物之存留，应该容许各见其长，用其所长，借此对以貌取人的做法提出了尖锐的批评。

32 古今描写红枣诗句摘选

枣是人们十分喜爱的一种食品。枣树在我国有着悠久的栽培历史，其花香清新，果实可口，木质坚硬，多被文人墨客所歌咏。历代咏枣的诗词歌赋比比皆是，其中更是不乏名家大师描写大枣的诗句。

唐代杜甫《百忧集行》："庭前八月梨枣熟，一日上树能千回"；唐代刘长卿《泊无棣沟》："行过大山看小山，房上地下红一片"；宋代郭祥正《咏枣》："黑腰虚羡尔，红皱岂为然"；宋代王安石《赋枣》："种桃昔所传，种枣予所欲。在实为美果，论材又良木。余甘入邻家，尚得馋妇逐。况余秋盘中，快啖取餍足。风包堕朱缯，日颗皱红玉。贽享古已然，龃诗自宜录。沔怀青齐间，万树荫平陆。谁云食之昏，匿知乃成俗。广庭觞圣寿，以此参肴菽。愿比赤心投，皇明傥予烛"；宋代梅尧臣《亳州李密学寄御枣一筬》："沛谯有钜枣，味甘蜜相差。其赤如君心，其大如王瓜。尝贡趋国门，岂及贫儒家。今见待士意，下异庐仝茶。食之无厌饫，咏德曾未涯"；宋代刘克庄的诗句："枣本流传容有伪，笺家穿凿苦求真"；宋代赵抃的诗句"枣熟房栊暖，花妍院落明"；宋代郭祥正的诗句"甜出诸饧上，香居百果前"；明代揭轨《枣亭春晚》："昨日花始开，今日花已满。倚树听嘤嘤，折花歌纂纂。美人浩无期，青春忽已晚。写尽锦笺长，烧残红烛短。日夕望江南，彩云天际远"；明代李东阳《若夜馈送瓶枣》："异代神仙事不赊，如瓶丹枣胜如瓜。多情馈客诗兼远，急脚携筐步半斜"；清代张咸五《晚行》："林枣离离豆缀花，绿槐村外夕阳斜"；清代潘内召《咏枣花》："忽忆故乡树，枣花色正新。枝迎饁饷妇，香惹卖浆人。纂纂飞轻雪，离离缀素珍。祗今秋渐好，频扑任西邻"；清代张镠作《富平枣》："何须珍异物，爱此一林丹。雾暗青虬隐，秋花亦玉寒。吹齁常应候，则壤不名酸。寄语安期叟，如瓜诇可餐"；清代崔旭写道："河上秋林八月天，红珠颗颗压枝园。长腰健妇提筐去，打枣竿长二十拳"；清代王庆元《盐山竹枝词》："春分已过又秋分，打枣声喧隔陇闻。三两人家十万树，田头屋脊晒红云"；现代施蛰存的诗句："书林喜发新财路，梨枣争开小品书"……

33 "上有仙人不知老，渴饮玉泉饥食枣"源自何处

"上有仙人不知老，渴饮玉泉饥食枣"是汉代铜镜上一首铭文的一部分。

铜镜一般是以含锡量较高的青铜铸造。在我国古代，商代铜镜是用来祭祀的礼器，春秋战国至秦一般都是王公贵族才能享用，到西汉末期，铜镜就慢慢地走向民间，是人们不可缺少的生活用具。铜镜制作精良，形态美观，图纹华丽，铭文丰富，是中国古代青铜艺术文化遗产中的瑰宝。西汉中期到东汉时期，铜镜铭文种类繁多，但是大致可分为以下几类：赠答铭文；用于庆寿的吉祥铭文或歌功颂德、炫耀威武的铭文；宗教神话内容的铭文。另外，受道家影响，铭文中常有仙人、玉英、醴泉、芝草等铭词。

孙文丽（2011）对两汉魏晋南北朝时期枣的长生意象的生成及其演变进行了分析研究，在所搜集的1 500余面两汉铜镜中，含"枣"的铜镜约126面，且铭文内容比较固定。分析指出，东汉时期的神仙思想在东汉铜镜中有着鲜明的体现，大枣仙话正是在这种时代背景下广泛传播并产生了重要影响。

在秦汉之际，方士们发现枣具有温补充饥的实用功效，也具有药用功效，枣开始成为仙药的主要配方和传说中仙人的主要食物。伴随着枣得到方仙道士的青睐，枣和神仙结下不解之缘，枣被涂上神秘的色彩，其直接结果是大枣仙话的产生。大枣仙话在秦汉之际方仙道士的影响下产生，并作为独立的文学意象在文学作品中出现，魏晋南北朝时期是其鼎盛时期。

我国洛阳、扬州等多地出土的汉代铜镜上（博局纹禽兽纹镜）刻有"上有仙人不知老，渴饮玉泉饥食枣"，既反映了道家文化的影响，也透视出对枣的营养及医疗价值古人早有知晓。

34 纪晓岚诗歌《食枣杂咏》六首既赞美枣且寓意深刻

清雍正二年（公元1724年），纪晓岚出生于直隶河间府（今河北献县）崔尔庄（现行政规划为河北沧州沧县崔尔庄）。由于纪晓岚的家乡盛产金丝小枣，他在《槐西杂志》卷三中写道："崔庄多枣，动辄成林，俗谓之枣行。"如今的崔尔庄建有纪晓岚文化园。《食枣杂咏》六首是纪晓岚27岁时所作，通过对红枣的颂扬，既表达出他对家乡深沉的挚爱，也借枣明理，讲出一番人生真谛。《食枣杂咏》六首如下：

（1）"八月剥枣时，檐瓦晒红皱。持此奉嘉宾，为物苦不厚。岂知备赘谒，兼可登笾豆。桂子不可食，馨香徒满袖。"

借枣明理——做人须质朴诚恳，切莫华而不实。

（2）"青虫蚀老槐，槐叶遂憔悴。果实朱离离，虫乃生其内。在外犹可除，在内焉能制。此物岂不微，弥小弥堪危。"

借枣明理——外显的虫患可以清除，内在的腐坏则很难根治。

（3）"东海逢安期，食枣大如瓜。物美或殊常，闻者以为夸。岂知玉井莲，乃有十丈花。鲲鹏谈变化，焉可疑南华。"

借枣明理——"不识庐山真面目，只缘身在此山中。"世界上这么多不同的文化环境，当然会形成不同的看待事情的价值观，增长见闻，可让人智慧通透。

（4）"大枣不可食，小枣甘如蜜。种类略不殊，美恶焉能匹？所期适口腹，安问形与质。采采慎所求，无为以貌失。"

借枣明理——物种不同，形质相异，寓意不能以貌取人。

（5）"破枣观其核，中空无所有。乐陵传此种，海内云无偶。矫揉事接植，期以适人口。千种无一生，真性伐已久。"

以此赞美乐陵无核小枣，写出乐陵无核小枣的培植和嫁接之难，品质的高贵以及物种的稀有。

（6）"披叶将引条，矗矗锋芒直。采摘不敢辞，攀援焉可得。毅然露风骨，缅彼君子德。岂同灌莽中，险阻生丛棘。"

枣不同于"灌莽险阻"中丛生的棘，"枣"代表着锋芒矗矗、风骨毅然的君子之德（"棘"：2个"朿"字并排立着，表示棘树多刺，是矮小而成丛莽的灌木；"平朿"为"棘"，"高朿"为"棗"＝"枣"）。

河北沧州纪晓岚文化园部分场景（河北沧州崔尔庄，2019 年）

35 古诗中的白枣是指果实发白时成熟的枣

《建州绝无芡意颇思之戏作》是宋代诗人陆游诗词之一："乡国鸡头卖早秋，绿荷红缕最风流。建安城里西风冷，白枣堆盘看却愁"（南宋时期的建安是现福建建瓯——编者注）。

白枣属于枣的一种，果实发白时成熟，故名。《尔雅·释木》："樲，白枣"；郭璞注："即今枣子白熟"；章炳麟《新方言·释植物》："今自徽州以东至於江南浙江，皆谓白枣为白朴。"

36 古诗中的羊枣是指君迁子的果实

羊枣出自《孟子·尽心下》。《尔雅·释木》："遵，羊枣"；郭璞注："羊枣实小而圆，紫黑色，今俗呼之为羊矢枣。"羊枣不是普通枣，为君迁子之实，也称黑枣。君迁子（*Diospyros lotus* Linn）为柿树科柿树属落叶乔木，可作为柿子树的砧木。

清李渔《闲情偶寄》："曾皙睹羊枣而不得嗛，曹刿鄙肉食而偏与谋。"

羊枣俗称黑枣，为君迁子的果实，君迁子可作柿树的砧木
注：黑枣（左）；柿树（右）。

37 《大红枣儿甜又香》是哪几位作词和作曲家创作?《红枣树》的歌词和主题思想是什么

现代芭蕾舞剧《白毛女》中的选曲《大红枣儿甜又香》反映的是军民之间的鱼水之情，该曲内涵丰富，旋律优美。

《大红枣儿甜又香》是一首我国几乎家喻户晓的经典作品。第一段歌词为:"大红枣儿甜又香,送给咱亲人尝一尝,一颗枣儿一颗心,心心向着共产党。"它由杨永直、孟波作词,严金萱作曲(严金萱等,2015;耀峰等,2018)。

资料报道,有一次,冲锋剧社(抗战时期晋察冀军区第三分区所属的一个剧社)在盛产红枣的山村演出结束后,一位老大娘跑到严金萱身旁叫着:"同志,等一等,你歌唱得最甜,尝尝咱家的大红枣……",说着就在严金萱口袋里塞满了大红枣。回到宿舍,严金萱分给大家吃,当时,吃着大红枣,真是又甜又香。饥肠辘辘的战士,如同得到救命果,吃后觉得精神大振。边区老大娘纯朴的情谊,深深印在她们的脑海里。

1964 年,严金萱为现代芭蕾舞剧《白毛女》作曲,其中有表现军民关系的戏,于是立刻想到要创作一首《大红枣儿甜又香》。孟波和杨永直联手撰写了歌词。严金萱拿着歌词,仿佛看到了亲如一家的边区老乡们和热情送枣的老大娘……思如泉涌,顿生灵感,一气呵成谱好了《大红枣儿甜又香》这首曲子。

《红枣树》是 2018 年发行的新歌,由我国著名音乐人祁隆作词和曲,任妙音演唱。歌词大意是:家乡那棵红枣树,伴着我曾住过的老屋,有过多少童年的往事,记着我曾走过的路,当初离开家的时候,枣树花香开满枝头,每当我孤独的时候,就想起家乡一草一木。红枣树,家乡的红枣树,儿时我爱过的恋人,现在你身在何处。红枣树,家乡的红枣树,随着那蹉跎的岁月,你是否依然花香如故。

《红枣树》这首音乐呈现出一种返璞归真、简单质朴状态,任妙音纯净甜美的声音与清新的风格,轻轻诉说对家乡的眷恋和对童年红枣树浓厚的感情。她希望用歌声让听众重回那个清纯的岁月,让那些已逝去的美好岁月再次重现。

38 《枣核》是哪位作家的作品,主题思想是什么

《枣核》是已故中国现代记者、文学家、翻译家萧乾写的一篇优美散文,选自《萧乾文集》。《枣核》中有这样的表述:"动身访美之前,一位旧时同窗写来封航空信,再三托付我为她带几颗生枣核。东西倒不占分量,可是用途却很蹊跷……""拥抱之后,她就殷切地问我:'带来了吗?'我赶快从手提包里掏出那几颗枣核。她托在掌心,像比珍珠玛瑙还贵重。""她当年那股调皮劲显然还没改。我问起枣核的用途,她一面往衣

兜里揣，一面故弄玄虚地说："'等会儿你就明白啦．'……""也许是没出息，怎么年纪越大，思乡越切。我现在可充分体会出游子的心境了。我想厂甸，想隆福寺。这里一过圣诞，我就想旧历年。近来，我老是想总布胡同院里那棵枣树。所以才托你带几颗种子，试种一下。"

由上文段落可知，《枣核》讲述的是作者的一位旧时同窗在国外思念祖国、怀念家乡的情节。作者在动身访美前，这位在美国定居多年的老人托他带几颗枣核，作者对带枣核的用途感到十分蹊跷。到了老人家里后，才知道她在国外十分想念祖国，思念家乡。每到圣诞节时她想旧历年、想厂甸、想总布胡同里的那棵枣树。她甚至还在自家的花园里模拟建筑了一个"北海"，老人要这枣核是想试种一下，让它在异国的土地上生根、发芽、结果……

吴蓓（2019）指出，学习《枣核》旨在让学生了解作品叙述的具体事件，倾听海外游子的爱国心声，培养学生热爱家乡、报效祖国的情感。确实，正像《枣核》作者最后结语中描述的，"改了国籍，不等于就改了民族感情；而且没有一个民族像我们这么依恋故土的。"这就是《枣核》的主题思想。

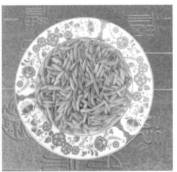

思念祖国、依恋故土、怀念家乡是《枣核》的主题思想

39 "桃三杏四梨五年，枣树当年就还钱"

原意是指桃树、杏树、梨树和枣树，从栽种在地里到开始挂果的年限，桃树一般需要 3 年，杏树一般 4 年，梨树一般 5 年，而某些枣树品种栽植当年就能挂果卖钱，这与河南民间"桃三李四梨五年，核桃、柿子六七年，桑树七年能喂蚕，枣树栽上能卖钱"的意思相近。也有"桃三杏四梨五年，枣树当年就还钱，栽下银杏，笑望儿孙攀"的谚语，说明银杏树生长发育慢，周期长。

但是，许多果树新培育的品种，均具有良好的早果及丰产特性，品种从栽种到挂果的时间比上述有所缩短，比如不少梨品种到 5 年时已经不是初果期了，而基本进入盛果期。相对来讲，枣树是挂果最快的树种之一，栽植当年一些品种确实可开花或者少量挂果，矮密栽培的枣园一般 3 年以后就有较高的产量。

40 "杨柳当年成活不算活，枣树当年不活不算死"

"杨柳当年成活不算活，枣树当年不活不算死"，意指杨柳定植后，当年发芽不一定就真的活了，而枣树定植后，当年不发芽也不一定就是真死了。

柳树存在"假活现象"，假活就是柳树枝干发芽，但土里枝干上并未生根，所以一段时间后营养供给不上而死亡。柳树皮薄富含水分及养分，所以枝干上极易发芽，发芽后意味着所需的养分及水分也要增加，这时如果没有生根，会加快柳树的凋亡，所以会出现"杨柳当年活不算活"的现象；而枣树给人一种"皮糙肉厚"的感觉，也正是枣树的这种生理特点，让枣树体内的水分不易蒸发，发芽的能力也不强，所以刚移栽的枣树在一段时间内很难发芽。但枣树体内的水分及养分都供给到根系，保证根系生长，等到根系新根发生后，来年才会有嫩芽吐出。所以，会有"枣树当年不活不算死"这一说法。

41 "枣粮间作好，下收粮，上收枣"

"枣粮间作好，下收粮，上收枣"，意指枣树和矮秆粮棉作物或蔬菜间作，能充分利用土地和光能，达到树上树下立体生产，提高了土地利用率，可增加收益。刘国利等（2018）研究指出，利用金丝 4 号小枣与农作物之间在物候期上的差异和大量需肥、需水时期的交错，合理提高土地、光照和空气自然资源的利用率，提高枣果品质，实现复合型、叠加型的农业立体种植模式，最大化增加单位面积土地的经济效益。

枣粮、枣菜、枣油料作物、枣与花或中药材间作的科学依据主要包括抓住枣树与间作物生长的时间差，充分利用肥水资源；利用枣树根系与间作物根系在土壤中的分布差，充分利用肥水资源；枣树冠较矮、枝疏、叶小、遮光程度小，透光率较大，基本上不太影响间作物对光照强度和采光量的需求。

科学进行枣树间作，可充分利用肥水光气资源

注：枣和油料作物间作（左）；枣麦间作（右）。

42 "酸枣接大枣，废物变成宝"

酸枣和大枣均属于鼠李科枣属植物，但不是一个种。酸枣树和大枣接穗的亲和力很强，嫁接容易成活，嫁接树除有轻微的小脚现象外，未发现伤口愈合不良或生长明显减弱的现象。

枣树的苗木繁殖主要采用嫁接方式繁殖，常以酸枣苗作为砧木，嫁接方法有枝接（劈接、插皮接、切腹接）、带木质部芽接等多种。实践表明，枝接时在砧木和接穗都较粗时（砧木直径 0.5～1.5 cm）宜采用切腹法嫁接，这样既便于操作，成活率也高；在砧木较粗而接穗较细时宜采用插皮接（砧木直径＞1.5 cm，皆可用此法嫁接）；如砧木与接穗均较细时（直径＜0.5 cm），宜选用劈接法；在生长季芽接时，最适宜带木质部芽接。

枣树嫁接的时间和方法，都直接影响到嫁接成活率和当年的生长量。以一年生酸枣实生苗为例，在4月下旬至5月上旬，当砧木芽长0.5～1.5 cm时（山东泰安），嫁接成活率高，嫁接后生长势强（郭裕新，2010）。

由于酸枣根系发达，耐干旱、瘠薄和盐碱，适应性强，接上大枣后，大枣叶片大，制造的光合产物多，为根系提供的有机营养多。因此，酸枣接大枣后，比新栽植的自根苗枣树生长快，抗性强（牛雅琼等，2010）。

类似的谚语还有"酸枣生来脾气怪，接上大枣长得快"。

酸枣根系发达，耐干旱、瘠薄和盐碱

注：荒坡上的野生酸枣（左、中）；实生酸枣苗（右）。

43 "七月十五枣儿红衫，八月十五枣儿落杆"

"七月十五枣儿红衫，八月十五枣儿落杆"（河北）及"七月十五红花枣，八月十五打个了"（河南）意思相近，指农历七月十五时，枣已经到着色期，农历八月十五时，就是枣的采收期了。相近的谚语还有"七月红圈儿，八月落杆儿""七月十五枣红腚，八月十五枣打净""七月十五枣红腚，八月十五枣上房"。

上述谚语出自河北和河南，是对该地域多数枣品种的成熟期而言，但是一些早熟和晚熟鲜食品种的采收期与上面的描述并不完全吻合。

44 "天旱圪针收"及"涝梨旱枣"

"圪针"指某些植物枝梗上的刺儿，由于枣树幼树或幼枝上也长有刺儿，所以这里"圪针"特指枣树。

该谚语意指枣树耐干旱，并且在干旱年份收成好。其一，枣树耐干旱、耐瘠薄、耐盐碱、适应性强，土壤 pH 值 5～8.6，枣树都能正常生长结果，有著名的"铁杆庄稼"之称；其二，如果枣开花期大雨或连续阴雨天气，严重影响坐果率；其三，多雨年份或成熟期遇雨，枣果容易发生裂果和烂浆，严重影响产量和质量。

陈焕武（2017）就陕西佳县红枣成熟期连阴雨对裂果的影响研究指出，9 月上旬枣果白熟期，连阴雨对枣果裂变影响程度相对较小，到 9 月中下旬脆熟期和 10 月上旬完熟期时，连阴雨对枣果裂变影响严重，容易造成红枣裂变、霉烂。

民间相近的说法有"旱枣涝梨""枣花若雨淋，秋后没收成"等。"旱枣涝梨"，这句话的意思是干旱的年份，枣的收成比较好，而雨水较多的年份梨的产量比较好，而枣就不行了。枣树怕多雨，尤其是花期授粉的时候和果实成熟期的雨水，会造成授粉受精不良和出现裂果、浆烂。

45 "有枣没枣三圪栏"含义是什么

民间俗称棍子为圪栏，"有枣也三圪栏，没枣也三圪栏"，意指秋季枣成熟后采收时，不管结枣没结枣，都要把枣树用打枣棍子敲打一顿。与"有枣无枣打一竿""有枣无枣打三竿"意思一样。一竿、三竿并非实际计量词，而是要求实施动作的过程。

从果实无伤采收的角度讲，棍棒敲打采摘鲜枣肯定不科学，会造成所收获果实严重的机械损伤。所以，贮藏鲜枣采收时，目前多用手工采摘。但是从刺激枣树萌发新枝条和更新复壮的角度讲，通过打枣棍子敲打一顿，一部分老枝条被打掉了，一方面减少了枝条数量，利于来年通风和光照，另一方面更有利于来年萌发新枝条，使得坐果率高且枣的品质也好。因为过去枣树管理粗放，不进行系统的枣树整形修剪，棍棒敲打就起到了修剪的效果。

46 "河阴石榴，砀山梨，新郑小枣甜倒你"

整个句子大意是河南荥阳（河阴）的石榴很有名；安徽砀山盛产酥梨，历史悠久，俗称砀山梨；河南新郑的小枣糖分含量高，品质好。类似地域和当地特产关联的句子很多，"德州有三宝，扒鸡西瓜金丝枣""临潼有三宝，石榴柿子大红枣""山西运城三大宝，小麦棉花大红枣""灵宝有三宝，棉花苹果和大枣""赞皇三宗宝，名山好戏金丝枣""密云三件宝，鸭梨核桃金丝枣""新郑有三宝，棉花烟叶大灰枣""深州三宗宝，小枣柳竿水蜜桃"……

由此可见，我国许多地域盛产红枣，并且被视为名特产品，在当地农业产业中占据重要地位，享有盛名。

47 "一日食三枣，郎中不用找"

旧时称医生为郎中。"一日食三枣，郎中不用找"，意指身体健康的人，如果在合理膳食营养的基础上，能坚持每天吃适量的枣，有良好的强体健身的作用。类似的谚语和说法很多，"五谷加红枣，胜似灵芝草""要想皮肤好，粥里加红枣""一日吃仁枣，活到八十不显老""每日都吃三个枣，活到一百还嫌少""一天吃三枣，身轻不易老""宁可三日无肉，不可一日无枣""门前一棵枣，红颜直到老""姑娘若要皮肤好，煮粥莫忘加红枣""一天一把枣，养颜又防老""一天吃把枣，走路小步跑""每天五个枣，气色的确好""黄芪党参加红枣，男女永远不显老""三颗红枣三片姜，一天更比一天强""健脾胃祛湿寒，补气血美容颜"。

枣的家常吃法很多，常见的有蒸枣、熬枣粥、泡枣水、蒸枣馍、煮八宝粥、做月饼或糕点枣泥馅等。

上述谚语从多个方面阐述了食用红枣对人体健康的益处。如何最大限度发挥红枣养生保健的辅助功能，关键是必须做到科学食用。科学食用的精髓是坚持长久食用红枣，每日数量不宜太多，枣的质量和卫生应可靠，并应遵循食物多样性原则。

《中国居民膳食指南（2022）》中提出 8 条膳食准则，即食物多样，合理搭配；吃动平衡，健康体重；多吃蔬果、奶类、全谷和大豆；适量吃鱼、禽、蛋和瘦肉；少盐少油，控糖限酒；规律进餐，足量饮水；会烹会造，会看标签；公筷分餐，杜绝浪费。《中国居民膳食指南科学研究报告（2021）》中也提出，以平衡膳食为核心，进行精准化营养指导；以慢性病预防为目标，全方位引领健康生活方式；以营养导向为指征，构建新型食物生产加工消费模式，将营养与健康理念贯穿于食物生产、加工、烹调、选购、进餐的各个环节和体系中，营造健康的食物消费环境；以营养人才队伍建设为举措，宣传和践行健康中国。

由此可见，科学合理实现膳食多样性、注重形成健康生活方式、宣传和践行健康中国理念均至关重要。

枣的家常吃法

注：鲜枣（左）；蒸枣（中）；红枣银耳汤（右）。

48 蒸"枣山"是我国民间春节前的重要习俗

"枣山"也叫枣山年馍。蒸"枣山"是我国很多地方春节前蒸夹枣年馍的习俗。

在我国不少地方有"蒸枣山，过大年"的习俗。以前人们只要一过小年（腊月二十三），就开始着手蒸"枣山"了，现在一般要等到腊月二十七、二十八。也有的地方出嫁的女儿三天回门时，娘家一定得陪送一座"枣山"，表示对婆家人的美好祝福。中原地区的农村一直有这样的风俗，每年的腊月，母亲要做个"枣山"，让新婚的女儿送给婆婆，寓意吉庆有余，和和美美。还有河南洛阳地区流传着这样的民谣："八月十五月儿圆，闺女娘家蒸枣山，枣山送到婆家去，儿孙兴旺日子喧。"

枣馍的种类很多，有"枣花""枣山""枣卷""枣圆"等，人们根据馍的不同形状，给枣馍起了许多有趣的名字，"枣山"和"枣花"都属于枣馍。如过年谣中有"二十八，蒸枣花"。将发酵的麦面擀成圆片，用刀从中间切开，把切开的两个半圆相对，用筷子从中间一夹，一朵四瓣面花就出来了，然后在每个瓣上插上红枣，就做成了一个精致的"枣花"。如果把多个"枣花"组合，并做上底盘，加以造型，人们就称它为"枣山"。

不同的地区，"枣山"做法也不完全相同。河南郑州一带是把一个个"枣花"叠放在一个大面饼上，从下至上，次第渐小，套成一个山形枣馍；河南新乡是把和好的面搓成长条，2条夹枣卷成"古万字如意"形，然后一个个对起，垒为大圆团花或山形的馔式大枣饼，取其形状"万字不到头""如意"之意；豫北林县的"枣山"下有底盘，上用各种花案堆积而成，小的直径17 cm左右，5斤多重，大的直径达33 cm，重10余斤，当地的"枣花"大多是莲花形，中间按一枚红枣，有单莲、双莲（双层）之分。总的来说，豫西的"枣山""枣花"呈装饰型，富丽堂皇，精致细腻。豫东、豫北、豫南的"枣山""枣花"呈实用型，工艺简朴，体积庞大。晋北的"枣山"用白面蒸制而成，也有用白面和玉米面混合蒸制，形状多为三角形；而山西阳曲、太原北郊一带的"枣山"则多为椭圆形。总而言之，不少地方做的"枣山"非常讲究，层层叠叠，红白相间，再饰以面花，非常好看。

蒸"枣山"是我国民间春节前的重要习俗

49　我国传统节日的食物中通常离不开枣

红枣除了给人们提供基本饮食功能外，还被人们注入了丰富的文化内涵，成为人们传统和喜庆节日中香甜可口、富有寓意的吉祥果（行金玲，2018）。

在我国不少地区特别是北方枣区，过年过节都离不开红枣。端午节的传统食品粽子中要包枣，即以软米、红枣为主料，用苇叶包成锥形或三角形，拳头大，文火焖煮；农历十二月初八是腊八节，该日家家户户都要吃腊八粥，粥的原料也离不开大枣；大年三十吃的年糕，不论是案糕还是油糕都需要红枣；过年用枣做面食，年糕、丝糕、花狸虎、豆包，总称"四大年吃"。

春节早餐，各地风俗不一。浙江天台城乡则是一律吃"五味粥"。天台素称"佛地"，居民多信佛教。"五味粥"就是甘薯、红枣、豆腐、赤豆、芋芀5种食物加大米合煮的粥。推究起来，来自佛寺僧侣，新年祈祷"五福"降临人间，煮此杂羹。红枣、赤豆象征红头，开门红，一年红出头；豆腐和白米是清白做人，廉洁素心；芋芀则是年年有（芋）余。

一些地方嫁女时，蒸的花馍馍上以布满红枣为喜庆，"枣"与"早"谐音，祈求早生贵子，并愿新人未来的生活红红火火；新人进了洞房，男左女右在婚床上坐定，按照一定的方位顺序，将红枣、栗子、花生、桂圆、核桃等吉祥祝愿的食品，撒到新人身上和床上，象征"早生贵子""儿女双全""和睦体贴"，有些地方则是新婚夫妇的被褥四角内要包数颗大红枣，洞房炕角也要撒红枣。孩子过满月和生日时也都要吃枣糕，希望孩子早点长（糕）高，早日成材；母亲给外出的子女捎衣服时也要夹带一把红枣，盼孩子早日归来。

在盛产红枣的陕北，过去红枣还用作辟邪之物，农历腊月初一，为了辟邪求吉祥，孩子们胸前都要挂2串用甘草节、黑豆、红枣间隔串起来的"枣牌牌"，极为好看。按规矩，"枣牌牌"要挂到腊八这天才能吃，但嘴馋的孩子们往往等不及，零零碎碎地就偷吃光了。

我国传统节日的食物中（粽子、腊八粥、枣山）通常都包含枣

作为吉祥物的枣，在为活着的人传递祝福的同时，也为生活之外的神和故人送去无限崇拜和敬意。每逢春节、元宵节，一些地方的居民在神台上供奉"枣山"等，这些供品都是在加工过的面团上插上红枣，用来祭祀诸神和先祖。山西柳林民间清明节还有蒸"燕燕"的习俗，即用白面捏成飞鸟燕雀及十二生肖等各种形状，等其出笼后以线穿成串，间以一颗颗红枣悬挂屋内，以纪念春秋时期隐居的晋国人介子推，介子推以忠孝闻名，为纪念他而得名的地方是介休。

50 结婚时红枣常作为象征婚后美满幸福的吉祥食物

迄今我国许多地方结婚时，要准备红枣、花生、桂圆和莲子4种食材，寓意是"早生贵子"。红枣的寓意："枣"与"早"发音相同，在中国不少地区在举行婚礼的时候，在新人的床上放上红枣和花生等食材，寓意早生贵子；另外，红枣也象征着爱情红红火火，祝福新的生活红似火。花生的寓意：花生含有"生"的发音，花生作为吉祥喜庆的象征，寓意"多子多孙，儿孙满堂"，预示相爱的人永远在一起，象征着生活多姿多彩、长寿多福、如意、平安和幸福。桂圆的寓意：桂圆含有与"贵"相同的发音，在婚礼上，桂圆既有"早生贵子"的意思，也有"富贵利达、团团圆圆"的意思。莲子的寓意：莲子含有"子"的发音，莲上有荷，荷下有藕，其寓意是"佳偶（藕）天成"；藕内有丝，丝丝（思思）不断，"婚姻圆圆满满，婚后子孙满堂"。4 种食物其中含有的谐音构成了"早生贵子"，象征着红红火火、永不分离、富贵利达、圆圆满满。

红枣的数量也是有讲究的，最好是双数，象征着成双成对。由此可见，红枣就是吉祥，红枣就是喜庆。

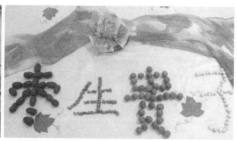

红枣、花生、桂圆、莲子组合，有"早生贵子"的寓意

51 成语"囫囵吞枣"的典故

成语"囫囵吞枣"直译为吃枣时不经咀嚼，不辨滋味，把枣整个地吞下去，连核也不吐。比喻理解事物含混模糊或学习上不加分析笼统地接受。

成语故事：相传古时候有个老先生，身边教了很多学生。一天课余时间，学生们拿出新鲜的梨和枣吃了起来。这时，先生家里来了一位客人，这位客人是个老医生。他看到学生们都在不停地吃着梨和枣，就对他们说："水果各有各的特性，每种水果对人的身体都有益处，但吃多了，也会带来害处。比如说吃梨对牙齿有好处，但吃多了，就会损伤脾胃。枣子呢，对脾有滋补作用，但吃多了，对牙齿又不利。所以吃什么东西都要适量。"听了这位医生的话，一个学生想了很久说道："对不同的水果，可用不同的方法去吃，比如吃梨子，只在嘴里嚼，不咽下肚去；吃枣子，不用牙齿咬，整个儿吞下去，这样既不伤牙齿，也不伤脾胃，就有益无害了。"老医生听了，忍不住笑道："你这个方法不好，吃梨子只嚼不咽倒还可以做到，但吃枣子不嚼而咽，却很难。而且你那样囫囵吞枣，也没法体会到枣的滋味啊！"

52 成语"推梨让枣"的典故

"推梨让枣"源于小儿推让食物的典故，比喻兄弟友爱。

成语故事：汉末孔融兄弟七人，融居第六，四岁时，与诸兄共食梨，融取小者，大人问其故，答道："我小儿，法当取小者"。又南朝梁王泰幼年时，祖母集诸孙侄，散枣栗于床，群儿皆竞取，泰独不取。问之，答道："不取，自当得赐。"

这两则故事，都表现了兄弟间的友爱和谦让，后来人们把它放在一起就成为成语"推梨让枣"。

53　成语"拔葵啖枣"的出处和比喻

成语"拔葵啖枣"出自唐代独孤及《唐丞相故江陵尹御史大夫吕諲谥议》："阖境无拔葵啖枣之盗，而楚人到于今犹歌咏之。"葵：冬葵，我国古代普遍种植的一种蔬菜；啖：吃的意思。意指拔人家的蔬菜，偷吃人家的枣子。该成语比喻小偷小摸。

54　成语"付之梨枣"的出处和比喻

成语出自清代蒲松龄《聊斋志异·段序》："然欲付梨枣而啬于资，素愿莫偿，恒深歉怅。""付之梨枣"指刻版刊印书籍。梨枣：旧时刻书多用梨木和枣木，古代称书版。

古时印书的印版主要是使用纹理细密、质地均匀、加工容易的木材。这些木材主要有梨木、枣木、梓木、楠木、黄杨木、银杏木等。一般北方多选用梨木、枣木等木材，南方则多选用梓木、黄杨木等木材。枣木、黄杨木等质地较硬，多用于雕刻较精细的书籍和图版；而梨木、梓木等质地相对较软，多用于最常见书籍和图版的雕刻。

裴晓阳（2011）阐述枣木是所有适于加工家具的木材中最为特殊的一种。枣木生长缓慢，所以木材坚硬细致、不易变形、不易虫蛀，古人印行书籍绝大多数使用枣木雕版。

古时印书的印版主要使用纹理细密、质地均匀的枣木和梨木制作

注：枣木家具（左）；枣木雕刻（中）；枣木版印画（右）。

55 成语"羊枣昌歜"的出处和意思

成语"羊枣昌歜"出自明代吕坤《答孙月峰书》:"吾辈若不叛孔子,即博涉此书,为羊枣昌歜,有何不可?"

曾皙,春秋末期鲁国人,孔门七十二贤之一。羊枣,君迁子之实。曾皙爱吃羊枣,为其独特嗜好,一如陶潜独爱菊,后人便以"羊枣"喻人之癖好;昌歜,又称昌菹,为菖蒲根的腌制品,传说周文王嗜昌歜。全句比喻人之癖好。

56 成语"交梨火枣"的出处和意思

南朝梁代陶弘景《真诰·运象二》:"玉醴金浆,交梨火枣,此则腾飞之药,不比於金丹也。"民间传说的"八仙庆寿"中,说西王母瑶池寿宴,招待前来祝寿的众仙,"珍奇美味,见未所见",其中就有"交梨火枣""玉液琼浆""胡麻紫芝"等。宋代王迈《寿仙游许宰》:"交梨火枣君家物,从此蓬莱不计年";宋代文同《宿斗山奉真宫》:"近世无人知火枣,当年有客得蟠桃"。

可见,"交梨火枣"是神话传说中神仙的食物,即"仙果"。

孙文丽(2011)指出,典籍中第一次将枣和仙境联系在一起的是作于汉初的《晏子春秋》,该书是记载春秋时期齐国政治家晏婴言行的一部历史典籍。在《晏子春秋》中有如下记载,景公谓晏子曰:"东海之中,有水而赤,其中有枣,华而不实,何也?"晏子对曰:"昔者秦穆公乘龙舟而理天下,以黄布裹蒸枣,至东海而捐其布,彼黄布,故水赤;蒸枣,故华而不实"(卢守助,2012)。这里的东海当是指传说中的蓬莱仙岛,枣在这里首次和神仙联系在一起,具有了预示长生的文化内涵,这是大枣仙话的雏形。

57 安期枣在大枣仙话中是供仙人吃的仙果

《晏子春秋》之后,司马迁在《史记·封禅书》中较为完备地记载了大枣仙话:"少君言于上曰:'祠灶则致物,致物而丹砂可化为黄金,黄金成以为饮食器则益寿,益寿而海中蓬莱仙者乃可见,见之以封禅则不死,黄帝是也。臣尝游海上,见安期生,安期生食巨枣,大如瓜。安期生仙者,通蓬莱中,合则见人,不合则隐。'"译文的大意是:"少君对皇帝说,祭灶能招致鬼物，招致来鬼物后丹砂就能炼成黄金，用变化来的黄金打造饮食器皿，使用后能延年益寿。益寿才能见到蓬莱的仙人，见仙人后再行封禅就能长生不老了。皇帝就是一个例证。微臣曾经在海中游历，见到安期生，他正吃着一种枣，像瓜一样大。仙人安期生，往来于蓬莱山中，缘分合就与人相见，不合就隐而不见。"

唐代元稹《和乐天赠吴丹》："冥搜方朔桃，结念安期枣。"宋代崔与之《寿李参政壁》："王羊仟客起为寿，安期大枣东方桃。"宋代白玉蟾《明发石壁菴》："何处安期生，种枣大如瓜。"宋代陈起《哭丹池王隐君》："食枣怀安期，窃桃小方朔。"郭沫若《董老行》："传食共分秦侯瓜，延年自有安期枣。"

在大枣仙话中，枣大如瓜，是仙人长生不老的食物，仙人所食的大枣也就有了一个名称——安期枣。

58 古诗词中枣树常被誉为北国嘉树

《大雅》是《诗经》中的宫廷乐歌，关于种植嘉树的诗篇不少都集中在《大雅》里。嘉树最核心的评判标准就是有用，结果实的可以用来食用，材质坚硬笔直的可以用来做木材。嘉树的表面意思是佳树、好树。战国时期楚国屈原《橘颂》："后皇嘉树，橘徕服兮"，诗中的"后皇"是天地的代称，意为："橘树啊，你这天地间的佳树，生来就适应当地的水土。"

西晋初期傅玄《枣赋》："有蓬莱之嘉树，植神州之膏壤；擢刚茎以排虚，诞幽根以滋长。北阴塞门，南临三江；或布燕赵，或广河东。既乃繁枝四合，丰茂蓊郁，斐斐素华，离离朱实，脆若离雪，甘如含蜜。脆者宜新，当夏之珍；坚者宜干，荐羞天人。有枣若瓜，出自海滨；全生益气，服之如神。"《枣赋》起句模仿屈原的《橘颂》赞美枣树，并描述了枣树的分布、树势，后几句则从枣的外形、口感、干鲜品种特性及枣的功用等方面赞美枣。

宋代诗人史尧弼在《枣》中也有类似诗句："后皇有嘉树，刿棘森自防。安得上摘实，贡之白玉堂。"可见，枣树虽然外表多棘刺，但是"内实怀赤心"，并且主要分布于我国北方地区。所以，自古枣树常被誉为"北国嘉树"。

枣树常被诗人誉为"北国嘉树"（王文生摄于山东乐陵，2020 年）

【参考文献】

陈焕武，张芳萍，万慧，2017.佳县红枣可采成熟期连阴雨特征分析及对红枣
　　裂果的影响［J］.陕西气象（5）：17-19.

李万寿，2009.晏子春秋全译［M］.贵阳：贵州人民出版社.

刘国利，张鹏，陈志燕，等，2018."金丝 4 号小枣"适宜株行距与间作农作
　　物的合理布局［J］.山东林业科技，48（1）：78-80.

卢守助，2012.晏子春秋译注［M］.上海：上海古籍出版社.

牛雅琼，牛俊义，2010.野生酸枣改接大枣优质丰产栽培技术［J］.中国果树
　　（2）：47-49.

裴晓阳，2011.陕北特色枣木家具设计探析［J］.大众文艺（16）：75.

孙文丽，2011.两汉魏晋南北朝时期枣的长生意象的生成及其演变［J］.长安
　　大学学报，13（3）：85-88.

《图解经典》编辑部，2017.图解黄帝内经［M］.长春：吉林科学技术出版社.

吴蓓，2019.《枣核》一文教学设计探研［J］.成才之路（20）：74.

行金玲，2018.铺满青枣的枣花馍［J］.现代班组（7）：51.

严金萱，孟惠惠，2015.大红枣儿甜又香［J］.文艺理论与批评（3）：84.

杨海中，王新才，2014.枣故乡［M］.北京：中国林业出版社.

耀峰，李冠伟，2018.大红枣儿甜又香［J］.共产党员（河北）（3）：40-41.

周沛云，姜玉华，2003.中华枣文化大观［M］.北京：中国林业出版社.

第三篇
枣树主要栽培及
观赏品种知识篇

59 我国主要枣产地及其主栽品种

新疆维吾尔自治区 红枣的主产地有和田地区、阿克苏地区、巴音郭楞蒙古自治州若羌县和哈密市。主栽枣品种为：和田骏枣，也叫和田大枣，由山西交城引种到和田地区，和田玉枣（干枣）及和田玉枣（鲜枣）均获国家地理标志证明商标；若羌灰枣，也称若羌红枣，自河南新郑引种到若羌县，若羌红枣（干枣）及若羌红枣（鲜枣）均获国家地理标志证明商标；阿克苏红枣，分布于阿克苏地区，主栽品种为灰枣、骏枣等，阿克苏红枣（鲜枣）及阿克苏红枣（干枣）均获国家地理标志证明商标；哈密大枣，分布于哈密市，获国家地理标志证明商标；喀什大枣，分布于喀什地区，喀什大枣（干枣）获国家地理标志证明商标；赞新大枣，从引进的赞皇大枣中选出的优良株系，1985年命名，主要分布于阿克苏地区。

河北省 主栽枣品种为赞皇大枣，别名赞皇长枣、金丝大枣、大蒲红枣，是我国发现的第一个自然三倍体枣品种，多分布于阳泽、院头、清河、张楞、龙门、赞皇等10多个乡镇，获国家地理标志证明商标；婆枣，别名阜平大枣、唐县大枣、串干，分布于太行山中段的阜平、曲阳、唐县、新乐、行唐等地，其中唐县大枣、阜平大枣、行唐大枣获国家地理标志证明商标；金丝小枣，多分布于沧县、献县、泊头、盐山、海兴、青县、玉田县孤树镇、大城县等地，其中沧县金丝小枣获国家地理标志保护产品，大城县金丝小枣获国家地理标志证明商标；冬枣，主要分布于黄骅市，黄骅冬枣获国家地理标志保护产品。

山东省 主栽枣品种为圆铃枣，圆铃枣也叫宁阳大枣、圆红枣，主要分布于宁阳县葛石镇、聊城市及茌平县，茌平圆铃大枣为国家地理标志保护产品；长红枣，多分布于枣庄市山亭区店子镇周边地区、邹城香城镇东部地区、大束镇灰埠村。香城长红枣和灰埠大枣获国家地理标志证明商标和农产品地理标志；金丝小枣，多分布于乐陵、无棣、庆云、沾化等地，其中乐陵金丝小枣通过国家地理标志保护产品和证明商标认定，无棣金丝小枣获国家地理标志保护产品；沾化冬枣，别名苹果枣、雁来红，1998 年审定定名为鲁北冬枣，沾化冬枣获国家地理标志证明商标。

山西省 主栽枣品种为骏枣，也称交城骏枣，多分布于交城县的边山一带；壶瓶枣，也称太谷壶瓶枣，多分布于太谷区及清徐县，太谷壶瓶枣获国家地理标志证明商标；木枣，也称黄河滩枣，多分布于吕梁地区的临县、柳林、中阳等县，以及临汾地区的永和县，其中临县红枣获国家地理标志保护产品，柳林红枣获农产品地理标志、国家地理标志证明商标；相枣，也叫运城相枣，主要产于运城北相镇、泓芝驿镇、席张乡沿涑水河一带；临汾团枣，主要分布于临汾市涝河及巨河沿岸的东张、西张，以南永安、北永安和县底镇栽培最多；梨枣，也叫临猗梨枣，原产于运城、临猗等地，历史上多零星栽培；板枣，也叫稷山板枣，主要分布在稷峰镇、化峪镇等，稷山板枣（干枣）及稷山板枣（鲜枣）获得获国家地理标志证明商标；油枣，主产于保德县沿黄河的冯家川、韩家川、杨家湾一带；金昌1 号，壶瓶枣变异单株中选育出的大果型（横径约 5 cm，纵径约 6 cm）干鲜兼用枣树品种；芮城屯屯枣，也称圆枣，主产于芮城县陌南、南张、东张等地，获国家农产品地理标志。

陕西省 主栽枣品种为狗头枣，也叫延川狗头枣，主要分布于延川县延水关镇庄头一带；木枣，主要分布于清涧、佳县、延川等地，其中清涧红枣、延川红枣均获国家地理标志证明商标；晋枣，别名吊枣，主产于渭北泾河两岸，以彬县、长武最多，彬州大晋枣获国家农产品地理标志；油枣，主要分布于佳县、府谷县等，其中佳县油枣获国家地理标志证明商标；冬枣、水枣和梨枣，主产自大荔县，冬枣和梨枣为鲜食品种，水枣为制干品种，大荔冬枣获国家地理标志证明商标；吴堡红枣，主要产地为宋家川、寇家塬、郭家沟等 6 个乡镇，获国家农产品地理标志。

河南省 主栽枣品种为灰枣，也称新郑大枣，原产地为新郑，新郑灰枣获国家地理标志证明商标；灵宝大枣，别名屯屯枣、疙瘩枣，主产于灵宝市大王镇、陕县、新安，灵宝大枣获国家地理标志保护产品及证明商标；鸡心枣，分布于新郑、中牟和郑州市郊，属于小枣类型，新郑鸡心枣获国家地理标志证明商标；桐柏大枣，产于河南南阳桐柏县，是一个大枣芽变，1983 年发现并定名，数量不多；扁核酸，别名酸铃、铃枣，主产于内黄县，内黄大枣获国家地理标志保护产品。

北京市 主栽枣品种为密云金丝小枣，主产于密云区西田各庄等；郎家园枣，原产于朝阳区郎家园，现主产于朝阳区王四营、孙河等地；西峰山小枣，别名西京小枣，产于昌平区流村、西峰山、高崖口一带；长辛店白枣，又称长辛店脆枣，产于丰台区长辛店镇朱家坟和张家坟一带；苏子峪大枣，原产平谷区苏子峪；桥梓尜尜枣，主产怀柔区桥梓镇，桥梓尜尜枣获国家地理标志保护产品；马牙枣，以昌平区十三陵德胜口一带最为知名。

天津市 主栽枣品种为静海金丝小枣，以西翟庄镇、唐官屯镇、中旺镇等地为主，获国家农产品地理标志；大港冬枣，主要分布于滨海新区中塘镇、太平镇、小王庄镇等地，获国家农产品地理标志。

辽宁省 主栽枣品种为大平顶枣，也叫朝阳平顶枣，主产于朝阳市双塔区孙家湾镇、朝阳二十家子、根德等地；朝阳金玲大枣，是金玲圆枣和金玲长枣的统称，2002 年先后通过辽宁省林业厅林木良种审定委员会审定。朝阳大枣获国家地理标志保护产品；凌枣，别名铃枣、小核凌枣，集中分布于凌源、锦州；北票金丝王大枣，获国家地理标志保护产品。

江苏省 主栽品种为泗洪大枣，又名上塘大枣，分布于泗洪，特大果形，平均单果重 50 g 左右，获国家地理标志保护产品。

浙江省 主栽枣品种为义乌大枣，也叫义乌青枣，为加工优良品种，主产于义乌、东阳等地；义仁大枣，从义乌大枣株系中选育而成的加工枣品种；伏脆蜜枣，从山东枣庄引进的早熟优质鲜食枣品种；早金脆枣，从安徽引进的早熟鲜食枣品种。

安徽省 主栽枣品种为宣城圆枣，别名团枣，分布于宣城水东、孙福、杨林等地；繁昌长枣，原产于繁昌县繁昌镇、横山镇等，获国家地理标志证明商标；黄营灵枣，淮北市宋疃镇黄营村的特产，获国家地理标志证明商标；西山焦枣，池州市贵池区棠溪镇西山村及东山村，西山焦枣获国家地理标志保护产品；郎溪牛奶枣，产于郎溪、广德等地，为当地原产的主栽品种。

湖北省 主栽枣品种为随州秤砣枣，主要产地为曾都区、随县等地。

湖南省 主栽枣品种为鸡蛋枣，分布于溆浦、麻阳、衡山等地，栽培数量不多，一般单果重 40～60 g；中秋酥脆枣，为新丰果业有限公司培育的鲜食枣，获国家地理标志保护产品。

广东省 主栽枣品种为连县木枣，主产于连州星子镇、大路边镇，系当地原产乡土品种。

广西壮族自治区 主栽枣品种为灌阳大枣，也叫罐阳长枣，产于灌阳，灌阳大枣是南枣的代表品种之一。

四川省 主栽枣品种为崭山米枣，主产三台县永新镇崭山村，获国家农产品地理标志。

云南省 主栽枣品种为云南小枣，别名团枣、苦楝枣，分布于蒙自、丽江等地；禄劝脆枣，产于禄劝县。

甘肃省 主栽枣品种为小口枣，原产于靖远县石门乡小口村而得名，分布在靖远、景泰等黄河沿岸一带，获国家地理标志保护产品；临泽小枣，主要分布于临泽、张掖、高台等地，获国家地理标志证明商标；鸣山大枣，敦煌大枣的优变株系，1979 年发现，1983 年定名；晋枣，分布于宁县、泾川、正宁、庆阳等地，宜鲜食或加工蜜枣；民勤大枣，主要分布于泉山镇、昌宁乡和薛百乡等地，获国家地理标志保护产品；兰州坛坛枣，主产兰州安宁区，干鲜兼用品种。

宁夏回族自治区 主栽枣品种为灵武长枣，别名宁夏长枣、马牙枣，灵武市特有品种，获国家地理标志保护产品；同心圆枣，宁夏回族自治区同心县特产，主要产地为同心县韦州镇、下马关镇、田老庄乡等地，获国家地理标志保护产品和国家地理标志证明商标；中宁圆枣，又称小圆枣，蚂蚁枣，分布于中宁县恩和镇及石空镇等地，获国家地理标志证明商标；南长滩大枣，主产中卫市南长滩，获农产品地理标志。

台湾省 主栽枣品种为台湾青枣，也叫台湾毛叶枣，与常见的普通枣在植物分类上虽然属于同科同属，但不是同种。主产我国台湾省，在海南、广东、福建、广西等热带亚热带地区也有栽培。

注：①国家地理标志保护产品。指产自特定地域，所具有的质量、声誉或其他特性本质上取决于该产地的自然因素和人文因素，经审核批准以地理名称进行命名的产品。国家质量监督检验检疫总局统一管理全国的地理标志产品保护工作。

②农产品地理标志。是指标示农产品来源于特定地域，产品品质和相关特征主要取决于自然生态环境和历史人文因素，并以地域名称冠名的特有农产品标志。根据《农产品地理标志管理办法》规定，农业部负责全国农产品地理标志的登记工作，农业部农产品质量安全中心负责农产品地理标志登记的审查和专家评审工作。

③国家地理标志商标。地理标志商标是标示某商品来源于某地区，并且该商品的特定质量、信誉或其他特征主要由该地区的自然因素或人文因素所决定的标志。申请地理标志证明商标是目前国际上保护特色产品的一种通行做法。通过申请地理标志证明商标，可以合理、充分地利用与保存自然资源、人文资源和地理遗产，有效地保护优质特色产品和促进特色行业的发展。国家地理标志商标由国家工商行政管理局核发。

近年来，我国地理标志证明商标注册量呈现快速增长势头。地理标志注册正在成为提高农副产品竞争力、加快农民增收的重要手段，可直接促进区域经济发展、产业结构调整和农业可持续发展。根据商标法、专利法等有关规定，国家知识产权局对地理标志专用标志予以登记备案，并纳入官方标志保护。原相关地理标志产品专用标志同时废止，原标志使用过渡期至 2020 年 12 月 31 日。

国家地理标志保护产品及商标图案

注：国家地理标志保护产品（左上）；农产品地理标志（右上）；
国家地理标志商标（原商标）（左下）；国家地理标志商标（新商标）（右下）。

60 干制灰枣和干制骏枣的感官等级指标和理化指标

由国家林业和草原局提出并归口，好想你健康食品股份有限公司等单位起草的《骏枣》（GB/T 40492—2021）和《灰枣》（GB/T 40634—2021）的国家标准，骏枣和灰枣的基本要求、理化要求、等级质量要求如表1至表6所示。

表 1 干制骏枣基本要求

项目	指标
感官要求	具有骏枣应有的特征，果皮红色至紫红色，肉质肥厚，稍具酸味，无霉烂果
均匀度误差 / %	≤60
杂质含量 / %	≤0.1
残次果率 / %	≤5

表 2 干制骏枣理化要求

项目	指标
水分 / %	15～25
总糖（以可食部分干物质计）/ %	≥70

表 3 干制骏枣等级质量要求

项目	特级	一级	二级	三级
粒数 /（粒·kg⁻¹）	60～83	84～111	112～142	143～200

表 4 干制灰枣基本要求

项目	指标
感官要求	具有灰枣应有的特征，果皮红色至紫红色，肉质肥厚，稍具酸味，无霉烂果
均匀度误差 / %	≤60
杂质含量 / %	≤0.1
残次果率 / %	≤5

表 5 干制灰枣理化要求

项目	指标
水分 / %	15～25
总糖（以可食部分干物质计）/ %	≥70

表 6　干制灰枣等级质量要求

项目	特级	一级	二级	三级
粒数 /（粒·kg^{-1}）	120～180	181～230	231～290	291～350

61 鲜食枣品种可分为早熟、中熟和晚熟 3 类

初步统计，传统的鲜食枣品种和近年来新选育的鲜食枣品种共计近400 个，根据成熟期可将其分为早熟、中熟和晚熟 3 类。

（1）早熟鲜食枣品种。果实生长期60～85 天，主要品种如下，蜂蜜罐，原产陕西大荔官池镇北丁、中草村一带，8 月底前后着色采收；枣庄脆枣，为山东枣庄渴口镇、周村乡一带原产的乡土品种，8 月底进入白熟期；脆脆枣，原产于陕西吴堡寇家塬镇砖窑山、佳县小会坪等地，8 月下旬果实着色；甜子枣，分布河北馆陶的拐渠村和大名的金庄、黄庄一带，9 月上旬进入脆熟期；大城苹果枣，原产于河北大城县，8 月底成熟；白马牙枣，原产于北京，现北京各区县均有分布，以海淀区北安河一带栽种多而集中，8 月中下旬果实成熟；馒头枣，产于河南安阳地区，8 月下旬成熟；宁阳六月鲜，分布于山东宁阳、兖州、济宁等地，8 月上旬果实开始局部着色，等等。

（2）中熟鲜食枣品种。果实生长期90～110 天，主要品种如下，疙瘩脆，分布于山东多地，为山东中南部原产的鲜食品种，9 月上旬成熟；仲秋红，济南市林果技术推广站选出的鲜食加工兼用型优良品种，9 月下旬成熟，鲜食品质极上，可作为加工枣泥、枣糕的原料，易贮藏；梨枣，别名大铃枣、脆枣、铃枣，分布于山东与河北交界的多个县市，9 月上中旬成熟；老婆枣，分布河南北部各县和山东东明等地，9 月中下旬成熟；蛤蟆枣，分布山西永济市仁阳一带，9 月中下旬进入脆熟期，成熟不整齐；临汾团枣，分布于山西临汾涝河、汾河沿岸村镇，9 月下旬进入脆熟期；冷枣，原产于江苏南京近郊，9 月上旬成熟；彬县酥枣，分布于陕西彬县的瑶池头、阎子川一带，9 月底成熟；大白铃，零星分布于山东夏津、临清等地，9 月上中旬成熟；临猗梨枣，原产于山西临猗、永济等地，9 月底成熟；不落酥，少量分布于山西平遥辛村乡等地；砂糖枣，分布于湖南溆浦县祖市天乡一带；坛坛枣，分布在甘肃兰州、永靖等地，9 月下旬成熟；花生枣，分布于浙江淳安的金峰、朱峰等地，9 月上旬成熟；朝阳大平顶枣，分布辽宁西部的朝阳县及朝阳市郊区，9 月中下旬成熟；灵武长

枣，分布于宁夏灵武东塔镇、临河镇、郝家桥镇等，9 月中下旬成熟；清涧小团枣，分布于陕西清涧玉家河乡、绥德的枣林坪乡等地，9 月下旬成熟；沂南南泉冰枣，产于山东沂南南泉村，9 月上旬成熟。

（3）晚熟鲜食枣品种。果实生长期 110～135 天，主要品种如下，冬枣，包括鲁北冬枣、黄骅冬枣等，10 月上中旬成熟；成武冬枣，原产于山东南部的成武、菏泽、曹县等地，10 月上中旬成熟；襄汾圆枣，原产于山西襄汾县，10 月上旬成熟；缨络枣，原产于北京近郊，10 月上中旬成熟；遵义甜枣，原产于贵州遵义，10 月上中旬成熟；沂水大雪枣，原产于山东沂水十里乡，10 月下旬成熟；冰糖枣，少量分布于河北辛集等地，10 月上旬成熟；九月青，分布于河南各个枣区和山东西部的东明等地，10 月上中旬成熟；十月青，分布于河北曲周和山东临清、夏津一带，10 月下旬成熟。

62　品质上乘的主要鲜食枣品种

枣品种按用途可为制干、鲜食、兼用、蜜枣、观赏和砧木六大类。鲜食枣品种是指果实适宜鲜食的枣品种，其特点是果肉脆、汁液多，味甜或酸甜，适口性强。《中国果树志·枣卷》中记载的我国鲜食枣品种为 264 个，其中品质中上等以上的品种有 175 个，南方品种占 12%，北方品种占 88%，品质极上的品种 6 个，品质上等的品种 83 个，品质中上等的品种 86 个。

原有的鲜食枣品种主要包括山东的妈妈枣、辣椒枣、梨枣、孔府酥脆枣、大白铃、大瓜枣、冬枣、菏泽甜瓜枣、枣庄脆枣、蚂蚁枣、疙瘩枣、沂水大雪枣等，山西的临猗梨枣、永济蛤蟆枣、襄汾圆枣等，陕西的细腰腰枣、直社疙瘩枣、绥德木枣、彬县圆枣等，河南的三变丑枣、馒头枣、新郑六月鲜、南乐糖枣、永城小药枣、永城甜腰枣、大椒枣等，河北的沙果枣、南皮脆枣、甜子枣、晚熟甜脆、苹果枣等，甘肃的夏枣、天水圆枣、陇南蜜枣，宁夏的灵武长枣等，辽宁的瓶子枣、朝阳平顶枣等，北京的白马牙、朗家园枣等，天津的快枣等，新疆的喀什噶尔小枣等，湖南的蜂蜜枣等，湖北的巴东米枣等，浙江的淳安花红、花生枣等，江苏的冷枣，安徽的菱枣，广西的平南珠枣，广东的连州枣，贵州的遵义甜枣，云南的蒙自小枣，等等。

品质极上的 6 个鲜食品种为冬枣、陕西清涧脆枣、陕西彬县酥枣、甘肃坛坛枣、辽宁瓶子枣和浙江花生枣。李新岗（2015）指出，我国具有选育鲜食品质极上的枣品种及品种群为甘肃的坛坛枣，陕西的清涧脆枣和彬县酥枣、晋枣、蜂蜜罐，山东和河北的冬枣、枣庄脆枣、金丝小枣，辽宁的瓶子枣，浙江的花生枣，山西的蛤蟆枣、襄汾圆枣和板枣，宁夏的灵武长枣。

随着新资源的发现，优质鲜枣品种将不断涌现。鲜食枣新的栽培区的拓展（如新疆枣区、云南干旱河谷枣区）以及新的栽培模式的出现（陕西、山西冬枣设施栽培），使得原有品种的品质潜力能够得以充分体现。截至 2014 年底，我国选育审定、认定、鉴定或授权的鲜食枣新品种约 114 个。通过审定的鲜食枣新品种主要包括早脆王（河北沧县金丝小枣良繁场选育，2001 年通过河北省林木品种审定委员会审定）、六月鲜（山东农业科学院选育，2000 年通过省级审定）、七月鲜（陕西省果树研究所选育，2003 年通过省级审定）、京枣 39（北京市农林科学院林业果树研究所选育）、阳光（山东郯城县林业局在该县五界首乡发现，2001 年通过鉴定）、月光（河北农业大学选育，2005 年通过河北省林木品种审定委员会审定）、伏脆蜜（山东省枣庄市果树良种实验场选育，2006 年通过山东省林木品种审定委员会审定）、皖枣 1 号（安徽省农业科学院园艺研究所选育，2009 年通过安徽省林木品种审定委员会审定）、灵武长枣 2 号（2013 年通过宁夏回族自治区林木品种审定委员会审定）、哈密王（哈密大枣的变异，在新疆生产建设兵团第十三师火箭农场哈密大枣园发现，2013 年通过新疆维吾尔自治区林木品种审定委员会审定）、金铃圆枣（辽宁朝阳发现的优良单株，2002 年通过省级审定），等等。

目前生产上栽培面积最大的鲜食枣品种仍为冬枣，发展鼎盛时期，全国冬枣种植面积约 10 万 hm^2。

63 金丝小枣系列及其主要产地

金丝小枣为小枣的一个系列，多为椭圆形和鹅卵形，多数株系鲜枣平均单个重 4～6 g，核小皮薄，果肉丰满，肉质细腻，鲜枣呈鲜红色，肉质清脆，甘甜而略具酸味；干枣果皮呈深红色，平均单个重 2～3 g，肉薄而坚韧，皱纹浅细，利于储存运输。金丝小枣类属于干鲜兼用品种。

无核金丝小枣是从金丝小枣中分化出的一个品种，果实长柱形，腰部微细，皮薄肉厚，鲜食甜脆可口。枣核退化成不完整的核膜，没有种子，别名虚心枣、空心枣。食用时不需要去核是其最大特点。

生产中如采用根蘖苗繁殖，会导致品种性状变异，影响产量、质量和商品价值，所以产地育种工作者及果农长期致力于优良单系的选育。近年来在金丝小枣中先后选育出乐金 1 号、乐金 2 号、乐金 3 号、乐金 4 号、乐陵无核 1 号、沧金 1 号、研金 1 号、曙光 5 号和曙光 6 号等，其中曙光 6 号是从金丝小枣中选出的枣抗裂果新品种，2015 年 12 月通过河北省林木品种审定委员会审定。

掰开半干的金丝小枣，可看到由果胶质和糖组成的缕缕金丝粘连于果肉之间，在阳光下闪闪发光，金丝小枣由此而得名。品质优良是金丝小枣最大的特点，其他优点有果皮韧性强，耐压，抗揉搓，耐贮运，煮熟食用时，果肉不发绵，质地口感良好。金丝小枣树的缺点是结果相对晚，株系繁多，果实小，易裂果，抗病性较差，易感染枣疯病，一级果率（单果重 2.8～4.2 g）较少。

金丝小枣是鲁西北、冀东南及京津地区的著名特产。其主产区地跨山东的沾化、无棣、乐陵、庆云、商河、宁津、阳信，河北的盐山、沧县、泊头、献县、青县，天津的静海和北京的密云等 10 多个县级市、区。

韩广钧等（2013）指出，在金丝小枣主产区有间作和纯枣园 2 种方式栽植，各个地区栽培方式和管理不同，亩产量差别极大。

金丝小枣树及其枣果

64 金丝 4 号小枣及其适宜栽植方式

金丝 4 号小枣是由山东省果树研究所从金丝新 2 号自然杂交后代中选出的干鲜兼用优良品种，目前在云南、山东等地发展较多。果实长圆柱形，核小肉厚，含糖量高，具有早实、丰产、抗逆性强的特性，成熟期晚，有效避开了全红期的多雨影响，丰产性也明显优于普通金丝小枣（韩振虎等，2019）。高梅秀等（2008）研究指出，金丝 4 号的制干率为 63.6%，显著高于金丝 3 号和阳信大枣。金丝 4 号小枣近长筒形，两端平，中部略粗，整齐度高，头尾两端大小基本相同，而金丝小枣一般多为倒卵形，头尾两端稍小，枣果中间有明显隆起。

刘国利等（2017）研究指出，在山东无棣县，金丝4号一般于每年的4月12日前后开始萌芽；20日前后进入抽枝、展叶期；6月5日前后逐步进入开花盛期；7—8月进入坐果、生理落果、枣果迅速膨大期；10月上旬果实开始成熟。张武等（2014）在云南引种栽培金丝4号研究指出，云南元江、元谋等地是全国红枣最早熟的地区，金丝4号小枣在当地是一个典型的脆肉、含糖量很高的干鲜兼制优良品种，品质比宾川县栽培的黑腰枣和蒙自县栽培的蒙自圆枣（苦楝枣）还好。在云南多年的栽培实践表明，金丝4号枣在年平均气温大于19℃的少雨地区栽培，成熟早，效益最好。

生产中一般保持金丝4号小枣树高3.5～4 m，培养成小冠疏层型或自然开心型树型，全树4～5个骨干枝，枝量较少，每年的新生枣头保留4～5个，层次分明。金丝4号树冠矮小，适合行内密植，但行间太密不利于间作物的生长及田间管理。为保证金丝4号连年丰产稳产，每年都需要进行环剥，以使树势中庸，冠幅一般控制在3.5～4.5 m，株距保持3.4～4.5 m即可。

一般情况下以南北行向栽培较为适宜。在实际生产中，适宜的行间距离应为树冠的2倍左右，行距为2倍于冠径则应视为间作行距的低限值。随着行距的增大，间作地行间空气相对湿度逐渐降低，并趋于对照地的相对湿度。为便于农作物种植时机械化作业，以10～12 m为宜。

枣园适宜的间作作物如采取一年两熟耕作模式，可选用低秆作物如小麦、大豆、夏谷等作物，采取一年一熟耕作模式，可选用经济作物如花生、棉花、蔬菜、中草药等。树冠与作物平面呈高、低、中搭配，更有利于利用有效的土地空间。

65 临猗梨枣是一个特大果型鲜食枣品种

临猗梨枣，也叫梨枣，树冠乱头形，树姿下垂，干性弱，树势中庸，树体中大，果实多似梨形，倒卵状梨形或椭圆形，果实特大，平均果重30 g左右，大果可达80 g以上，是一个优良的中晚熟鲜食品种。根据记载，1997年选出的梨枣王重达92.5 g，真是如鸡卵大小（曲泽洲等，1993；李登科等，2013）。梨枣果实大小不均匀，果面稍有棱起，不光滑，果皮薄，褐红色，较暗；果实成熟不整齐，全红时就伴随软化，耐藏性较差，易感缩果病。在年降水量大于600 mm的华北中南部、辽西和辽南、江淮流域，因炭疽病、轮纹病和黑腐病等危害，病果率高且着色差。

张志善等（2003）指出，梨枣原产于山西运城盐湖区和临猗一带。20世纪80年代初期，山西省果树研究所张志善等人推出了优良鲜食品种——临猗梨枣，并于20世纪80年代后期率先开展了矮密丰产栽培技术的研究。20世纪80年代末，山西交城县林业局解进保等人着手开发推广（郭裕新，2010）。

该品种树体中大，适宜密植，果实特大，鲜食品质好，适应性强，好管理，早果性能好，丰产稳产，作为我国第一代鲜食枣的典型代表，赢得了广大枣农和消费者的认可，并迅速在山西、陕西、河北、山东、河南、北京和天津等地推广栽培，当时成为这些地区栽培面积最大的鲜食枣品种之一。之后，临猗梨枣又先后被引种到辽宁、内蒙古、甘肃、青海、新疆、湖南、安徽、四川、云南、贵州、湖北、江苏和浙江等地。种植实践表明，在年降水量600 mm左右的华北中部和辽西、辽南、江淮流域，梨枣常因炭疽病、轮纹病、黑腐病等危害，病果率高达40%以上，且不能正常着色成熟。

21世纪初，冬枣以其良好的品质，迅速征服了枣农和消费者，成为发展势头最快的鲜食枣品种，而梨枣因口感稍微逊色且耐藏性远不及冬枣，使得其发展势头锐减。但是，梨枣仍是我国引种栽培区域最广的优良鲜食枣品种之一（樊保国等，2011）。梨枣适宜在气候干燥、土壤深厚肥沃、有灌溉条件的地区进行较高密度的集约栽培（郭裕新，2010）。

需要说明的是，在山东河北交界的乐陵、庆云、无棣、盐山、黄骅等地，有一个零星栽培的鲜食枣品种也叫梨枣（别名脆枣、铃枣、大婆枣），平均果重为16.5 g，它和临猗梨枣是不同的品种。

临猗梨枣是一个特大果型鲜食枣品种

66 冬枣是我国目前发展面积最大的鲜食枣品种

冬枣亦称雁来红、苹果枣、冰糖枣等，是无刺枣树的一个晚熟鲜食优良品种，也是目前公认的品质最好的鲜食枣品种之一。

冬枣果形呈扁圆形或圆形，果面光洁，成熟后分别呈现出点红、片红、全红，着色面颜色为赭红色。成熟冬枣皮薄肉脆、核小，口感甘甜清香，甜酸适口，食之无渣，可食率达95％。不同产地和栽植方式生产的冬枣，单果重差异较大。

冬枣的适应性很广，除山东、河北外，山西、河南、天津、北京、辽宁、陕西、甘肃、宁夏、青海、内蒙古、新疆等地均有种植。

冬枣栽培地域、栽培面积和产量发展很快，尤其在山东滨州、沾化区（沾化冬枣）、枣庄薛城区（薛城冬枣）、无棣县，河北黄骅（黄骅冬枣）和沧县，陕西大荔县（大荔冬枣），山西运城和临猗（临猗冬枣），天津静海区（静海冬枣），新疆和田和阿克苏等地，栽植面积大、产量高。1999年山东省沾化县第十三届人民代表大会第四次会议通过决议，把冬枣树定为县树，每年10月3日定为该县的冬枣节。陕西大荔县近年来设施栽培冬枣发展速度快、规模大、效益好。由此可见，冬枣栽植在许多地区农业产业中具有重要地位。此外，南方一些地域通过设施栽培，也使冬枣的经济种植获得成功。

冬枣一般在10月中下旬自然成熟，因北方天气入寒较早，冬枣名称由此得来。

冬枣是我国目前发展面积最大的鲜食枣品种

67 河北冬枣和山东冬枣在遗传和品质上有无明显差异

马庆华等（2007）为探讨河北与山东产区间冬枣的品质、遗传差异，将来源于河北和山东不同产地的冬枣，按照完全随机区组设计栽种于河北、山东、北京的 4 个试验园，采取同样的栽培管理措施。通过对试验园冬枣果实的形态、品质等各项指标进行连年的分析测定和感官评价，并进行了 DNA-AFLP 分子标记研究；结果表明，河北、山东 2 个产区冬枣的单果质量、纵横径、果形指数、可食率、含水率、着色指数、果实维生素 C、总糖、可滴定酸和可溶性固形物含量等指标间没有明显差异，在同一试验园 2 个产区冬枣的感官评价差异也不明显；AFLP 分析证明 2 个产区冬枣样品间遗传相似性很高（SM=0.987 3～1），被聚为一类，表明产自河北、山东的冬枣属于同一品种，造成冬枣果实品质差异的主要原因是立地条件和管理措施。冬枣品种内确实存在一定差异，但是这些差异属于单株变异，与产地来源无关。

近年来，冬枣的果实品质较前些年有所下降，生产上也有河北冬枣和山东冬枣品质上存在差异的说法。为此，许多学者和研究单位对其品质的影响因素及不同栽培地域冬枣的抗寒力进行了研究（李守勇，2004；胡新艳，2005；马庆华等，2007）。马庆华等（2007）将选自 5 个不同产地（沾化、黄骅、庆云、沧州、乐陵）的冬枣苗木栽种于同一地区的同一试验园内，采取同样的栽培管理措施，对成熟期冬枣的果实品质进行了连续 2 年的分析测定，旨在探讨不同来源冬枣果实品质差异的成因；结果表明，苗木产地因素对供试样品的品质性状和感官评分影响较小，而不同果园和不同年份间果实品质差异显著；造成不同果园、不同年份冬枣果实品质差异的主要原因，是不同枣园的土壤条件、不同年份的气候条件以及不同的栽培管理措施造成，其中大量使用化肥、多次施用激素等，是造成果实品质下降的主要原因。姚立新（2010）在山东沾化、河北黄骅和沧县设立产地对比试验园，将选自不同产地（沾化、黄骅、庆云、沧县、乐陵）的冬枣在同一立地条件下栽培，对冬枣果实和果核表型、果实营养组成、感官评价、抗寒性和光合生理指标等进行了连续 4 年的测定分析；多点、多年观测结果表明，在同一年份、同一试验园内，不同产地冬枣在果实和果核表型、果实营养组成和感官评价等方面没有明显差异；而在不同年份、不同试验园之间，冬枣果实表型和品质各项指标差异显著，说明影响冬枣果实表型和品质的主要因素是环境条件和栽培管理措施，而不是产地来源。赵舰等（2019）研究指出，由于消费者对冬枣消费青睐于单果重 15 g 以上的大果型，所以生产中使用膨大激素促使枣果膨大，是造成枣果品质降低的重要原因。刘晓军（2004）研究指出，采前管理中多次使用膨大激素等，虽然带来了产量和单果重的增加，但由于生长过快，会导致枣果含糖量、维生素 C 含量等营养指标和耐藏性下降，同时枣果内部会形成空腔，增加果柄的脱落率，引发果柄脱落形成自然伤口处的霉菌滋生，造成果实的腐烂变质。

因此，在冬枣生产中，要想提高果实品质，一方面要注意良种选育，选优去劣，更重要的是在划定冬枣适生栽培范围的基础上，实现科学的栽培管理，注重有机肥的使用，合理使用植物生长调节剂，以提高品质增加效益。

注重使用有机肥，合理使用植物生长调节剂，提高品质增加效益

68 蟠枣属于大果扁圆形鲜食枣品种

由北京林业大学生物科学与技术学院与沧县枣树国家良种基地合作，选育出的鲜食枣优良新品种京沧 1 号（国 S-SV-ZJ-015-2018），于 2018 年通过国家林木良种审定。京沧 1 号果个大，独特扁圆形和甜酸适口等特点，使其在鲜食枣设施栽培和高端枣市场具有良好的发展潜力。

生产中的蟠枣是指形状为扁圆形的枣。因蟠桃被称为仙桃，形为扁圆，所以果农就称扁圆形的枣为蟠枣，以显示其稀奇珍贵。

在我国北方的山西和河北，蟠枣一般 4 月上旬萌芽，6 月上中旬进入盛花期，8 月下旬至 9 月初果实脆熟，平均单果重 35.5 g，最大单果重可达 65 g，果皮红色，果面光滑，果点中大，果皮薄，果肉质地细脆，汁液多，酸甜酥脆爽口，为优良的鲜食枣品种之一。

该品种抗逆性和适应性良好，较冬枣易坐果且成熟期早 20 天左右。适于密植栽培，结果早、树型小、易管理。缺点是果实成熟期降水容易造成裂果。

蟠枣，扁圆形，为优良鲜食枣品种

69 "黄河滩枣"是指晋陕黄河沿岸产的木枣

"黄河滩枣"意指产于黄河沿岸的红枣，当地人叫"河畔枣"，俗称"黄河滩枣""滩枣"，学名木枣。木枣果实圆柱形，侧面略平，由于立地条件差异，在果实形状和大小上有所差异。单果平均重 14 g 左右，大小较整齐，果皮较厚，赭红色，果肉厚，黄白色，味甜酸，属于制干品种。

"黄河滩枣"多数生长在距黄河 50～1 500 m 范围内的黄河沿岸，源于黄河的洪积土壤，矿物质含量丰富，充足的阳光、适宜的气温和清洁的空气，为红枣提供了适宜的生长环境。山西临县、柳林县、中阳县等，是黄河滩枣的主产地；沿着黄河走进陕北，佳县、吴堡、清涧、延川等县，同样是黄河滩枣的主产地，都是有名的"黄河滩枣"之乡。在枣果飘香的收获季节，沿黄河两岸的红枣林带，到处可以看到红彤彤的枣儿挂在枝头，一派丰收的场景。

需要指出的是，山西襄汾县城关镇官滩村的官滩枣是当地的一个抗裂制干枣品种，与上述"黄河滩枣"无关。

"黄河滩枣"主产于晋陕黄河沿岸，学名木枣（王文生摄于山西柳林，2020 年）

70 灰枣的原产地及品种名由来

灰枣为枣的一个品种，属于制干品种，大小整齐，平均果重 12.3 g。原产自河南，主要分布于河南新郑、中牟、西华等县和郑州市郊，新疆若羌县和阿克苏的灰枣也是由河南引进的灰枣品种。目前灰枣栽培、面积大和产量高的地区包括新疆若羌县、阿拉尔市及原产地河南。

苏彩霞等（2019）对河南新郑、新疆托克逊县、新疆若羌县、新疆温宿县的灰枣进行营养成分测定，发现不同产地灰枣的营养成分有一定差异，气候环境差异越大，营养成分差异也越显著；研究表明，所测灰枣的品质指标中，维生素含量新疆 3 个县的与河南新郑的差异不显著；糖分含量新疆 3 个县的显著高于河南新郑的；矿物质钾含量新疆 3 个县的显著高于河南新郑的；氨基酸含量河南新郑的显著高于新疆 3 个县的；所测营养成分含量在新疆 3 个县间表现相近，差异不显著。

灰枣果实在生长发育期间，白熟期前果皮由绿变灰，进入白熟期由灰变白，当地群众将这种果皮随成熟进程的变化叫"挂灰儿"。其实灰枣只是个品种名，成熟过程中有个"挂灰儿"期，但是成熟后鲜枣的色泽或干制后枣的色泽与其他枣品种没有多大的区别。

灰枣，现主产于新疆若羌、阿克苏和河南新郑

71 骏枣和壶瓶枣原产地为山西交城县和太谷区

骏枣和壶瓶枣都是原产山西的名枣。骏枣原产地为山西交城县，是当地的古老品种。骏枣形态独特，呈瓶形或上细下粗的圆柱形。市场上现在销售的个头较大骏枣多数是产自新疆的骏枣。骏枣果实大，平均果重22.9 g，最大果重36.1 g，大小不均匀，为干鲜兼用品种。因此，产地的老百姓常将骏枣描述成"八个一尺，十个一斤"来赞誉其个大。

20世纪80年代，山西交城骏枣引种至新疆。得益于新疆的日照长，沙质土壤，辐射强，积温高，昼夜温差大（每天15 h的充足日照，昼夜20℃以上的温差），全年有长达220天无霜期，这些得天独厚的自然条件，使得新疆骏枣在单果重、糖含量等指标方面明显优于山西骏枣，但山西骏枣的口感一点也不比新疆骏枣逊色。

太谷壶瓶枣，树冠呈自然圆头形，枝条中密粗壮，干性中强，树姿半开张，果实平均重17 g以上，最大可达50 g。壶瓶枣以果形上小下大，中间稍细，形状似壶亦像瓶，故称为壶瓶枣，为干鲜兼用品种。

太谷壶瓶枣（左）；交城骏枣（中）；和田特级骏枣（右）

72 油枣因为果皮表面光滑含油质较多而得名

油枣是一个地方枣品种，因为果皮表面光滑含油质较多，所以称为油枣。

油枣主要分布于山西保德县及陕西佳县、府谷县等黄河沿岸一带。山西保德县的冯家川、杨家湾、韩家川等乡分布多，这些地方是保德油枣的集中产地，当地流传着"口里猪，口外羊，冯家川的油枣半寸长"的民谚。山西保德县委县政府于2012年就将枣园农业观光旅游区建设项目，确定为该县的十个重点建设项目之一。陕西佳县油枣2011年获国家地理标志证明商标。

与多数枣品种相比，油枣表皮油光闪亮，含酸量较高，味道甜酸口，干制品富有良好弹性。油枣生长过程中，具有良好的抗裂及抗枣疯病等性状。康迎伟（2009）报道指出，保德油枣果面光滑，具油质，深红色；果皮薄，果肉厚，白绿色，肉质较硬，味甜酸，汁液较多；鲜枣香甜酥脆，含糖量26.65%，含酸量0.78%；干枣含糖量71.29%，含酸量1.87%，肉润具油，果核小，可食率占97%，品质上乘，为干鲜兼用品种。据陕西榆林市地方志办公室对佳县油枣的记叙，鲜枣肉厚，绿白色，质地硬，稍粗，汁液较少，味甜，略具酸味。适宜制干，品质上等，制干率47.6%，含糖量75.2%，含酸1.2%，水分含量20%。

73 板枣品种名的来历

说起山西稷山，就会想起闻名国内外的稷山板枣，生食甜脆，干制品尤甜香，属于干鲜兼用品种，以"枣大核小，枣小无核"而著称。据《稷山县志》记载，该品种系明朝由山东引入，栽培历史400余年。据传说，过去有个叫段成已的稷山人在山东当县令，他见山东的金丝小枣很好吃，便将枣树用马车运回了稷山故乡。由于水土、气候的缘故，以后便逐渐演变形成了一个新品种——稷山板枣。

板枣原产地山西运城稷山县，所以也叫稷山板枣。果实中大，倒卵形，侧面扁，大小较整齐，平均果重11.2g。主要分布在稷峰镇的陶梁、姚村、平陇、加庄、吴城、马村、南阳，化峪镇的胡家庄、东段、西段、新庄等村。果实皮薄肉厚，为扁长圆形，略带上宽下窄状，故名板枣（当地称"扁"音为"板"音）。成熟枣赭红色，制干后的优质枣表皮无皱褶，丰满有弹性，为山西名枣之一。

板枣原产地山西稷山县，又名稷山板枣

74 婆枣、婆婆枣、老婆枣是3个不同的枣品种

婆枣别名串干、阜平大枣、新乐大枣，分布于河北西部太行山中段的阜平、曲阳、唐县、新乐、行唐等地，为当地主栽品种，河北衡水、沧州及山东夏津、武城、乐陵、庆云等地，也有小片栽培。杜金顺（2017）指出，阜平大枣基地分布在浅山丘陵区，交通不便，工矿企业少，空气水源无污染，经检测环境空气、土壤、水均达到无公害基地标准要求。因此，阜平山区适宜进行大枣无公害生产。果实平均重11.5 g，大小较整齐，丰产稳产，河北集中产地9月下旬成熟，品质中上，属制干和加工品种。

婆婆枣分布于山西运城的西曲马、尧帝庙、乔阳等村，为当地主栽品种。平均果重14.3 g，大小较整齐，当地10月上旬成熟，抗裂果，品质中等，属制干品种。

老婆枣分布于河南北部各县和山东东明，为古老的鲜食品种。果实中大，长椭圆形，果实大小整齐，品质上等，平均果重10.6 g。

婆枣也叫阜平大枣，主要分布于河北阜平、曲阳、唐县、新乐、行唐等地

75 赞皇大枣是第一个被发现的自然三倍体枣品种

赞皇大枣，别名赞皇长枣、金丝大枣、大蒲红枣，枣果长圆形至近圆形，以个大著称，平均单果重 17.3 g 左右，大小整齐，属制干品种。

凡是细胞中含有 1 组染色体的生物称为单倍体，具有 2 组染色体称为二倍体，具有 3 组染色体的称为三倍体，自然界中存在的生物以二倍体居多。由于自然或人为因素使细胞中染色体组增加，形成的染色体数目在 3 组以上的就称为多倍体。染色体是细胞核中载有遗传信息（基因）的物质，在显微镜下呈圆柱状或杆状，主要由 DNA 和蛋白质组成，在细胞发生有丝分裂时期容易被碱性染料（例如龙胆紫和醋酸洋红）着色，因此而得名。

赞皇大枣是第一个被发现的自然三倍体枣品种，说明该品种在自然演变过程中，染色体数目由 2 套自然演变为 3 套，其原因通常是受外界条件剧烈变化的影响而引起。当植物细胞进行有丝分裂时，染色体已经复制了，但由于受到自然条件剧烈变化的影响，使有丝分裂过程受阻，使细胞内的染色体加倍。

虽然赞皇大枣属于自然三倍体品种，但多倍体在高等植物中相当普遍，比如在生产上栽培的香蕉品种主要为三倍体品种，马铃薯是四倍体，普通小麦是六倍体。多倍体植物的特点通常是：茎秆粗壮，叶片、果实、种子都较大，营养物质含量增高，对外界环境条件的适应性较强，但发育迟缓，结实率低。

76 蛤蟆枣因果面布有紫黑斑纹而得名

山西南部永济市仁阳一带的枣树主栽品种为蛤蟆枣，也叫永济蛤蟆枣，栽培地域不广。因果面有深色斑纹，似蛤蟆背部色斑而得名。

蛤蟆枣果实大，长椭圆形或圆柱形，侧面略扁，大小很不整齐，果面不平，有明显的小块疙瘩隆起，成熟不整齐，需要分期采摘，平均果重 22 g，品质上等，鲜食和制干兼用。

蛤蟆枣虽然长相特殊，但是鲜食品质很好也可以制干，并且在枣品种中属于耐藏品种。

77 灵武长枣是产自宁夏灵武的一个优良鲜食和加工品种

灵武长枣，又名"马牙枣"，宁夏灵武市特产，是具有地方特色的鲜食、加工兼用优良品种。该品种树势强壮，树姿直立，发枝力强，易萌发枣头；果实中大，长椭圆形，平均单果重 18.1 g，果梗长，果皮薄，果肉绿白色，肉质致密酥脆，汁液多，酸甜适口，鲜食品质上乘。

近年来，宁夏农林科学院枣课题组先后选出灵武长枣 2 号至灵武长枣 4 号优系。灵武长枣 2 号单果重 21 g，针刺比普通灵武长枣长 1 倍，抗风；3 号针刺退化，偏晚熟；4 号早熟，丰产且抗寒（李新岗，2015）。

灵武长枣是一个优良鲜食和加工品种

78 马牙枣属于中早熟优良鲜食品种

马牙枣因果实为长锥形至长卵形，下圆上尖，上部歪向一侧，形似马牙而得名。我国不少产地都有称马牙枣的类型，如北京马牙枣、怀来大黄庄镇马牙枣，山东、山西、陕西等地也有种植。北京马牙枣优系 8 月中旬成熟，属于中早熟品种，品质上等。马牙枣优系果皮薄、脆，果肉脆熟期白绿色，完熟期黄绿色，果肉酥脆，汁液多，风味甜或略有酸味，完熟期果实风味极甜，品质上等。

宋代孟元老《东京梦华录·立秋》："京师枣有数品：灵枣、牙枣、青州枣、亳州枣。"明代李时珍《本草纲目》引寇宗奭曰："又有牙枣，先众枣熟，亦甘美，微酸而尖长。"

马牙枣属于鲜食枣品种，不同产地 8 月中下旬至 9 月上旬成熟

79　朝阳大平顶枣是甜酸适口的优良鲜食枣品种

　　朝阳大平顶枣盛产于辽宁西部的朝阳县及朝阳市郊区，集中分布在朝阳县小凌河流域和大凌河沿岸的部分乡镇，是当地经过长期筛选培育出的抗逆性强、丰产稳产优良品种。

　　大平顶枣果实中大，呈圆柱形或长椭圆形，果面光洁，时有不明显的小块起伏，果皮薄脆，白熟期呈白绿色，着色后呈橘红色，阳面色泽鲜亮阴面略暗，果点密度中等较明显。平均单果重 9.6 g，最大单果重 14 g，大小比较整齐。果肉较厚呈乳黄色，质地致密，较脆、汁液中多、甜味浓，个别略具酸味。8 月底至 9 月初成熟采收，为早中熟品种（马贵军等，2004）。

80　什么是"吊干枣"

　　"吊干枣"，也称挂干枣，新疆吊干枣。因新疆独有的气候条件，降水稀少，日照时间长，无霜期长，昼夜温差大，每年 10 月红枣变红后，不马上进行采摘，挂在树上自然风干成熟，比催熟烘干枣多长近 1 个月。"吊干枣"是指在树上已经完全风干成熟的枣，后期无须晾晒或晾晒时间显著缩短，果肉紧实又香甜，是新疆人更爱吃的红枣，采收时水分含量通常低于 35 %，由于田间挂果时间长，风沙大，所以表面覆盖尘土。

　　因为新疆特有的气候条件，所以"吊干枣"的批量生产只有新疆能够实现，以若羌县最为集中，主要品种为灰枣及骏枣。

新疆"吊干枣"以若羌县灰枣最为集中

注：吊干灰枣（左）；包装的"吊干枣"（中）；田间挂树的"吊干枣"（右）。

81 蜜枣品种及其主要特点

曲泽洲等（1993）在《中国果树志·枣卷》中记载我国蜜枣品种56 个，其中优良蜜枣品种 39 个，主要分布在我国南方的蜜枣产区。

生产蜜枣的枣品种要求果形整齐，圆柱形或椭圆形，果皮薄，肉质疏松，核小。根据鲜枣枣质量等级（GB/T 22345—2008），作蜜枣用时，鲜枣的采收期为白熟期，要求果形完整，果实新鲜，无明显失水，无异味。

蜜枣加工专用品种通常需具备如下特征：特征 1，果形整齐且果实较大但核较小、呈短柱形或椭圆形；特征 2，果皮薄，皮色浅，含叶绿素少；特征 3，果肉质地较疏松，含水率较低。为此，加工蜜枣的枣果以开始褪绿并呈现乳白色时（白熟期）采摘的枣果为最好，一般多分期采收，加工前按果实大小细致分级，以便于加工，并使成品质量一致。

南方蜜枣品种主要包括繁昌长枣（安徽）、宣城尖枣和宣城圆枣（安徽）、广德木枣（安徽）、广德羊奶枣（安徽）、白皮马牙（浙江）、南京枣（浙江）、淳安大圆枣（浙江）、义乌大枣（浙江）、随县大枣（湖北）、连县木枣（广东）、涪陵鸡蛋枣（重庆）、湖南鸡蛋枣（湖南）、木洞糠枣（重庆）、灌阳长枣（广西）、郎溪牛奶枣（安徽）等。北方品种主要包括中卫大枣（宁夏）、北京苹果枣（北京）、喧枣（山东）、陇东马牙枣（甘陕）等。晋枣、大荔水枣、大荔圆枣、骏枣、木团枣、临猗梨枣、沧蜜 1 号、敦煌大枣、婆枣等，生产中也有用来作蜜枣原料的。

82 我国蜜枣品种主要分布在南方

《中国果树志·枣卷》中记载，我国蜜枣品种 56 个，其中优良品种多数集中在南方。常见蜜枣品种主要包括南京枣（果实大，大小不整齐，平均果重 19 g）、淳安大枣（果实大，大小较整齐，平均果重 18 g）、白皮马牙枣、郎溪牛奶枣（果实中等偏小，大小较匀，平均果重 8.7 g）、繁昌长枣（果实较大，大小整齐，平均果重 14.3 g）、宣城尖枣（果实大，大小整齐，平均果重 24.5 g）、灌阳长枣（果实较大，大小形状较整齐，平均果重 14.3 g）、涪陵鸡蛋枣（果实中大，大小整齐，平均果重 12.3 g）、木洞糠枣（果实中大，果形整齐美观，平均果重 11.2 g）、歙县马枣（果实大，大小整齐，平均果重 16.3 g）、随县大枣（果实大，大小整齐，平均果重 18 g）、鹅子枣（属于义乌大枣的自然变异株系，果实大，平均果重 16.7 g）、广德羊奶枣（果实中大，大小整齐，平均果重 9.5 g）、苏南白蒲枣（果实中大，大小整齐，平均果重 9.9 g）、连县木枣（果实中大，大小整齐，平均果重 13.3 g）等。

近年来我国北方枣区，也从制干和干鲜兼用品种中选出适宜加工蜜枣的优良品种，如甘肃的中卫大枣、河北的赞皇大枣、陕西及甘肃的晋枣等。

83 南枣是浙江传统的名贵特产

南枣并不是枣的一个品种，通常是指浙江传统的名贵特产南枣。有些资料在划分枣的生态区域时，也有南枣和北枣之分。

对枣初步分类时，常将我国的枣划分为南枣和北枣。一般以年平均气温 15℃、年降水量 650 mm 为界，分为南枣和北枣 2 个生态型。

南枣是浙江传统的名贵特产，也称京果。红糖、火腿和南枣，被称为义乌的"三大宝"。义乌大枣主产于浙江义乌、东阳等地，产地 9 月中旬着色成熟，平均单果重 15.4 g，果核内多含饱满的种子，是制作南枣的原料。

浙江南枣历史悠久，明万历《金华府志》载有："南枣，出东阳茶场最有名"。朱秋萍（1995）阐述，清嘉庆七年（公元 1802 年）在诸自谷重修的《义乌县志》卷十九"土物、果之属"条下，有："南枣，实大而核细"的记载。清代名医王士雄《随息居饮食谱》在"果食类"条目下，有："以北产大而坚实肉厚者，补力最胜，名胶枣，亦曰黑大枣。义乌所产南枣，功力远逊，仅供食用，徽人所制蜜枣，尤为腻滞……"的记载。

南枣外形紫黑油亮，纹理细致，与乌枣相似，采用全红脆熟期采收的义乌大枣加工时，既可免去"烫红"处理，加工出的成品品质也好。为适应南方多雨的气候条件，煮制好的枣通常采用烘烤和日晒相结合的方法进行脱水，制成含水量适宜的成品（高新一等，1993）。因产地品种特性，传统成品呈长椭圆形，略显干瘦，甜味淡，枣核内有种子（郭裕新等，2010）。

我国清代著名医家张璐著《本经逢原》中记载："古方中用大枣，皆是红枣，取生能散表也。入补脾药，宜用南枣，取甘能益津也。黑枣助湿中火，损齿生虫，入药非宜。"《中国名产》第一编有："江南枣中佳品，是浙江义乌南枣"的记载（黄震尧等，1981）。

84 晋枣现在并非产自山西

晋枣又名吊枣、长枣。主产陕西和甘肃交界的彬县、长武、宁县、泾川等地，泾河两岸的坡地分布广泛。果实圆柱形或长卵形，果顶略细，单果平均重 21.6 g，大小不整齐；果皮薄，有光泽，浓红色，果肉黄或白绿色，肉质酥脆，核小肉厚，汁液中，甜味浓，品质极佳。适应性较强，较丰产，但不耐瘠薄，产量不稳。

相传，在春秋战国时代，秦国和晋国是相邻的两个大国，它们之间经常发生战争，但是有时为了各自的利益，两国国王又常常互相利用，甚至彼此通婚。公元前 656 年，秦穆公向晋献公求联姻，于是晋献公就把自己的女儿伯姬许配与他。结婚时，晋王以本国特产——枣树，作为女儿的嫁妆之一陪送到秦国。从此，晋国的枣树在秦国的彬县生根、发芽、结果。

郑炳社（2018）指出，彬州大晋枣色泽鲜艳、个大核小、皮薄肉厚、味甜汁浓、营养丰富，是闻名陕西乃至全国的地方枣树品种。高文海等（2004）对 8 个枣品种幼树期生长结果、抗裂性、抗病性和果实品质进行了分析比较；结果表明，晋枣、板枣和冬枣，综合性状优于当地鲜食品种脆枣；骏枣、壶瓶枣和梨枣虽在果实品质、生长特性等方面各有所长，但裂果和缩果病发生率高；蛤蟆枣果实偏硬，品质差于脆枣。

如上所述，虽然称呼晋枣，但现在不是指山西产的枣，晋枣是一个枣品种，主产于陕甘交界的彬县、长武、宁县和泾川等县。

85 圆铃枣是一个对土壤及气候适应力强的抗裂品种

圆铃枣，别名圆红、紫枣、紫铃。原产于山东东阿一带，现分布于山东全省，尤以山东宁阳葛石镇、山东聊城茌平县博平镇等地栽培集中，面积较大。河北西南部、河南东部和江苏北部也有栽培，但以山东宁阳、茌平、东阿、聊城、齐河、济阳栽培面积大且集中。

果实近圆形，大小不整齐，平均果重12.5 g，大者可达30 g以上，果皮较厚，紫红色，富光泽，韧性强，抗裂果。鲜枣口感稍显粗硬，风味一般，适于制干或加工乌枣，品质上乘。在山东等地人们常将圆铃枣蒸熟食用，因为蒸制后枣皮易于去除，果肉厚实滋润，并认为该品种滋补养生作用更好。

圆铃枣枣树及果实的优点是：树体对土壤和气候适应力强，较耐盐碱和瘠薄，抗病性良好，长势强，花后坐果率高；果实肉质厚，干制率高且品质好。缺点是果实大小不均匀，落果严重，特别是采前落果严重，丰产性一般，果实成熟不一致等。郭裕新等专家在20世纪90年代选出了当年生结果枝系结果性能良好、产量高于原品种30 %～50 %、单果重都高于原品种且整齐度高的2个优良品系，定名为圆铃新1号和圆铃新2号。

圆铃枣枣树及果实

86 晚熟耐藏的优良鲜食枣品种

枣与其他水果一样，通常晚熟品种一般较耐贮藏。在我国北方枣产区，晚熟品种的成熟期一般在10月中下旬。

冬枣、沂水大雪枣（平均单果重32 g）、薛城冬枣、成武冬枣、晚枣（分布辽宁朝阳、凌源等地），成熟期一般在10月中下旬，是目前生产中相对耐藏的优良晚熟枣品种。

王东汉（2002）报道，1997 年在陕西蒲城试栽观察引入的大雪枣、沾化冬枣和黄骅冬枣；结果表明 3 个晚熟枣品种，都可正常生长结果，但比较起来大雪枣长势最强健，树姿开张，二次枝多为 10 节左右；黄骅冬枣次之；沾化冬枣长势较弱，特别是在没有灌溉条件的情况下，这种长势强弱表现得尤为明显；相比之下，大雪枣和黄骅冬枣适宜我国西北的内陆性气候；上述 3 个晚熟枣品种经济效益都比较高，但从综合性状比较，大雪枣的优势更为突出。

87 观赏枣树主要品种及其特点

枣树在长期进化过程中，其树形或果实出现了某些奇异性状并稳定为一种品种特性，人们开发利用这些奇异性状的观赏价值，进行绿化或盆栽，起到美化环境和观赏悦目的效果。

现将常见的主要观赏枣品种及其特点简述如下。

（1）龙枣。龙枣也叫龙爪枣，枣头、二次枝和枣吊皆卷曲不直，似龙爪状，故得名龙枣，为鲜食、制干兼用型品种。龙枣原产陕西大荔县（郭新裕等，2010），在山西太谷和祁县、山东乐陵、河北献县、河南淇县、陕西大荔、北京等地均有分布。典型品种有陕西大荔龙枣、山西襄汾龙枣等。不同地区的龙枣外部形态有一定差异，河南龙枣弯曲度最大，河北龙枣次之，陕西大荔龙枣弯曲度最小，而且比前 2 种丰产性好。

龙枣树冠圆头形，树姿开张，干性弱，树形弯曲不定，有的蜿蜒曲折前伸，有的盘曲成圈生长，犹如群龙飞舞，大雅活泼，果实为椭圆形，平均单果重 3.1 g。龙枣产量低，品质中下等，经济栽培价值不大。但是因枝形奇特，具有很高的观赏价值，可作为观赏经济林树种在全国宜枣地区栽植。

（2）茶壶枣。果实畸形、形状奇特，通常在枣身肩部或近肩部长出 1 对角排列的肉质突出物，因突出物酷似茶壶的壶嘴、壶把而得名。原产地为山东夏津和临清等地，临清有百年以上的茶壶枣大树（郭新裕等，2010）。

茶壶枣树体中等，树姿开张，外围枝条披垂，树冠自然平圆形，枝叶密度中等。成熟果实果皮较薄，紫红色，果肉较厚，绿白色，肉质较粗松，味甜略酸，汁液中多，品质中等，抗裂果。一般单果重 4.5～8.1 g，大小不整齐，适宜观赏和制干。因果形奇特，有极高观赏价值，在全国宜枣区均可栽植。

（3）磨盘枣。磨盘枣又名磨子枣、葫芦枣（河北）、药葫芦枣（甘肃）。分布较广，河北泊头、青县，山东乐陵、无棣和夏津，陕西大荔和甘肃庆阳等地均有少量栽植。在果实中部有一条缢痕横贯中腰，深宽2～3 mm，缢痕的上部大，下部小，形似石磨而得名。

磨盘枣树冠乱头形，树姿开张，树势中庸，发枝力中等。平均果重7～10 g，最大果重13.7 g以上，大小不整齐，成熟鲜果果肉较厚，绿白色，肉质粗松，甜味较淡，汁液少，丰产性差，品质中下。因果实奇特美观，观赏价值高，可作为全国宜枣区观赏树种庭院或绿化栽植。

（4）柿蒂枣。柿蒂枣又名柿花枣、柿把枣，系宿萼枣变种的1种。果肩圆或尖圆，萼片宿存，随果实发育增长而逐渐肉质化，呈五角星状的肉瘤，盖住果肩和梗洼。萼片直径1.2～1.6 cm，厚0.3～0.6 cm，因形如柿萼，故名"柿蒂枣"。

柿蒂枣树树姿开张，树冠自然半圆形，发枝力较强，枝条寿命较短。果实短柱形或椭圆形，平均果重12 g，最大果重14.7 g，大小很不整齐，适宜制干，品质中等。因为萼片宿存有别于一般枣品种，所以也常作为枣观赏品种栽植。

（5）葫芦枣。葫芦枣也称猴头枣，果实为长倒卵形，果重10～15 g，从果顶部与胴部连接处开始向下收缩变呈乳头状，既似倒挂的葫芦，又似小猴缩脖而坐，因此得名。

葫芦枣树冠呈自然圆头形，发枝力中等，生长强旺，耐瘠薄、丰产。

（6）辣椒枣。辣椒枣又称长脆枣，由山东省果树研究所在山东夏津选出的优良株系。果实中大，平均果重12.6 g，大小较均匀。长锥形，状似红辣椒，因此得名。成熟鲜果果肉厚，白绿色，肉质致密细脆，味甜，汁中，品质上等，适宜鲜食和制干。

辣椒枣树体中大，树姿半开张，树冠圆头形，发枝力强，生理落果轻，坐果稳定，产量较高。因果实奇特美观，观赏价值较高，可作为全国宜枣区鲜食观赏兼用品种种植。

（7）胎里红。胎里红又名老来红或老来变。原产于河南镇平县官寺、侯集和八里庙等地。谢花后幼果为紫色，至果实接近成熟时变为水红或粉红色，成熟时变为鲜红色。果实生育期色泽多变，十分美观。成熟鲜果果皮薄，果面光滑，果肉厚，绿白色，肉质细，较酥脆，味甜，汁液中多，品质中上，单果重 9 g 左右。果实成熟期不一致，成熟季节遇雨裂果严重。

胎里红树体中大，树势较强，枝条中密，树姿开张，适应性较强，对土壤要求不严。该品种从萌芽至果实成熟，都有很高的观赏价值，在北方年均气温 8.5℃以上地区，可作为鲜食和观赏兼用品种栽植。若以观赏为主，全国宜枣区均可栽植，很适宜作盆景栽培。

几种主要的观赏枣

注：龙枣树（上左）；辣椒枣（上中）；茶壶枣（上右）；
磨盘枣（下左）；葫芦枣（下中）；茶壶枣（下右）。

【参考文献】

蔡跃台，2006. 鸡蛋枣特性及其栽培技术［J］. 现代园艺（7）：13-14.

杜金顺，2017. 阜平大枣无公害生产技术［J］. 河北果树（3）：45.

樊保国，李登科，2011.临猗梨枣研究进展［J］.经济林研究，29（4）：122-127.

高文海，李新岗，黄建，2004.八个鲜食和兼用枣品种在陕北的对比试验［J］.果农之友（1）：15-16.

高新一，马元忠，1993.枣树高产栽培［M］.北京：金盾出版社.

郭裕新，单公华，2010.中国枣［M］.上海：上海科学技术出版社.

韩广钧，李瑞国，2013.金丝小枣产业化现状、发展潜力分析与发展模式的探讨［J］.山东食品发酵（2）：43-46.

胡新艳，续九如，马庆华，2005.不同原产地冬枣抗寒力对比研究［J］.河北林果研究（2）：155-158.

黄震尧，陈明希，1981.中国名产［M］.北京：工商出版社.

康迎伟，2009.保德油枣及其栽培管理技术［J］.农业技术与装备（6）：36-37.

李登科，牛西午，田建保，2013.中国枣品种资源图鉴［M］.北京：中国农业出版社.

李守勇，续九如，胡新艳，等，2004.冬枣果实品质差异研究［J］.食品科技（12）：37-39.

李新岗，2015.中国枣产业［M］.北京：中国林业出版社.

刘晓军，2004.冬枣性状及湿冷贮藏（+O$_3$）中生理变化与调控的研究［D］.北京：中国农业大学.

马贵军，周云祥，闫洪玉，等，2004.朝阳大平顶枣优质丰产栽培技术［J］.北方果树（1）：91.

马庆华，续九如，姚立新，等，2007.不同产地冬枣果实品质差异的研究［J］.河北农业大学学报，30（2）：57-60.

曲泽洲，王永惠，1993.中国果树志：枣卷［M］.北京：中国林业出版社.

苏彩霞，刘晓红，闫超，等，2019.不同产地的灰枣营养成分分析［J］.落叶果树，51（3）：8-10.

王东汉，2002.三个晚熟枣品种简评［J］.西北园艺（1）：42.

姚立新，2010.不同产地冬枣对比试验及冬枣标准化栽培研究［D］.北京：北京林业大学.

张志善，2003.枣树良种引种指导［M］.北京：金盾出版社.

张璐，1996.本经逢原［M］.北京：中国中医药出版社.

赵舰，刘国利，高文俊，等，2019.促进枣果膨大的冬枣树开甲技术［J］.山东林业科技，49（1）：78-79.

郑炳社，2018.论彬州地标产品——大晋枣的开发与保护［J］.中国果菜（5）：45-47.

周沛云，姜玉华，2003.中国枣文化大观［M］.北京：中国林业出版社.

朱秋萍，1995.义乌南枣的历史与加工技术［J］.浙江农村技术师范专科学校学报（1-2）：81-83.

第四篇
枣树特性及栽培管理知识篇

88 枣树的枝条分为哪4种类型

枣树的枝条可分为枣头（发育枝）、二次枝（结果基枝）、枣股（结果母枝）、枣吊（结果枝）4种类型。

（1）枣头。枣头为营养性枝条，北方枣区群众称其为滑条，是形成枣树骨架和结果基枝的基础。它不单纯是营养生长枝，同时又能扩大结果面积，有的枣头当年就能结果。枣头具有很强的延伸能力，并能连续单轴延伸，加粗生长也快。在幼树、旺树和更新的枣树上，一年中枣头常有二次生长现象，但在两次生长之间，不像苹果的春、秋梢那样有明显的界痕。枣树的树龄不同，着生枣头多少也不一样。幼旺树着生枣头较多，进入盛果期后逐渐减少，进入衰老期后，几乎不能抽生枣头，但在去除大枝复壮时，仍能萌发出大量枣头。

（2）二次枝。二次枝是由枣头中上部的副芽所长成的永久性枝条。这种枝条呈"之"字形弯曲生长，是形成枣股的基础，所以又称结果基枝。这种枝条当年停止生长后，顶端不形成顶芽，以后也不再延长生长，并随树龄的增长，逐渐由先端向后枯缩，加粗生长也较缓慢。结果基枝的长度、节数和数量，与枣树品种、树势、树龄等有关。一般枣头生长势强的，其二次枝也长，枣头长势弱的，二次枝也短。二次枝的节数变化也较大，短的只有4节左右，长的可达13节以上，每节着生1个枣股，其中以中间各节的枣股结果能力最强。结果基枝的寿命和枣股相似，为8～10年。

（3）枣股。枣股是由结果基枝或枣头上的主芽萌发形成的短缩结果母枝，和其他果树的结果母枝相似，每年由其上的副芽抽生枣吊开花结果。枣股的顶芽是主芽，每年都延伸生长，但生长量只有 1～2 mm。随着枣股顶芽的生长，其周围的副芽也同时抽生 2～6 个枣吊开花结果。一般以 3～7 年龄的枣股结果能力最强。着生在二次枝上的枣股，10 年龄以后，结果能力衰退；而着生在枣头上的枣股，最多可活 20～30 年，以后便逐渐衰老死亡。枣股抽生枣吊数与品种有关，但是主要受枣股年龄的影响，1～2 年龄的枣股，一般只抽生 2～3 个枣吊；3～6 年龄的枣股，可抽生 4～6 个枣吊，而且结果也好；8 年龄以上的枣股，抽生枣吊的数量逐渐减少，结果能力也逐年衰退。对弱树、弱枝回缩更新时，其上的枣股还能抽生强壮的枣头，重新形成树冠。

陈宗礼等（2015）采用随机抽样方法，调查统计了栽培于延川县红枣主产区的木枣、狗头枣等 24 个枣树品种（系）的枣股粗度和长度，及枣股上枣吊数、枣吊长度、枣吊叶片数、挂果数等农艺性状，结合实验室分析研究其生长发育规律；研究指出，不同龄枣股其生长的长度和粗度比不同。1～3 年龄枣股其粗度大于长度，枣股形态为圆锥或扁圆台状；4～5 年龄枣股其长粗相近，为圆柱体状；6 年龄及以上枣股其粗度小于长度，为长圆柱体。不同龄枣股萌发的枣吊长度有显著差异。1～3 年龄枣股萌发的枣吊长逐年增长可达峰值，然后维持到 4 年龄，5 年龄及以上的枣股萌发的枣吊长逐年缩减。

毕平等（1993）根据枣股的有效结果年龄，把调查的 125 份枣品种分成了 4 个类型：1～3 龄枝结果为主；2～9 龄枝结果为主；1～9 龄枝结果为主；2～6 龄枝结果为主，它们分别形成各类品种产量的 85% 以上。1～3 龄枝结果为主品种，早果性强，早丰性好，但成龄树立体结果能力极差；2～9 龄枝结果为主品种，早果性差，但开始结果后产量上升快丰产稳产；1～9 龄枝结果为主型品种，多数为小果型品种，虽早果性强，但早期丰产性差，盛果期树立体结果能力强；2～6 龄枝结果为主型品种，早果性较差，并有不同程度的大小年现象。

在生产实践中，可运用修剪、整形等技术手段，培育增加枣园 4～5 年龄枣股数量，剪除 8 年龄以上衰老枣股，疏除枣股上多余枣吊（一般保留 3 个左右），并加强枣园肥水和病虫害预防管理等措施，以保证枣果高产稳产。

（4）枣吊。枣吊是枣树的结果枝。是由枣股副芽或枣头基部的二次枝抽生的纤细枝条，它具有结果和进行光合作用的双重作用。枣吊一般长 10～25 cm，15 节左右，个别品种如垂丝枣或幼旺树上的枣吊，可长达 30 cm 以上。每年由枣股萌发，随着枣吊的生长，在其叶腋间出现花序，开花结果，于秋季随叶片的脱落而脱落，枣吊具有枝、叶 2 种性能，所以又称"脱落性结果枝"或"二型枝"。枣吊多一次生长，一般枣吊有 13～17 节，长势弱的树，枣吊的节数也少。在 1 个枣吊上，以 4～8 节叶面积最大，以 3～7 节结果最多。枣吊在生长期间遭受机械损伤脱落后，仍然从原枣股处萌发新的枣吊，它具有多次萌发和多次结果的特点。枣树单花的开放时间很短，但因枣树花芽分化的时间不同，所以整个花期的时间很长，可长达 1 个月之久，这显示了枣树适应性强，生产潜力大的特点。

枣树 4 种类型枝条分别为枣头、二次枝、枣股和枣吊

注：枣树回缩后萌发出的枣头（上左、中）；当年萌发的枣头（上右）、枣股（下左）；枣股上副芽抽生枣吊（下中）；枣果着生在枣吊上（下右）。

89 常见枣品种的几种分类方法

目前，我国对枣品种的分类尚没有统一的划分方法。在生产与研究领域主要有以下几种分类方法。

（1）按果实成熟期分类。可分为早熟品种、早中熟品种、中熟品种和晚熟品种。早熟品种果实生长期为 70～90 天，这类品种多为鲜食品种；早中熟品种果实生育期 90～100 天，这类品种也多为鲜食品种；中熟品种果实生育期 100～115 天，这类品种最多，包括大多数的鲜食枣品种和大多数的鲜食与制干兼用以及制干、加工品种；晚熟品种果实生育期在 120 天以上。

（2）按果实大小和形状分类。可分为大果型枣、小果型枣、长形枣和圆形枣。大果型枣，果实的果个大，通常树体生长旺盛高大，树势强健，耐贫瘠，适应性强，如泗洪大枣、婆枣、赞皇大枣、灵宝大枣、骏枣、壶瓶枣、晋枣、鸣山大枣、赞新大枣、敦煌大枣（五堡大枣）等。小果型枣，树体生长势相对较弱，一般果实肉质致密，如金丝小枣、无核小枣、鸡心枣、西峰山小枣、民勤小枣、喀什噶尔小枣、吾库扎克小枣、珍珠枣、山楂枣等。长形枣果实，有长圆形或圆柱形，树势强健，耐贫瘠，抗逆性强，如郎枣、骏枣、灌阳长枣、繁昌长枣、枣庄长红枣、灵武长枣、西山焦枣（冬瓜枣）等；圆形枣果实，近圆形或扁圆形，如圆铃大枣、绥德圆枣、灵宝大枣、相枣、榆次团枣、哈密大枣、红圆枣（河北赞皇）、药枣（别名苦枣，分布于陕西大荔、韩城等地）等。

（3）按果实食用和加工特性分类。可分为制干品种、鲜食品种，干鲜兼用品种、蜜枣品种。制干品种果实含干物质多，糖分含量高，但鲜食时汁液少，口感不酥脆，果实主要用作制干，如圆铃枣、长红枣、灰枣、木枣、晒枣（北京稀有的晚熟制干品种）、大荔水枣、小口枣、疙瘩枣等品种；鲜食品种果皮薄，口感酥脆可口，如蜂蜜罐、冬枣、陕西清涧脆枣、陕西彬县酥枣、甘肃坛坛枣、辽宁瓶子枣、浙江花生枣、山东枣庄脆枣等；蜜枣品种，肉质较松，含水较少，适于加工蜜枣，如浙江义乌大枣；重庆巴县木洞糠枣；安徽繁昌长枣、宣城尖枣、广德羊奶枣；广东连县木枣；广西灌阳长枣；苏南白蒲枣；南京牛奶枣等。

（4）其他分类法。主要是指枣的观赏特性，即观赏枣品种。这类品种或是树体形状特异或是果实形状和色泽特异，如龙枣、茶壶枣、磨盘枣、葫芦枣、胎里红等。

90 根据结果习性枣品种可分为 3 类

按照枣品种结果习性，以个体进入结果期早晚衡量，枣品种可分为以下 3 类。

（1）早实性品种。当年生发育枝形成的结果枝系有良好的结果能力。代表品种为遵义甜枣、连县木枣、兰溪马枣、临猗梨枣、大白铃、大瓜枣、板枣、金丝新 3 号、金丝新 4 号等。

（2）一般性品种。当年生枝系结果能力不强，2 年后则能正常结果。代表品种为枣庄脆枣（伏脆蜜）、成武冬枣、磨盘枣、薛城冬枣、沂水大雪枣等。

（3）晚实性品种。依靠多年生部位的结果母枝抽生的结果枝结果，当年生发育枝形成的结果枝几乎没有结果能力，枣树多数品种属于此类。代表品种（或品系）为普通金丝小枣、圆铃枣、长红枣群、灰枣、婆枣、灵宝大枣、敦煌大枣、义乌大枣、无核小枣、冬枣、郎家园枣等。

由上述可见，"枣树当年就还钱"的说法，仅适用于早实性品种，对多数枣品种而言并不贴切。

91 按经济用途枣品种分为 6 类

按照经济用途，枣可分为以下 6 类。

（1）制干品种。制干品种的果实含水量较低，干物质含量高，糖分高，充分成熟后的果实制干率通常高于 35 %。代表性品种为新疆和田骏枣、若羌灰枣，山东的圆铃枣、长红枣，河北的婆枣、赞皇大枣，河南的灰枣、扁核酸、灵宝大枣，山西的相枣、婆婆枣、临县木枣，陕西的大荔圆枣、彬县圆枣等。

（2）鲜食品种。鲜食品种的果皮薄，果肉质地细脆，汁液较多，糖分含量高，有些品种含有适量的有机酸，具有良好的糖酸比和适口性。但因含水量大，干物质少，因而不适宜制干。鲜枣品种数量很多，各个枣区都有原产于本地的鲜食品种，其中山东枣庄脆枣、宁阳六月鲜、新郑六月鲜、陕西大荔蜂蜜罐枣、宁夏灵武长枣、山西襄汾圆枣、朝阳大平顶枣、大瓜枣、大白铃、临猗梨枣、辣椒枣、杂杂枣、不落酥、冬枣、邢台九月青等。

（3）蜜枣品种。蜜枣品种是指适合于加工制作蜜枣的专用枣品种，果型整齐较大，呈两端平圆的短柱形或椭圆形，便于机械切纹加工；果皮薄而柔软，白熟期皮色浅，呈乳白色或浅绿色；果肉质地酥松，含水率低，有利于加工渗糖。其中优良品种多数集中在南方，如南京枣、淳安大枣、白皮马牙枣、郎溪牛奶枣、繁昌长枣、宣城尖枣、灌阳长枣、涪陵鸡蛋枣等。近年来北方枣区也从制干和干鲜兼用品种中选出适宜加工蜜枣的优良品种，如河北的赞皇大枣、陕西的晋枣、甘肃的中卫大枣等。

（4）干鲜兼用品种。干鲜兼用品种果实肉质较细，糖分含量较高，含水量中等，既有良好的鲜食口感，制干后果型饱满，品质良好，有些品种还适宜做蜜枣。代表性品种为普通金丝小枣、金丝4号、稷山板枣、大鸡心枣、敦煌大枣、鸣山大枣（系敦煌大枣的优变株系）、晋枣、壶瓶枣、民勒小枣、宝德油枣、湖南鸡蛋枣、阿拉尔圆枣等。

（5）观赏品种。观赏品种为枣品种中的特别类型，主要用作绿化观赏。代表品种为龙枣、磨盘枣、茶壶枣、辣椒枣等。

（6）砧木品种。对枣树砧木也已经开展了一定的研究，如浙江义乌、兰溪等枣区，在长期的栽培实践中选出了适于当地自然条件和栽培品种的专用砧木，采用旗鼓枣作为义乌大枣和马枣的砧木；兰溪采用一种叫野枣的栽培枣品种，做兰溪圆枣和南京枣等品种的砧木，可提高嫁接树的优良性状和产品品质。

位英（2013）以冬瓜枣为品种，采用本砧、酸枣砧和铜钱树砧做砧木，对成活率、生长情况、结果情况等方面的影响进行了研究；结果表明：其一，不同砧木嫁接冬瓜枣后苗木的成活率均较高，铜钱树砧与酸枣砧和本砧之间均达到显著性差异水平，酸枣砧与本砧之间差异不显著，其中，本砧嫁接枣成活率最高，平均达84.4%，酸枣砧枣次之，平均为80%，铜钱树砧枣最低，平均67.8%；其二，不同砧木的一年生苗中，铜钱树的株高、地径以及地下部侧根长度和须根数均与本砧和酸枣差异显著，其中，铜钱树须根数平均达189.42个，约为酸枣的5.9倍，本砧的3.5倍；其三，铜钱树砧冬瓜枣的枣头、枣吊生长量明显较本砧和酸枣砧的大，枣股抽生枣吊株数及坐果率与本砧枣差异不显著，与酸枣砧枣差异显著，其中铜钱树砧冬瓜枣的坐果率最高，平均达5.7%，酸枣砧的最低，平均为2.65%；其四，铜钱树砧冬瓜枣果实的单果重、可食率、果实色泽等外观品质显著高于酸枣砧，与本砧之间差异不显著；其五，各砧木嫁接枣的果实硬度及果形指数之间差异不显著；其六，铜钱树砧枣果实的可溶性固形物、可溶性糖、可滴定酸及维生素C的含量与本砧枣差异不显著，与酸枣砧枣差异显著；其七，各砧木嫁接枣果实的矿质元素钙、铁及次生代谢产物皂苷的含量之间差异显著，其中，铜钱树砧枣的钙含量最高，本砧枣的皂苷含量最高。

92 适宜枣树栽植的土壤和地势

枣树种植对土壤和地势的适应性较强，除通气性过差的重黏土外，不论沙质土、砾土、酸性土、碱性土以及地下水位较高的沙滩平原或干旱贫瘠的丘陵山地，均能良好生长。所以枣树在我国北方和南方均有栽植，但是以北方为主。例如山西石楼县杨家畔的部分枣园分布在海拔551 m的黄河滩地，pH值＞8的碱性砂质土壤中；山西离石县普仓头村的枣园则分布在海拔1 305 m的高山区，有机质和全氮含量仅有0.4%～0.78%和0.34%～0.52%；而浙江义乌、兰溪枣园的沙壤土pH值5.5～6；河北沧州一些枣园的地表土壤20 cm内全盐含量为1.54%，在这些地方枣树生长仍很旺盛，并能获得较高的产量。

生产实践证明，枣树对土壤的适应性虽然很广，无论沙壤土、粉沙壤土、细沙壤土、轻至中壤土、轻黏以及黏壤，均能适应生长，但地形、地势、光照条件、土壤肥力对枣树的生长发育、产量和品质以及树体的寿命有明显的影响，且不同品种对土壤的适应性也有很大的差异。尽管枣树种植对土壤和地势的适应性较强，但在建园时，最好选择地势开阔、日照充足、土层深厚、肥力较好的土壤。栽植鲜食品种，宜选择在壤质土和偏沙性土壤，生产的枣通常果肉松脆，汁液较多，而栽植制干用品种则应选择相对黏质的土壤，生产的枣质地较硬，干物质含量多。粉沙土和重黏土不宜种枣树。

93 不同枣品种耐盐性和抗寒性存在较大差异

徐呈祥等（2011）对金丝小枣、灰枣、冬枣等15个枣品种以及酸枣和毛叶枣为研究对象，以在土壤超高含盐量（2.75%氯化钠）胁迫下全生长期栽培的成活率及不同阶段的保存率为鉴定指标，对它们的耐盐性进行了比较；结果表明，枣北方生态型耐盐性普遍显著强于南方生态型，毛叶枣耐盐性最低，酸枣耐盐性强；北方生态型中，西部地区主要栽培品种耐盐性明显强于中、东部地区的主要栽培品种；在中、东部地区主要栽培品种中，金丝小枣、大瓜枣、灰枣表现出优异的耐盐性，著名优良鲜食枣品种冬枣的耐盐性最弱，其余枣品种耐盐性一般至良好；南方生态型中，泗洪大枣耐盐性相对较强，南京冷枣在整个供试枣品种中耐盐性最弱。砧木对枣苗的耐盐性有重要影响，比如金丝小枣根蘖苗在土壤超高含盐量胁迫下的保存率明显低于以酸枣为砧木的嫁接苗，表明嫁接的确是改善或提高枣树耐盐性的一项有效技术。小枣的耐盐性普遍强于大枣。位杰等（2013）以五年生骏枣和灰枣为试验材料，研究了不同浓度氯化钠胁迫处理对枣树叶片色素含量、可溶性糖含量、可溶性蛋白质含量、游离脯氨酸（Pro）含量、丙二醛（MDA）含量等生理指标的影响，综合分析表明，灰枣的耐盐性大于骏枣。

徐呈祥（2013）对耐盐性强的枣品种（金丝小枣）和耐盐性弱的枣品种（冬枣）二年生苗中不同状态和种类的多胺和多胺氧化酶活性进行了研究；结果表明，在120 mmol·L^{-1}氯化钠胁迫下，枣树根系和叶片中的多胺含量升高，耐盐性强的品种上升幅度显著大于耐盐性弱的品种；随着盐胁迫时间的延长，根系和叶片中多胺含量逐渐降低，耐盐性弱的品种降低幅度显著大于耐盐性强的品种，说明枣树品种的耐盐性与其内源多胺的组成、含量有关，多胺氧化酶的种类与活性对盐胁迫的响应也密切相关，多胺积累有利于提高枣树品种的耐盐性。

就山东和河北4个主栽品种而言，抗盐碱能力最强的是婆枣，其次是金丝小枣，长红枣和圆铃枣较差；成龄树相对于幼龄树而言，抗性较强（郭裕新等，2010）。

王晓玲等（2012）采用电导法，在萌芽前后对冬枣、金丝小枣、泗洪大枣、木枣、龙爪枣和临沂梨枣6个枣树品种的枝条进行抗寒性研究，以了解不同枣树品种的抗寒性，寻找优良的抗寒资源；结果表明，6个枣树品种萌芽前后的抗寒性表现差异较大，萌芽前的抗寒性强弱顺序为泗洪大枣＞木枣＞临沂梨枣＞金丝小枣≈龙爪枣＞冬枣，萌芽后的抗寒性强弱顺序为冬枣＞龙爪枣≈临沂梨枣＞金丝小枣≈泗洪大枣≈木枣。

94 金丝小枣对栽培土壤有良好的适应性

一般来说，金丝小枣要求土质较肥沃的黏壤土和壤土，在此种土壤中根系生长良好，距树干2 m处剖面的根数较沙壤土和细沙壤土多50%以上。王存龙等（2013）研究表明，金丝小枣对土壤适应范围较广，耐盐能力较强，在各种质地及 1 m 土体含盐量在 0.3 % 以下的土壤上均可栽种，但以表土质地为中壤土或轻壤土，心、底土层质地为重壤土或黏土构型的土壤上，栽种的小枣品质好，产量高，土壤中富含磷、锌、硼时，小枣品质更好。因此，发展金丝小枣时，应优先考虑和充分利用上述适宜的土壤类型与富含磷、锌、硼和钙的区域。

徐呈祥（2011）以金丝小枣、冬枣、梨枣和大瓜枣二年生嫁接苗为试验材料，设置添加 0、0.1 %、0.3 %、0.5 % 和 0.7 % 氯化钠共 5 种土壤含盐量处理，通过一个生长期的盆栽试验，对 4 个主栽枣树品种的适应性进行了研究；结果表明，供试枣品种对土壤盐度的适应性存在显著差异：土壤含盐量 0.1 %，对金丝小枣和大瓜枣生长量、生物量、植株叶片相对保留量的影响轻微，盐害发生时间与等级几无差异，但对梨枣和冬枣的伤害效应明显较重；土壤含盐量达 0.3 %～0.5 %，4 个枣树品种的盐害效应均很显著，但对梨枣和冬枣的伤害较金丝小枣和大瓜枣更严重；当土壤含盐量达 0.7 % 时，4 个枣树品种间的盐害差异显著减小。

综上所述，虽然金丝小枣对土壤适应范围较广，耐盐能力相对较强，但较肥沃的黏壤土和壤土对金丝小枣树生长和果实品质更适宜。盐碱毕竟有毒害，对生长有抑制作用，在枣树能够适应的盐分范围内，树体生长发育仍然明显呈现低盐分的土壤优于高盐分土壤的趋势。郭裕新等 1981—1982 年对滨海盐碱区调查表明，5～40 cm 枣根主要分布土层中氯化盐占 70 % 左右、硫酸盐占 10 %～20 %、重碳酸盐占 5 %～15 % 的盐分状况下，总盐量为 0.25 % 是金丝小枣根系正常生长发育的高限（郭裕新等，2010）。

成片的金丝小枣古树林（山东乐陵，2019—2020 年）

95 砧木种类对嫁接枣品种成活率和果实品质的影响

几十年来，国内的试验研究和栽培实践表明，适宜于枣树嫁接育苗的砧木种类主要有本砧和酸枣 2 种，长江以南地域也可采用铜钱树做砧木。

枣树砧穗组合相互影响是明显的。例如稷山板枣嫁接在金丝小枣砧木上、金丝新 1 号嫁接在喧铃枣砧上，虽都能表现出良好的早期结果形状，但是嫁接部位都出现亲和不良、嫁接部位肿胀、愈合组织粗松、树皮爆裂分离的现象；圆铃新 1 号以喧铃枣为砧的嫁接树，表现明显矮化，而且结果能力也明显减弱。对品质方面的影响，如金丝小枣根蘖苗嫁接鲁北冬枣，所结果实品质良好，果皮薄，肉质细脆多汁，而用金丝小枣根蘖苗嫁接宁阳六月鲜所结的果实，品质却明显下降，与原品种自根树相比，果皮变厚、肉质变粗变硬，汁液减少（郭裕新等，2010）。也有报道指出，用金丝小枣砧木嫁接鲁北冬枣的嫁接成活率、苗木定植成活率和果实可溶性固形物含量（样品采自定植 2 年的幼树），均高于婆枣和铃枣砧木，而与酸枣砧木基本相近。

20 世纪 90 年代后，培育酸枣实生苗嫁接良种枣，已成为我国各地繁育枣苗的主要方法。酸枣和枣的亲和力很强，嫁接容易成活，嫁接树除有轻微的小脚现象外，没有接口愈合不良或生长明显减弱的现象。

中国科学院南京中山植物园在 20 世纪 50 年代进行的枣砧木试验中发现，铜钱树（*Paliurus hemsleyanus* Rehd.）与枣有良好的亲和力，嫁接容易成活，嫁接苗生长快，根系发达，抗病性强，结果特性优良，并在长江以南的部分地区（如贵池县山区）得到了一定的推广应用。

刘晓军（2004）研究指出，砧木和膨大素的使用是影响冬枣口感、营养品质和耐贮性的主要因素，其中以酸枣做砧木冬枣的产量和单果重，要低于金丝小枣作砧木的冬枣的产量和单果重，但前者酸甜可口、耐贮性好，推广前景更好。

96 陕西大荔设施栽培冬枣已具规模

胡丹（2017）指出，近年来，陕西大荔县冬枣产业取得了快速发展，成为大荔农民经济增长的一大主导产业。2015 年下半年，大荔县全县冬枣面积已经达到 30 万亩、产量 30 万 t，规模为西北第一。2019 年大荔设施冬枣面积 40 多万亩，年产量约 50 万 t，占全国市场份额的 1/3 以上，为全国设施冬枣第一县。大荔县红枣局周爱英等（2016）阐述，2014 年大荔冬枣获得国家地理标志证明商标，2015 年大荔冬枣荣获"2015 中国果品区域公用品牌 50 强"称号，2016 年被中国经济林协会授予全国"冬枣名县"称号。相关资料显示，2020 年大荔县冬枣种植面积达到 40 余万亩，主要为温室大棚栽培，冬枣已成为大荔县最具特色的优势产业之一，在陕西乃至全国都有极高的影响力。

设施栽培冬枣的主要技术环节包括：定制大棚，平衡施肥，滴水灌溉，综合保护，适时采收，运输包装，全程可追溯。

中华人民共和国国家标准《冬枣》（GB/T 32714—2016），规定冬枣鲜果等级质量要求为特级果，果皮赭红光亮，着色面积占果实面积累计达 1/3 以上，单果重 18～22 g，可溶性固形物含量≥26 %；一级果，着色面积同特级果，单果重 14～18 g，可溶性固形物含量≥22 %；二级果，着色面积占果实面积累计达 1/4 以上，单果重 10～14 g，可溶性固形物含量≥22 %。

97 枣树春季管理应重点抓什么

一年之计在于春，春季管理对枣树十分重要。春季主要管理内容包括：掏根、刨盘、深翻和施肥，为根系的生长创造良好的环境条件，增强吸收功能，提高肥水利用率，促进生长。施肥、浇催芽水，补充树体营养，提高坐果率，防治枣尺蠖、桃小食心虫、枣黏虫等害虫。具体管理内容如下：

（1）掏根刨盘。将树冠下的土壤刨松，通过刨土，切断表土层的树根，促进萌发新根。通过刨土改善土壤通气状况，减少水分蒸发，保持土壤湿度。

（2）深翻。深翻可起到熟化土壤、增加有机质含量、提高蓄水能力的作用。深翻深度一般以 25～30 cm 为宜，翻后及时耙压，以增加保墒性。

（3）施肥。施肥分为地下施肥和叶面喷肥。树下施肥时，在树冠外围挖宽深各 30～33 cm 的沟，在沟内撒施复合肥，与土混匀后，将沟填平。春季开花前每亩追施尿素 7.5 kg，叶面喷 0.4 %～0.5 % 的尿素或 0.2 %～0.3 % 的磷酸二氢钾。

（4）灌水。在4月上中旬结合施肥进行灌水，可使枣树萌芽整齐，花蕾增多，生长健壮。

（5）防虫。结合果园虫情，春季在树干周围 1.5 m 范围内，用地膜覆盖，将地膜边缘用土压实，使枣尺蠖的羽化成虫及桃小食心虫越冬幼虫闷死在膜下，减少害虫基数。3月下旬将距地面 60 cm 高处树干表面的粗皮刮去，捆扎塑料薄膜，阻止枣尺蠖雌虫上树交尾。4月上旬用 90 %敌百虫 300～400 倍液，喷树干近地面 60 cm 的主干，杀死幼虫。为了防治枣尺蠖、盲蝽、枣瘿蚊、枣芽象甲、叶蝉等危害，可喷洒 1 500 倍盲蝽净或 2 000 倍甲氰菊酯，结合虫情，每 10 天左右喷施 1 次，连续2～3 次。

98 枣树也必须进行修剪

枣树为喜光树种，潜伏芽萌发能力强，容易更新。科学修剪枣树可起到以下几方面的作用。

（1）创造良好的光照条件。对于轮生枝、交叉枝、重叠枝、并生枝、徒长枝及过密的主侧枝进行疏除，改善光照条件，这在幼树期特别重要。

（2）保持健壮的长势。回缩下垂的骨干枝，抬高枝头的角度，增强树势。进入盛果期后，对于衰弱的各级骨干枝，要回缩至强壮部位，促使剪口下的潜伏芽抽生新枝。如果骨干枝上出现自然更新枝，可直接回缩到更新枝处，利用其代替骨干枝延长头。骨干枝的更新要一次完成，否则会导致发枝少、长势弱，不能很快形成树冠。枣股开始衰老的植株，对衰老部位进行疏截回缩，保持健壮的长势。

（3）培养枣股。枣树经过几年生长后，容易出现枣头细长、下垂现象，应进行短截处理，选留背上芽，以培养紧凑的枣股。一般膛内的枣股常会因枝头生长而衰弱，应及时对强壮枝头进行短截，促其后部枝充实发育。对三年生以上的非骨干枝的枝头或骨干枝延长头，应进行短截，使其下部的二次枝得到复壮，形成健壮的枣股。对于骨干枝上的一至二年生发育枝，选留数个二次枝进行短截，改造成中小型的枣股以占据空间，增加光合产物积累，提高产量。

（4）结果母枝的留量要适宜。枣树花多，结果母枝留枝过多，开花过量，树体养分消耗严重，树势易衰弱，一般盛果期树留结果母枝 3 000～

4 000 个，对准备留作结果母枝的二次枝不剪，以促进结果。

99 枣树"三基点温度"及重要物候期

"三基点温度"是植物生命活动过程的最适温度、最低温度和最高温度的总称（王景红等，2010）。一般来说，枣树对温度有较宽的适应性，在年平均温度为 9.2～19.8℃的范围内，枣树都可以正常生长结果。但是枣树的每一个物候期都有不同的三基点温度（陈焕武等，2016）。

陈焕武等（2016）根据陕西榆林枣树生态气候监测资料，并结合适用技术和专项服务等的研究，对枣树主要物候期的三基点温度进行了研判指出，当春季日均温达 13～15℃时，枣树开始芽开放（芽膨大期）；日均温在 17℃以上时，枣树开始抽枝展叶和花芽分化；日均温在 19℃以上时开始现蕾；日均温 20℃时开始进入始花期，日均温 22～25℃进入盛花期；低于 20℃或高于 38℃则开花率显著降低；幼果膨大期最适温度 25～30℃，温度太高或太低则果实发育不良；果实成熟期的最适温度为 15～24℃，昼夜温差在 12℃以上时，糖分积累多，甜度高、色泽佳、品质好。

100 乐陵金丝小枣的重要物候和特殊管理期

苏振甲（2016）结合对山东乐陵金丝小枣的生产调查，阐述了乐陵金丝小枣的重要物候和特殊管理期，分别为出芽期—展叶期、开花期、开甲期和果实发育期—成熟期。

（1）出芽期—展叶期。山东乐陵市 4 月中旬，日平均气温稳定通过13℃，金丝小枣树芽开始萌动，到 5 月上旬日平均气温可达 17℃以上，金丝小枣树开始展叶生长，5 月上旬至 6 月上旬日平均气温达 20℃左右，枣树进入旺长期。

（2）开花期。乐陵市 5 月下旬至 6 月中旬，平均气温 25.5℃，最适宜枣树盛花期生长。

（3）开甲期。日平均气温稳定通过 24～25℃，是枣树开甲最佳期，对金丝小枣树每年的适期开甲是必须的农艺措施，开甲适期多数年份在 6 月5 日前后。

（4）果实发育期—成熟期。9 月中旬至 10 月上旬，是乐陵金丝小枣质量和产量形成的关键期，此期乐陵历年日平均气温 19.7℃，气温日较差达 11.4℃，历年光照 8 h 以上的保证率在 72 % 以上，有利于小枣的糖分积累。

　　郭裕新等（2010）阐述，枣树花朵坐果适应温度的低限因品种不同而异，按适应的温度低限划分，枣树品种大致可分为广温型、普通型和高温型 3 种类型。其中广温型品种适应的温度范围较宽，花朵坐果的下限温度为日均温 21℃左右，但高温天气也能很好坐果；普通型在枣品种中占大多数，开花坐果的下限温度为日均温 23℃左右，也能适应高温天气；高温型品种花朵坐果的下限温度为日均温 24～25℃，由于要求温度较高，初花期和盛花前期开放的花朵因气温较低而很少坐果，进入盛花中期气温升高后开放的花朵才大量坐果。目前已知的高温型品种有婆枣、大马牙、小马牙、亚腰长红、短枝长红、灰枣、灵宝大枣、义乌大枣、赞皇大枣、鲁北冬枣。

金丝小枣重要物候期（山东乐陵，2018—2019 年）

注：萌芽期（上左）；展叶期（上中）；现蕾期（上右）；开花坐果期（下左）；枣果成熟期（下右）。

101 应用综合技术提高枣树坐果率

枣树是多花树种，花量大、花期长，开花期对营养消耗大，导致落花落果严重，自然坐果率极低，仅为 1 %～2 %。如果技术措施不到位，很容易出现只开花不结果或结果稀少的现象（沈吉祥等，2015；米热古力·外力，2016）。山东、河北的金丝小枣产区，自然坐果率仅为开花数的 0.42 %～1.6 %，南京的鸭枣品种坐果率仅 1.2 %，而河北婆枣的自然坐果率相对较高（郭裕新等，2010）。

枣树落花落果的原因，其一，树体遗传特性，本身为多花树种；其二，储备营养和营养供应的矛盾突出；其三，外界环境条件不适宜加剧落花落果。

应用综合技术提高枣树坐果率，使得坐果率达到一个适宜水平，是当前生产中重要的农艺技术。主要包括以下几方面。

（1）加强土肥水管理，增强树体营养。肥水管理虽然是最基础的管理，实际上是最重要的管理。枣树开花结果需要消耗大量营养，必须加强肥水管理。特别是注重秋季施肥，这样可以保证在树体落叶前有充分养分积累，避免花期由于养分不足造成大量落花落果。

（2）适期合理环状剥皮（简称环割或开甲），截流有机营养。环剥对提高枣树坐果率也有明显作用，在山东金丝小枣产区普遍采用。枣树最佳的环剥期为日平均气温 24～25℃，山东德州地区金丝小枣盛花期一般在 6 月上中旬，当大部分结果枝已开花 5～8 朵，正值花质最好的"头蓬花"盛开之际进行环割（朱学亮等，2015）。贺建强（2017）指出，河北在冬枣盛花期进行环剥，可以提高坐果率 10 %～25 %，必须在花开 30 %～50 % 时进行，过早、过晚都会影响环剥效果。首次环剥位置在主干距离地面 30 cm 处，以后逐年往上扩展。主干环剥一般在 8～9 龄以上的树体上进行，环剥应选择在晴天进行，并且环剥后 48 h 内降水易引起伤口病害。环剥后用纸包裹环剥口防病虫侵害，但是不宜用透明胶带缠绕，因为胶带上的黏合剂对伤口有化学侵蚀作用。山东乐陵在成年金丝小枣树上，一般每年都进行环剥，环剥宽度通常在 0.8～1 cm，宽度上限以当年能良好愈合为度。

对花期坐果容易、而花后幼果落果严重的品种（如圆铃大枣品种群），环剥最适宜的时间在盛花期末到幼果落果高峰期之间。山东果树所的试验表明，圆铃大枣品种群如果在盛花期环剥，往往会坐果过多，加重花后落果，起不到防治落果的作用（郭裕新等，2010）。

（3）花期枣园放蜂，增强授粉受精效果。枣树是典型的蜂媒花，蜜蜂能为枣树传播花粉，使枣花充分授粉，从而较大幅度地提高坐果率。放蜂量以每亩枣园放置 1 箱蜜蜂为宜。张东霞（2017）进行了冬枣蜜蜂授粉与绿色防控技术集成应用及效果分析；结果表明，与常规花期喷洒赤霉素相比，通过蜜蜂授粉畸形果率降低了 57.14%；幼果纵径、纵向周长、单果质量，分别增加 2.25 mm、6.72 mm 和 1.43 g。同时通过蜜蜂授粉可有效改善枣果品质，提高商品率 7.1%。

（4）喷施植物生长调节剂。枣树花期喷生长调节剂促进坐果率，以喷施赤霉素效果最明显。许玲玲等（2017）对灵武长枣花期采用喷施赤霉素（20 mg·L^{-1}）、三六氨基酸叶面肥（400 倍液）、硼砂（0.5%）+ 蔗糖（0.5%）、硼砂（0.5%）+ 食用红糖（0.5%）进行处理，测定灵武长枣坐果率、叶绿素、有机酸、维生素 C、可溶性糖和可溶性固形物等的含量；结果表明，喷施赤霉素（20 mg·L^{-1}）、三六氨基酸叶面肥 400 倍液，坐果率分别是对照的 4 倍和 3.1 倍，叶绿素含量是对照的 4.6 倍和 2.4 倍。

应用综合技术提高枣树坐果率

注：科学肥水管理（上左）；适时适度开甲（也叫环割或环剥）（上中、上右）；
花期喷施的赤霉酸（下左）；花期放蜂（下右）。

朱学亮等（2015）指出，赤霉素使用方法为花期每隔 5～7 天喷施

1 次 10～20 mg·L^{-1}，共喷 2～3 次，可有效提高坐果率，增大果个，提高产量。喷施时间在枣树盛花初期，即 40% 枣花开放时喷施最好。但是也有资料指出，因枣吊基部的花芽质量差，一般不用其坐果，所以等基部花脱落时喷施赤霉素最好，这样所挂枣果主要集中在枣吊最具优势的中部。所以，有老百姓总结到"落花喷激素，枣子坐满树"，指的就是基部花脱落时喷施赤霉素最好。至于喷洒赤霉素的次数，一般来说，只要按照正确的配量，选择正规厂商的产品，使用 1 次就行。但是由于枣花的授粉受精需要适宜的温度，28℃温度下花粉管萌发最适宜，如果喷施赤霉素后一周左右出现 25℃ 以下的持续较低温度，就需要再喷 1 次。枣树花期生产上较常用的赤霉酸，是有效成分含量为 3% 的乳油剂型。

102 枣树木质化枣吊的形成和特点

枣树的结果枝（枣吊）有 3 种类型，即非木质化枣吊（脱落性枝）、半木质化枣吊和木质化枣吊（非脱落性枝）。我国主要产枣区在常规栽培生产条件下，以非木质化枣吊结果为主。

枣吊是枣的结果枝，长度一般为 10～25 cm，秋末自动脱落，故叫脱落性枝。正常脱落性枣吊挂果率低，所结果实也较小。

木质化枣吊是由于冬季重剪、夏季摘心萌生的超长结果枝，其生长结果特点是生长粗壮，长度为一般非木质化枣吊的 2～3 倍，节数多 1 倍，开花期长，坐果多，果实大，抗裂果性也相对较好。新疆光热资源丰富，南疆不少枣园采用了木质化枣吊培养技术，果实产量高，品质好，效益高。

培养木质化枣吊的大致方法是，对于直播建园的密植枣园，于嫁接第 2 年培养木质化枣吊，冬季修剪时在树高 50～60 cm 定高修剪，剪口下均匀留 3～4 个不同方向的二次枝，留 2 节短剪，余下的二次枝全部疏除，来年春季在所留的 3～4 个二次枝上萌发健壮的枣头，待枣头伸长至 8～10 cm 时，于 5～6 cm 处重摘心，可刺激短二次枝上萌发健壮木质化枣吊。在主干上直接着生结果单位，杜绝无效营养消耗，进而营养直接而全部用于产量和质量。冬季修剪时去除上年所用木质化枣吊，来年春季在二次枝上形成的枣股重新萌发枣头，通过枣头重摘心培养新木质化枣吊，始终保持良好的生产状态。

李敏等（2018）在辽宁朝阳县的平顶枣枣树上，试验了木质化枣吊生产技术，取得了较好的结果；方法 1，骨干枝重剪；于当年 4 月底对多年生骨干枝进行重回缩，离地面 1.2～1.5 m 重剪，对于枣头部分，一般留基部 2～3 节重剪；骨干枝上一般不留二次枝，以便发生较多枣头；方法 2，诱发枣头控制枣头数量；枣头有极强的生长优势，是生长木质化枣吊的基本部位；由于重剪后地上部与根系造成不平衡，故从隐芽、不定芽或瘪芽部前发出枣头来；每株树上留多少枣头要根据树龄和树冠大小而定；枣头不是一下子就萌发出来，是陆续抽生，所以，要随时掰除过多枣头萌芽，这项工不能忽略；方法 3，枣头和二次枝摘心；这项工作极为关键，如果任其自然生长，是不会诱发出木质化枣吊的，枣头长到 7～8 节时，摘心到 4～5 节；当二次枝长出 5～6 节时，对二次枝进行摘心；方法 4，抽生枣吊；从二次枝节位上抽生木质化枣吊，其长势较强；方法 5，木质化枣吊开花、坐果管理；在辽宁朝阳，木质化枣吊开花是从 6 月中旬一直延续到 8 月上旬，开花期应喷洒赤霉素，以提高坐果率，但最重要的是 6 月下旬在主干或主枝上进行环剥，这是众多枣品种提高坐果率最灵的一招。

张明洁等（2017）报道，许多枣品种不仅在脱落性枣吊上开花坐果，枣吊也呈现木质化现象。例如甘肃兰州的梨枣、大王枣、骏枣等品种，有木质化枣吊结果现象。与脱落性枣吊不同，木质化枣吊一般源于当年生枣头最下端的 2 个隐芽，是当年枣头经过修剪或摘心刺激后，在其副芽上抽生或在新形成的二次枝上抽生。木质化枣吊结果习性与脱落性枣吊结果习性主要有几点不同，其一，花期上的差异；脱落性枣吊花期 65 天，比木质化枣吊早 10 天左右；木质化枣吊花期则长达 80 多天，比脱落性枣吊晚 20 天左右；其二，在花的数量及花蕾大小上有差异；脱落性枣吊花量少，花蕾小。木质化枣吊的花量多，花蕾大而饱满，其单吊着花量是脱落性枣吊的 2.5 倍。脱落性枣吊平均每个花序有花 4 朵，木质化枣吊上平均每个花序有花 7 朵；其三，坐果率差异显著；脱落性枣吊坐果率为 8.3 %，而木质化枣吊坐果率为 10 %；其四，成果率差异；脱落性枣吊为 20 %，而木质化枣吊高达 42 %。就整个植株看，木质化枣吊仅占全树枣吊的 15 %～20 %，但结果量却占全树的 60 %～70 %。

通过在山东乐陵进行修剪试验和品种试验圃观察发现，冬季重剪后的金丝小枣、婆枣和金丝 4 号等品种，也可形成木质化或半木质化枣吊，这种枣吊挂果数明显增加，果实质量也有所提高。

木质化枣吊挂果，产量和质量显著提高，便于采摘管理（新疆阿拉尔，2013 年）

103 枣树主要病虫害及其发生规律和防治原则

据调查统计，我国枣园病虫害种类高达 100 多种（曲泽洲等，1993），但大面积成灾的只有十几种。在大枣主产区，危害枣树的害虫主要有桃小食心虫、红蜘蛛、枣黏虫、枣尺蠖、盲蝽、枣瘿蚊、枣芽象甲、叶蝉等，其中防治难度最大、危害最严重的有桃小食心虫、盲蝽、枣瘿蚊、红蜘蛛、叶蝉和灰暗斑螟幼虫。炭疽病、褐斑病、枣锈病等是最主要的枣树病害。

初泽星（2016）在对国内枣树主栽区主要病虫害种类进行调查研究的基础上指出，枣树病虫害的发生常带有一定的区域性和季节性。比如黄河滩涂地区易发生桃小食心虫危害，丘陵山地易发生枣疯病，滨海盐碱地枣区易发生枝干腐烂病等。枣树病虫害的发生与季节、枣树物候期有直接关系，如食心虫危害从枣果发育至成熟的全过程；绿盲蝽发生危害则在芽、叶、花蕾、花、幼果及枣果生长发育的全过程；枣瘿蚊的危害则是在萌芽期；枣锈病一般在 7 月上旬至 8 月；枣炭疽病、轮纹病、褐斑病，一般是在枣果成熟前发生比较严重。枣炭疽病和褐斑病的症状有所不同，炭疽病的病斑是黑色轮纹状，一圈一圈的小黑点排列得很整齐，而褐斑病的病斑没有轮纹，是一整片的黑斑。炭疽病的防治用药采用咪鲜胺效果不错，而褐斑病的防治则用甲基硫菌灵或者嘧菌酯类的农药。

气候和气象因素对枣树病虫害的发生有密切关系。通常天气干旱年份虫害危害较重，在降水比较多的年份病害发生严重。在枣区 7—8 月阴雨连绵，空气相对湿度达 75 % 以上、温度达到 30℃以上时，枣锈病发生重，干旱年份发生轻或不发生；盲蝽越冬虫卵在降水后温度达 10℃以上开始卵化，夏季阴雨过后，局部湿度大、气温在 30℃以下，易造成大发生；夏季气温偏高且干旱，易引起红蜘蛛大爆发。

枣树病虫害应科学综合防治

注：绿盲蝽危害（左）；桃小食心虫危害（中）；枣炭疽病（右）。

枣树病虫害的防治，应按照"及早入手，预防为主"的原则，以农业和生物防治措施为主，化学防治措施为辅，统筹考虑不同病虫发生危害特点，集成经济、实用、简便的全程病虫综合防控操作规程，确保在有效防治病虫害的前提下，生产出安全健康的果品。

104 枣锈病及其防治

枣锈病病原是由担子菌锈菌纲锈菌目层锈菌科层锈菌属的枣层锈菌［*Phakopsora*，*Zizyphi-vulgaris*（P. Henn）Diet］引起的，北方枣区也称枣雾，是枣树的重要病害之一。

郭有军等（2016）指出，枣锈病一般仅危害叶片，严重时也发生在果上。发病初期，在受害叶片的背面散生或聚生淡绿色小点，逐渐生长变成凸起的黄褐色小苞，大多发生在叶脉两侧及叶尖和叶基，严重时扩散到全叶。成熟后表皮破裂散出黄粉，即为夏孢子。在叶正面与夏孢子堆相对应处，出现边缘不规则的灰色小点，后为黄褐色角状枯斑，严重时会出现在果面和枣吊上。病叶叶面呈花叶状，逐渐失去光泽，最后干枯早落。幼果不红即落，一部分虽然在树上可以变红，但是单果质量小，含糖量低，失去食用价值。一般 8 月下旬至 9 月上旬为枣锈病发病盛期，此时病叶大量脱落，病害可延续到 10 月枣树落叶前。病树早期落叶后会出现二次发芽，影响来年产量。

在河南新郑枣区，枣锈病 8 月中旬进入发病高峰期，8 月底开始落叶，9 月上旬为落叶落果高峰期，但是发病轻重与 7—8 月的降水量密切相关（高新一等，1993）。

枣锈病的流行与降水息息相关，地势低洼，枣树林郁闭度大，树冠下间作玉米、高粱等高秆作物的发病重；反之，地势高干燥，枣树散生，行间通风良好、间作作物低矮或没有间作的枣林发病轻，树冠下部开始发病逐渐向上发展，冠中比四周发病重。不同品种的抗病性不同，赞皇大枣较抗病，沧州金丝小枣抗病性居中（肖勇，2015）。

枣锈病必须采取综合防治，才能把病害造成的损失降低到最低程度。主要途径包括进行病情测报；合理田间管理增强树势；合理修剪提高通风透光条件；落叶后至发芽前，彻底清扫枣园内落叶，集中烧毁或深翻掩埋土中，消灭初侵染来源。化学药剂防治仍是不可缺少的重要手段，结合测报和降水情况，通常在 7 月上旬至 8 月底，病叶率达 0.1 % 左右时开始喷药保护，以后根据降水情况决定喷药次数。一般 10～15 天喷 1 次，连喷 3～4 次。常用药剂有 1∶2∶200 波尔多液（应现配现用）、25 % 粉锈宁（也叫三唑酮）、70 % 甲基硫菌灵等（肖勇，2015）。枣锈病关键是要进行包括保护性喷药在内的综合性预防。

105 枣浆烂果病及其防治

枣浆烂果病是我国枣区的一种重要病害，河南、河北、山西、北京、陕西等地均有发生。有研究指出，金丝小枣浆烂病是由仁果囊孢壳菌［*Physalospora obtuse*（Schw.）Cooke］引起（张立震等，2007）。

许文西（2013）研究指出，裂果与浆烂果虽然原因不同，但往往总是交织在一起显现，裂果重的年份往往浆烂也重。红枣浆烂果多发生在采前和采后。采前浆烂一般在白熟期至完熟期出现，采后浆烂在采收、晾晒、贮藏过程中都有可能发生。采前裂果、浆烂发生严重的枣园，往往在采后晾晒时表现也重，反之则轻。

李晓青（2014）总结指出，浆烂果病主要危害枣果，引起果实腐烂和提早脱落，一般在每年 8—9 月枣果白熟期大量发病。前期受害的枣果，先在肩部出现浅黄色不规则变色斑，边缘较清晰，以后病斑逐渐扩大，病部稍凹陷或皱褶，颜色也随之变成红褐色，最后整个病果呈黑褐色，失去光泽。病部果肉为浅土黄色斑块，严重时大片果肉甚至全部果肉变为褐色，最后呈灰黑色至黑色。染病组织松软，呈海绵状坏死，味苦。9月受害果果面出现褐色斑点，逐渐扩大成椭圆形病斑，果肉软腐，严重时全果软腐。

枣浆烂病的发病早晚与轻重，和当年的降水次数与枣园空气的相对湿度密切相关。8月中旬至9月上旬连续阴雨天气较多时，病害就可能会大暴发。树势较弱的枣树，发病早且重。枣树行间种植矮秆作物的，通风透光好，湿度小，发病轻。因盲蝽、桃小食心虫危害造成的伤口，有利于病原菌侵入，发病也重。

李晓军等（2004）通过几种药剂防治金丝小枣和鲁北冬枣浆烂病，田间药效比较试验认为，50％轮纹宁可湿性粉剂400～600倍液、80％大生 M-45 可湿性粉剂400～500倍液、50％多菌灵可湿性粉剂600倍液、50％扑海因可湿性粉剂1 500倍液，对枣果浆烂病具有较好防效。

防治枣浆烂果病，必须采取综合措施，及时清除落地浆烂果并深埋。结合修剪，剪除枯枝和病虫枝，集中处理，减少病原基数；合理间作，增施有机肥，改善枣树林间通风透光条件，以增强树势，提高抗病能力；发芽前15天，喷1次40％福美砷可湿性粉剂100倍液，能杀灭树体上越冬的病原菌。对老病株和重病区枣园，于6月下旬开始喷药保护，每15天左右喷药1次，共喷3～4次，还可选择50％退菌特可湿性粉剂600～800倍液喷施。将上述药剂与波尔多液交替使用，兼治枣锈病。8月中旬后，再连喷3～4次内吸性杀菌剂。凡后期烂果的枣果，90％存有裂隙或虫孔。因此，预防后期红枣裂果，是防治后期浆烂果的重要技术措施。

多雨年份红枣浆烂果实发生严重（圆铃大枣）

106 影响金丝小枣浆烂果的主要因素及防治途径

近年来金丝小枣浆烂果病害发生有逐年加重的趋势，已经成为制约金丝小枣产业发展的瓶颈。贾丽（2016）研究指出，影响金丝小枣浆烂果病发生的主要因素，包括天气因素、品种因素、立地条件、修剪方法及树形、施肥种类、施肥方法以及病虫害防治等多个方面。

金丝小枣着色成熟期，也是影响其质量和产量的关键期，这段时间降水量越大、降水次数越多、连阴雨天数越长，金丝小枣浆烂果病发病率越高，尤其是连续阴雨天气，是金丝小枣浆烂果病暴发流行的重要因素。浆烂果发病率与金丝小枣品种也有关系密切。在相同的立地条件、管理水平和气候条件下，不同品系的金丝小枣对浆烂果病的抗性不同。

黄素芳等（2013）以普通金丝小枣（CK）、金丝新 1 号、金丝新 2 号、金丝圆丰、金丝长丰和沧无 3 号 6 个金丝小枣品种为试验材料，分别于 8 月上旬、8 月下旬和 9 月中旬（发病盛期），调查了不同品种金丝小枣的浆烂病发病率；结果表明，3 个调查时期 5 个试验枣树品种的浆烂病发病率，均显著小于对照品种普通金丝小枣，其中金丝圆丰、沧无 3 号和金丝长丰 3 个品种的抗浆烂病能力相对最强，普通金丝小枣对浆烂病的抗性最差。李志欣等（2008）研究表明，金丝圆丰成熟早，能较好地避开秋雨，并对浆烂果病和裂果病的抗性较强。单公华等（2011）、代丽等（2011）研究指出，果皮较厚的金丝小枣如鲁枣 4 号、雨帅、金丝 4 号等，抗病虫害能力强，裂果率低，浆烂果病发生轻。陈凤霞（2018）研究指出，不同品种金丝小枣的浆烂果病发病率显著不同，无核金丝、曙光 5、曙光 6 抗浆烂果病能力很强。金丝小枣 8 月中旬以前基本不感染浆烂果病，8 月中旬后随降水量增大，烂果骤增。所以在金丝小枣果实浆烂前采鲜果出售，是减少损失的有效举措。

浆烂果病发生程度与枣园立地条件密切相关。一般来说，采取自然生草覆草或间作低矮作物、土壤疏松、排水良好的枣园，病害发生程度轻；地势低洼，土壤板结严重、排水困难、清耕栽培的枣园，发病较重；阳坡地比阴坡地浆烂果少。

修剪方法、树形、施肥也会影响浆烂果病的发生，其中开心形树形烂果最少，疏散分层形次之，自然圆头形发病最重；一般来说，氮肥施用过多，容易引起金丝小枣营养生长加快，枝条徒长，发病率高；日灼、药害、机械伤、裂果等，均容易造成伤口，降低枣果抗性，成为病菌侵入的通道，特别是遇雨更容易导致病菌传播；树势衰弱、树体抗病能力差，也会加重浆烂果病的发生。

防治枣浆烂果病的主要途径包括避雨栽培；选用抗病性好的品种；加强土壤管理，改善土壤理化性状，科学施肥，合理喷洒农药；加强整形修剪；做好枣园清洁，减少初侵染源。

107 枣品种及果实形状与抗裂果特性

枣裂果病属于生理性病害，在我国南北方枣区均有发生，在枣果实接近成熟、阴雨天多时，病害发生严重。

枣裂果主要是枣成熟期含糖量增高，果皮弹性降低，由韧变脆，阴雨天过多地吸收水分后使果肉膨压加大，致使表皮破裂，其次日烧、日灼也会造成裂果。刘红兵等（2010）指出，在枣果成熟期，果体组织内部生物大分子发生水解，可溶性物质增多，致使果实组织、细胞水势降低，果体组织吸水能力与果体组织生长势增强，当果体组织短时间吸水突发性体积增大造成挤压时，在其生长发育的薄弱处，首先突破果皮，致使裂果现象发生。简言之，裂果现象发生是由于果实成熟期果皮组织停止生长、果皮组织柔韧性减弱、张力增强等所致。

刘和等（2010）通过清水浸泡裂果试验将供试的 30 个枣品种分成了3 类，其一，相对抗裂的品种包括山东梨枣、相枣、胎里红、核桃纹、泡泡枣、沾化冬枣、中宁小枣；其二，较抗裂品种包括襄汾圆枣、成武冬枣、河北脆枣、芒果冬枣、晋枣、疙瘩枣、陕抗 1 号、陕抗 2 号；其三，易裂品种包括太谷黑叶枣、郎枣、郎枣 1 号、灰枣、保德小枣、赞皇大枣、赞皇特大枣、骏枣、金丝新 3 号、庆云小梨枣、太谷端子枣、壶瓶枣、平遥不落酥、平陆屯屯枣。赵爱玲等（2013）研究表明，田间调查鉴定应在果实脆熟期进行，清水诱裂鉴定以半红的果实清水浸泡 48 h 后统计结果。采用田间调查，结合清水诱裂，对 24 个品种的抗裂果性进行了鉴定，筛选出了稷山板枣、内黄扁核酸、运城相枣、滕州长红枣等抗裂品种。苑赞等（2013）通过连续 5 年对 169 个枣品种的果实裂果形式、裂果率、裂果程度等进行比较研究；结果表明，抗裂品种包括葫芦长红、官滩枣、河北龙须枣、茶壶枣、雪枣、尖枣、串铃枣、成武冬枣、中阳团枣、洪赵脆枣、棉絮枣、冷枣、晒枣、皖牛奶枣、南京大木枣和磨盘枣等。黑淑梅等（2016）研究表明，成熟度为半红期的 4 个供试验枣品种中，四不像枣最易裂果，裂果率和裂果指数最高，其次是金丝小枣，最后是骏枣和梨枣。洪波等（2016）采用室内浸果诱裂法比较了佳县长枣、狗头枣、赞皇枣、骏枣、壶瓶枣、金丝小枣、圆铃枣、晋枣、灵宝枣和木枣 10 个品种的裂果率；结果表明，不同品种之间的裂果率差异显著，骏枣裂果率最高为 93.3 %，圆铃枣裂果率最低为 26.7 %，佳县长枣和灵宝枣的裂果率也较低。

　　枣的裂果形式以纵裂为主，不同抗裂程度品种的果实结构差异明显，抗裂品种果皮的表皮层厚度均匀，细胞排列整齐紧密；随着抗裂果能力的下降，果实表皮层不均一程度加重，且细胞排列趋向散乱无序。抗裂果性与果肉细胞致密程度无直接关系（苑赞等，2013）。相关分析发现裂果与果实横径和果形指数显著相关，细长果型的种质具有较好的抗裂性（陈武，2017）。

　　裂果率与吸水率之间有着正相关性，即枣果吸水率越大，越易裂果。郗鑫等（2016）研究指出，极易裂品种与易裂品种可溶性固形物含量均显著高于抗裂品种；抗裂品种比易裂品种果实硬度大，特别是表皮细胞和角质层细胞要厚，但赞皇大枣（三倍体品种）除外；不同枣果的果实形状、果形指数、果实的单果质量与裂果无明显相关。刘世鹏等（2017）以晋枣、赞皇枣、无名大枣为试验材料，通过制作石蜡切片，对枣果的上、中、下及其环腕部的解剖结构进行观察和测定，研究枣裂果性与果皮解剖结构的关系；结果表明，枣果皮结构上、中、下各部差异性显著；枣果皮解剖结构与裂果性密切相关，蜡层厚度、表皮层数、亚表皮层数、亚表皮厚度与裂果指数间相关性不显著，角质层细胞密度、表皮厚度以及环腕部表皮厚度与裂果指数间存在负相关关系。

　　综观上述，不同枣品种之间抗裂性差异显著，通常鲜食品种裂果大于制干品种；早熟品种大于晚熟品种；脆枣大于木枣；树龄大的老树所结果实大于幼树所结果实。从外部特征和性状看，一般是果皮薄的品种大于果皮厚的品种，横径大的品种大于细长的品种。

金丝小枣是极易裂果的枣品种

108 生产中如何尽力避免枣发生裂果

枣果裂果直接影响产量和品质，生产中必须采取综合措施尽力减免，主要措施有以下几方面。

（1）综合考虑，栽培抗裂果品种。如曙光 5 号、曙光 7 号，是从河北沧州金丝小枣资源中选育出的抗裂果枣新品种，2015 年 12 月通过河北省林木品种审定委员会新品种审定。柳林木枣、水枣、束鹿婆枣、连县木枣、湖南康头枣、小算盘枣等，抗裂果性较好，但是抗裂性强的品种通常综合品质较差（崔丽贤等，2017）。

（2）果园避雨栽培。平地建园时可以设计避雨栽培，有条件的还可以进行设施栽培，特别是栽培经济价值较高品质好的鲜食品种。陕西大荔县设施栽培冬枣，就是很成功的范例；石建朝等（2017）报道了简易避雨棚栽培对赞皇大枣裂果及品质的影响；结果表明，采用简易避雨棚栽培比露地栽培的枣裂果且浆烂率降低 30 % 以上，平均单果重、氨基酸、蛋白质、维生素 C、可溶性总糖含量增加，提高了赞皇大枣品质，枣的售价提高，经济效益也得到了提高。韩志强（2015）以中秋酥脆枣为试验材料，研究指出，南方鲜食枣避雨栽培较露地栽培裂果率降低 57.6 %，坐果率、产量分别提高 121 %、88.9 %。避雨栽培果实总酸、维生素 C、总糖、可溶性固形物、还原糖、可溶性糖的含量分别为 0.34 %、302.8 mg·100 g^{-1}、17.86 %、26.5 %、2.32 %、8.1 %，而露地栽培果实各相应指标依次为 0.32 %、262.5 mg·100 g^{-1}、21.5 %、27.5 %、1.71 %、5.56 %，果实综合品质评价说明避雨栽培果实综合品质高于露地栽培。由此可知，避雨栽培与露地栽培相比，裂果率明显降低，坐果率、产量、果实综合品质明显提高。

近年来，陕西大荔积极发展设施栽培冬枣，可减免因降水引起的冬枣裂果，山西太谷区在壶瓶枣栽培中也发展了许多塑料小拱棚进行避雨栽培，乐陵朱集镇示范智慧大棚生产金丝小枣，均获得了良好的效益和示范作用。

（3）加强果园综合管理，增强树势。果园覆草，地膜覆盖树盘，合理修剪，改善枣园的通风透光性，降低果园湿度；雨季注意排放枣园中的积水；叶面补钙或喷施营养液肥；激素调控提前或推后枣果成熟期等，均可在一定程度上减轻裂果。胡亚岚等（2013）研究指出，"防裂1号"和有机钙及有机硼组合使用，能显著降低婆枣裂果率，并且有一定的增产作用。但是如遇到采收期间连阴雨，露地栽培的枣园，枣果裂果很难避免，严重时甚至绝收。

产地避雨栽培模式

注：山东乐陵（左、中）；山西太谷（右）。

109 枣疯病发病原因及其防治

枣疯病（Jujube witches' broom，JWB）是枣树生产上的一种具有毁灭性的侵染性病害，目前还没有良法和良药可以根治。该病几乎分布于国内所有的枣树栽培区，近年来，由于枣果价格下滑，果农管理枣园精细程度下降，病虫害滋生较重，枣疯病发病呈逐年明显上升趋势。

枣树发病后表现为正常的生理代谢紊乱，内源激素平衡失调，叶片常常黄化，小枝丛生，花器返祖，果实畸形。枣疯病病株根部症状表现为根瘤，根蘗苗即表现为丛枝状，有的当年表现不明显，在第 2 年萌芽时即表现为丛枝。笔者初步观察发现，在山东乐陵某管理粗放的枣园，金丝小枣、圆铃大枣、冬枣病株表现症状时，多数先在根蘗上显现丛枝状，然后出现在个别枝条上，1～2 年就波及全树，在同一栽植园内，金丝小枣最易感病，冬枣也容易染病，而圆铃大枣和长红枣抗病性相对较强。

枣疯病发病树叶片有 2 种表现：一种为小叶型，枝叶丛生、纤细、小叶黄化；另一种为花叶型，叶片凹凸不平，呈不规则的块状，黄绿不均，叶色较淡，这 2 种叶多出现在新生的枣头上；花器症状表现为花柄伸长变为小枝，花萼、花瓣、雄蕊变成枝，顶端长 1～3 片小叶；果实症状表现为落果严重，保留下来的果实畸形，果实疣状突起，着色不匀，果肉质地松软。

王祈楷等（1981）通过系统比较研究，确认感染枣疯病是唯一病原类菌原体（MLO）所引起，而非病毒或病毒与 MLO 复合感染。1994 年在法国波尔多召开的第十届国际菌原体组织大会上，把类菌原体改称为植原体（Phytoplasma），同时确认枣疯病的病原物与桑萎缩病病原是同原物或同种（田国忠等，1998）。

程丽芬等（1995）指出，枣疯病发病过程从外观症状上看，可归纳为以下自然演变程序：健叶（无异样表现）→花叶→皱缩叶→变态花蕾→花变叶→丛枝。根据自然演变程序可划分为 5 个病变期，叶变期，叶片出现花叶与皱缩；花变期，花蕾变态与花变叶；枝变期，树冠出现个别疯枝；疯树期，病枝布满全树；衰亡期，树冠局部枯死至全部枯死。

刘孟军等（2006）在多年调查研究基础上，根据病原症状表现和病情的可控程度等，提出 5 个水平的病情指标体系，大致为 I 级疯树，树上仅有 1～2 个小病枝，其他枝条外观正常；II 级疯树，病枝占总枝量的1/3 以下，其他枝条外观正常；III 级疯树，全树出现疯枝的比例超过总枝量的 1/3，但不足 2/3，其他枝条外观正常；IV 级疯树，病枝占总枝量的 2/3 以上，但树上尚有健枝；V 级疯树，树上基本没有健枝，树势极度衰弱。

枣疯病在自然条件下传播，只有通过传播媒介昆虫一种方式（潘青华，2002）。我国北方自然媒介主要是叶蝉（如凹缘菱纹叶蝉、中华拟菱纹叶蝉等）。

枣疯病可通过人工嫁接（包括枝接、芽接、皮接）传播，病枝嫁接后，发病期随嫁接时期、管理措施、土壤条件和品种等不同而有所不同，病砧嫁接健枝的发病率要远高于健砧嫁接病枝；病株的根蘖苗可以带病原而传染。

任国兰等（1993）研究指出，枣疯病病情与距离侧柏林远近、间作物种类、树龄大小及品种等有关，枣树距离侧柏近发病重；与小麦和玉米间作的枣树发病比与花生、红薯、芝麻间作的发病重；20年以下树龄的比100年树龄的发病重；灰枣、扁核酸为感病品种，灵宝枣和九月青抗病，鸡心枣、广洋枣介于中间。温秀军等（2001）测定了6个枣树品种和1个酸枣品种对枣疯病的抗性；结果表明，壶瓶枣和蛤蟆枣对枣疯病具有高度抗性，而砘子枣、婆枣易感枣疯病。赵京芬等（2011）采用已感染枣疯病的枣树作砧木嫁接健康休眠接穗的方式，对北京丰台区8个主栽枣品种进行了抗病性鉴定，并应用DAPI荧光显微方法和PCR方法对接穗进行了枣疯病植原体检测；结果表明，8个供试品种均能被感染，并表现丛枝症状，对枣疯病植原体均无免疫性，其中金芒果枣和冬枣为易感病品种，氽氽枣和京枣39为相对抗性品种。刘加云等（2018）报道，昌云是在枣疯病发生严重的枣园中发现的抗枣疯病新品种，嫁接在已经发生枣疯病的树上，嫁接口以上仍然能正常生长，也能结果，但是果实小，品质差。刘孟军等（2006）研究指出，星光是从骏枣变异单株中系统选育出的高抗枣疯病新品种，在太行山枣疯病重发区，将其高接到病树上能正常生长结果。北京市质量技术监督局（2015）发布的《枣疯病综合防治技术规程》中指出，对枣疯病抗病和耐病品种包括星光、黑腰子枣、唐星、阜星、氽氽枣、葫芦枣、骏枣、壶瓶枣、洪赵小枣、月光等品种；易感品种有梨枣、冬枣、泡泡红枣、金丝小枣、赞皇大枣。

在乐陵等地观察发现，冬枣树染上枣疯病后，整株树枝条几乎在1年之内全部发病，症状呈现"爆发式"显现；在立地条件基本一致的枣园内，金丝小枣的发病率远远高于圆铃大枣和长红枣；马牙枣表现出对枣疯病良好的抗性；枣疯病树疯枝上的病叶，进入冬季时也不易脱落，往往枯死在病枝上；有些枣树枝干上并未显现丛枝时，其根蘖苗已全部出现症状。

目前，对枣疯病的高效防治尚在研究和探索，生产中主要防治经验和技术主要包括：其一，刨除病株，彻底刨除病株是快速大幅度消灭初侵染源，防止枣疯病蔓延行之有效的方法；其二，防治传病昆虫，叶蝉是传播病原的主要害虫，常用药剂有 10 % 氯氰菊酯；从生产实践来看，平原枣区枣树比较集中，植被较单一，通过防治传病昆虫防治枣疯病较为可行；而山区枣园，枣树比较分散且周围植被复杂，大规模防治枣疯病媒介昆虫难度很大；其三，使用"脱毒"枣树苗，从源头解决问题。

申仲妹等（2018）采用 19 种药剂通过树干滴注药液的方式，对患病枣树进行防治试验；结果表明，经过药物处理且能使患病枣树正常结果的药剂有 2 种，分别是祛疯灵和土霉素。

"祛疯 1 号"和"祛疯 2 号"是由河北农业大学中国枣研究中心刘孟军教授等研究人员研制的治疗枣疯病的药物，为一种治疗枣疯病的复配药剂，对小于三级的枣疯病树的有效率为 100 %，治愈率 75 %。"祛疯 2 号"是在"祛疯 1 号"的基础上研发的，药剂组合为盐酸土霉素＋七水合硫酸镁＋一水合柠檬酸＋NAA＋GA_3（贺雍乾，2019）。也可以自行购买盐酸土霉素可溶性粉剂，按照有效成分 0.15 %～0.2 % 的浓度，加水准确配置成土霉素滴注液（1 L 溶液需要 10 % 的盐酸土霉素可溶性粉剂 15～20 g），根据树干直径粗细，每株树用药 1 000～2 000 mL，治疗对象为Ⅲ级以下疯树（含Ⅲ级）。在病树干上离地 20～30 cm 处，与树上的疯枝相对应的方位，用电钻或手钻在树干上钻孔径为 0.5 cm、向下与树干的夹角 45 度左右、深达木质部 2～3 cm 的施药孔 2～3 个。打孔时钻体要保持稳定、低速，孔径均匀且四壁不发生碳化（由于钻头转速高，造成高温形成碳化），慢速拔钻并用钻头带出木屑。避免在死亡木质部、树洞和裂缝处打孔。这种滴注药物的方法在生长期内均可进行，但以树体发芽前和秋季树液回流前进行效果明显。

输液治疗法的确有较好的效果，但是治好的病树还可能复发，因此，多次输液治疗效果较好。

枣疯病发病症状

注：花器返祖，花梗伸长（上左）；病株发病表现丛枝症状（上中）；整株树发病（上右）；
去除病枝或整株病树后，新萌发的丛枝症状（下左、中）；弃管的枣园枣疯病更易蔓延（下右）。

110 枣缩果病发生的主要原因及其防控

近年来，随着枣树年限的延长、栽培面积的不断扩大和综合管理水平
不到位，红枣缩果病发生面积不断增加，危害程度越来越严重，造成枣果
大面积脱落，减产严重。总体来讲，缩果病的果实呈现不同程度的皱缩状
态，外观形态和内部品质低下，极易脱落。所以发生缩果病的枣果基本没
有商品价值，属于残次果的范畴。

金丝小枣发生缩果病，表现为比正常果实提前上色 10～15 天，在树
体外围容易受到阳光直射的枣果更易出现缩果。金丝小枣、无核金丝小
枣、梨枣、圆铃大枣等品种，容易发生缩果病。

施肥少（底肥和追肥均少或基本不施肥的果园），生育期管理较差，
树势较弱时，缩果病的病果率就高。但是氮肥使用过多、营养不平衡、特
别是缺硼的情况下，缩果病发生也重；坐果多的年份或挂果多的枣树，缩
果病发生通常也高，这是由于负载量大，果实养分供应不足造成的。

硼的吸收利用也影响到枣缩果病的发生，一般高温干旱年份，硼不易被枣树根系吸收，也不易在树体内运行转移，造成果实缺硼，常加剧缩果病的发生。在温度基本相同的条件下，雨量多，发生轻；雨量少，发生重。枝条密集、枣果数量多的枣园，缩果病发生重于枝条分散、通风透光好的枣园；阳光直射空间的枣果，缩果病发生重于通风遮阴空间的枣果。

防控缩果病主要应采用农业综合措施。一是选栽抗病品种，可选用沾化冬枣、平枣、六月鲜等对缩果病不敏感的早熟品种。二是栽植行向，东西行栽植，避免炎热夏季 13：00—15：00 阳光直射，减少缩果病发生。三是栽培管理，合理负载量，抓好摘心和修剪，利于枣树通风透光，并注意在留梢上形成上下层，营造阴凉透光的小气候，减少阳光直射。6—8 月高温干旱时，依天气情况决定浇水次数，增加肥料的水溶性，减少肥料下沉，满足枣果生育对水的要求。同时增施各种有机肥，秋季或早春，株施硼肥 15 g，夏季追施磷酸二铵 1～2 kg。

枣缩果病造成大量脱落残次枣，严重影响产量与质量

111 枣树单株产量和亩产量通常多高

对于内地传统栽培模式，在中等水平的管理条件下，挂果和收获正常的年份，株产鲜枣一般为 20～40 kg，亩产鲜枣可达 1 000 kg。

在精细管理条件下，株产鲜枣一般为 60～100 kg，亩产量可以超过 1 500 kg，折合干枣 700 kg 左右。

《中国枣产业》（李新岗，2015）中描述，新疆阿克苏地区示范园对骏枣、灰枣和七月鲜 3 个枣品种采用宽行密植栽培，平均亩产干枣分别为 703 kg、524 kg 和 834 kg；若羌灰枣示范园，株行距（2×4）m，每亩 84 株，株高 3～4 m，平均亩产干枣 800～1 000 kg，最高亩产干枣1 200 kg。据期货日报（2019 年 12 月）报道，2019 年新疆阿克苏和阿拉尔平均亩产干枣 800 kg，麦盖提和图木舒克平均亩产干枣 500 kg，若羌平均亩产干枣 450 kg。

据资料报道，制干枣品种的制干率一般在 45 %～50 %。

112 何为"皮皮枣""油头"和"干条"

在红枣分级时，业内人士将有些"外强中干"、肉和皮连在一起的等外枣称为"皮皮枣"。"皮皮枣"是指个头不小，但是肉质少，表面褶皱又深又多，捏起来软而无物，好像一层皮包着枣核，不像正常枣有枣肉的弹性。

有资料显示，枣树在栽培管理过程中，如使用生长调节剂太多（主要是赤霉素），会导致生产的枣果干物质含量下降，单果重下降，干制烘干时间延长，"皮皮枣"增多。所以，买枣时要先看形状再品味道。

一些销售皮皮枣的商家是这样描述皮皮枣的，枣肉不太多，但是皮皱多，比较干，不太适合生吃，适合做粥、煲汤、泡茶等，可以优先选择此款枣子，价格便宜，有时 1 kg 售价仅几角钱。

"油头"是指在鲜枣干制过程中由于翻动不匀，枣表面会有部分因受温度过高而引起多酚类物质的氧化，使外表皮变黑、肉色加深的果实。

"干条"是指由不熟的鲜枣干制而成，果实干硬瘦小，果肉不饱满，质地坚硬，果皮颜色偏淡黄，无光泽。

"皮皮枣""油头"和"干条"，都属于等外次品枣。

重量轻、皮皱多、果实干硬、瘦小是"皮皮枣"的主要特征

【参考文献】

北京市园林绿化局，北京市林业保护站，2015.枣疯病综合防治技术规程：
　　DB11/T 1186—2015［S］.北京：北京市质量技术监督局.

毕平，康振英，来发茂，1993.枣品种枣股有效结果年龄与丰产性的关系［J］.
　　山西农业科学（1）：48-51.

陈风霞，王增池，郭红艳，2018.金丝小枣浆烂果病的综合防治［J］.西北园
　　艺（12）：47-48.

陈焕武，徐钰，吴胜勇，2016.榆林枣树主要物候期三基点温度分析［J］.陕
　　西气象（2）：32-34.

陈武，孔德仓，崔艳红，等，2017.枣核心种质表型性状多样性及裂果相关性
　　［J］.北京林业大学学报，39（6）：78-85.

陈宗礼，刘世鹏，刘长海，等，2015.枣股与枣吊的生长发育规律探讨［J］.
　　中国农学通报，31（28）：104-111.

初泽星，2016.我国枣树的主要病虫害及其防治［J］.农技服务，33（12）：
　　60-61.

程丽芬，毛静琴，梁凤玉，等，1995.枣疯病的发病规律及防治［J］.山西林
　　业科技，5（3）：36-37.

崔丽贤，刘金利，2017.枣裂果的原因及防治措施［J］.落叶果树，49（2）：
　　63-64.

代丽，刘孟军，2011.枣抗裂果新品种"雨帅"［J］.农村百事通（21）：25.

高梅秀，田小卫，刘涛，2008.不同品种鲜枣自然干燥试验的研究［J］.天津
　　农学院学报（1）：8-9.

高新一，马元忠，1993.枣树高产栽培［M］.北京：金盾出版社.

郭裕新，单公华，2010.中国枣［M］.上海：上海科学技术出版社.

郭有军，徐学东，2016.枣树锈病的发生与综合防治［J］.现代农业科技（1）：
　　170-172.

韩振虎，田新，马秀萍，等，2019，金丝小枣高接换头优质丰产栽培技术［J］.
　　北方果树（1）：38，48.

韩志强，2015.避雨栽培对南方鲜食枣产量与品质的影响研究［D］.长沙：中
　　南林业科技大学.

胡丹，2017.大荔县冬枣产业发展现状及问题分析［J］.农村经济与科技，28

（24）：109-110.

胡亚岚，王晓玲，毛永民，2013.不同喷施物对婆枣裂果指标及果实内在品质的影响［J］.北方园艺（21）：30-32.

洪波，张峰，刘梦龙，等，2016.佳县不同品种红枣抗裂性比较研究［J］.中国农学通报，32（22）：89-93.

贺建强，2017.提高冬枣坐果率技术措施［J］.河北果树（3）：53.

贺雍乾，2019.枣疯病治疗药剂改进研究［D］.保定：河北农业大学.

黄素芳，李俊英，孙文元，等，2013.不同品种金丝小枣对浆烂病的抗病性研究［J］.河北农业科学，17（4）：18-19.

黑淑梅，曹娟云，冯晓东，等，2016.枣果水分代谢变化与裂果之间的关系研究［J］.云南师范大学学报（自然科学版），36（1）：62-65.

贾丽，朱学亮，2016.金丝小枣浆烂果病的发生与防治［J］.烟台果树（4）：42-43.

刘红兵，杨卫民，2010.黄河中游吕梁段大枣裂果原因及应对措施［J］.北方果树（6）：1-4.

刘国利，郭倩文，王因花，等，2017.低产"金丝4号"小枣密植园的改造［J］.山东林业科技，47（5）：94-95，100.

刘孟军，周俊义，赵锦，等，2006.极抗枣疯病枣新品种'星光'［J］.园艺学报（3）：687.

刘孟军，赵锦，周俊义，2006.枣疯病病情分级体系研究［J］.河北农业大学学报（1）：31-33.

刘和，卢华英，成钢，2010.裂果性不同的枣品种RAPD聚类分析［C］//中国园艺学会.第四届全国果树种质资源研究与开发利用学术研讨会论文汇编.［出版地不详］：［出版者不详］：152-157.

刘世鹏，文欣，刘申，2017.枣果皮结构与枣裂果性的相关性［J］.北方园艺（4）：20-24.

刘加云，朱伟，赵春磊，等，2018.枣抗枣疯病新品种'昌云'的选育［J］.中国果树（3）：79-80，109.

李敏，厉恩茂，汪景彦，等，2018.运用木质化枣吊生产技术提高枣树产量和效益［J］.果农之友（1）：18.

李晓青，2014.枣褐斑病的发生和防治措施［J］.乡村科技（7）：21.

李晓军，阴启忠，徐颖，等，2004,各种药剂防治枣果浆烂病对比试验［J］.

河北果树（4）：13-15.

李志欣，刘进余，张立树，等，2008.几个金丝小枣品种特性分析［J］.河北农业科学，12（3）：34-35.

米热古力·外力，2016.提高枣树坐果率的主要措施［J］.现代园艺（5）：49.

潘青华，2002.枣疯病研究进展及防治措施［J］.北京农业科学（3）：4-8.

曲泽州，王永蕙，1993.中国果树志：枣卷［M］.北京：中国林业出版社.

任国兰，郑铁民，陈功友，等，1993.枣疯病发病因子和防治技术研究［J］.河南农业大学学报，27（1）：67-70.

苏振甲，2016.乐陵金丝小枣生产的调查［J］.吉林农业（18）：107.

沈吉祥，代凤娟，孟国杰，2015.提高灰枣坐果率的几项技术措施［J］.中国园艺文摘（12）：198-199.

单公华，周广芳，张琼，等，2011.枣新品种'鲁枣4号'［J］.园艺学报，38（5）：1007-1008.

田国忠，1998.枣疯病的预防和治疗策略研究［J］.林业科技通讯（2）：14-16.

王存龙，赵西强，谢跃春，等，2013.山东乐陵金丝小枣种植区土壤地球化学特征［J］.地球与环境，41（1）：56-63.

王景红，李艳丽，刘璐，等，2010.果树气象服务基础［M］.北京：气象出版社.

王祈楷，徐绍华，陈子文，等，1981.枣疯病的研究［J］.植物病理学报，11（1）：15-18.

王晓玲，胡亚岚，毛丽衡，2012.不同枣品种抗寒性的比较［J］.北方园艺（19）：1-4.

位杰，蒋媛，张琦，等，2013.骏枣和灰枣对 NaCl 胁迫适应性的比较研究［J］.北方园艺（24）：21-24.

位英，2013.不同砧木对冬瓜枣生长结果特性及枣疯病抗性的影响［D］.合肥：安徽农业大学.

温秀军，孙朝晖，孙士学，等，2001.抗枣疯病枣树品种及品系的选择［J］.林业科学（5）：87-92.

徐呈祥，马艳萍，徐锡增，2013.盐胁迫对不同耐盐性枣树品种根系和叶片中多胺含量及多胺氧化酶活性的影响［J］.热带亚热带植物学报，21（4）：297-304.

徐呈祥，马艳萍，徐锡增，2011.15 个枣树品种耐盐性研究［J］.广东农业科学（16）：31-32.

石建朝，商素娟，于俊杰，等，2017. 简易避雨棚栽培对赞皇大枣裂果及品质
　　的影响研究［J］. 中国果菜，37（7）：10-12.

肖勇，2015. 枣树锈病发生规律及防治方法［J］. 河北果树（6）：55-56.

许文西，2013. 枣浆烂病防治措施［J］. 河北果树（2）：50.

许文西，2013. 预防红枣浆烂的措施［J］. 山西果树（4）：59.

郗鑫，刘晨筱，陈虹，等，2016. 不同枣品种果实性状与裂果的相关性［J］.
　　山西农业科学，44（10）：1476-1478.

苑赞，卢艳清，赵锦，等，2013. 枣抗裂果种质的筛选与评价［J］. 中国农业
　　科学，46（23）：4968-4976.

周爱英，赵建明，2016. 大荔县冬枣产业快速发展思考［J］. 陕西林业科技
　　（6）：82-84.

朱学亮，贾丽，2015. 提高金丝小枣坐果率的十项实用技术［J］. 果树实用技
　　术与信息（5）：16.

张明洁，赵军营，2017. 木质化枣吊结果特性研究与利用进展［J］. 甘肃科技，
　　33（11）：137-138.

张立震，黄素芳，张立新，等，2007. 金丝小枣浆烂病发病规律研究［J］. 林
　　业科学研究，20（3）：399-403.

张东霞，张智强，邵有全，2017. 保护地冬枣蜜蜂授粉与激素授粉效果的比较
　　研究［J］. 中国蜂业，68（10）：40-42，44.

张武，白明弟，李贵华，等，2014. 云南"金丝4号"枣引种试验及栽培技术
　　［J］. 中国南方果树，43（5）：139-141.

赵爱玲，王永康，隋串玲，等，2013. 枣裂果鉴定技术及抗裂品种选育［J］.
　　山西果树（5）：3-5.

赵京芬，胡佳续，宋传生，等，2011. 北京市丰台区主栽枣品种对枣疯病抗性
　　试验［J］. 中国森林病虫，30（3）：6-9.

中华人民共和国国家质量监督检验检疫总局，中国国家标准化管理委员会，
　　2016. 冬枣：GB/T 32714—2016［S］. 北京：中国标准出版社.

第五篇
枣保鲜及贮藏知识篇

113 鲜枣与许多水果相比更容易失水失鲜

陈祖钺等（1983）研究比较了在室温下苹果、梨、柿子、草莓及鲜枣的失重率；结果表明，鲜枣的失重比苹果、梨和柿子大许多。王春生等（1999）研究综述指出，鲜枣采后在自然状态下会很快失水皱缩，成熟度不同，失水、失重的速率不同，成熟度低的果实失水快。郎枣在室温条件下贮藏 8～10 天，半红和全红果的失重率分别为 18.5 % 和 16.5 %。随着环境温度降低，鲜枣失水率显著降低，但成熟度低的果实失水率仍大于成熟度高的果实。在《水果贮运保鲜实用操作技术》（王文生等，2015）一书中阐述，鲜枣采后在自然状态下会很快失水皱缩，主要原因是果实表皮蜡质层较少，保水性能差。常温条件下，鲜枣失水速率是苹果的 5～7 倍。

山东百枣枣产业技术研究院（2020，未发表），比较测定了山东乐陵白熟期金丝小枣、全红期金丝小枣、全红期圆铃大枣与河北迁西软枣猕猴桃，在相对湿度为 55 %～70 %、温度为 25～27℃下 24 h 的失重率，分别为 3.61 %、3.76 %、3.21 % 和 1.39 %，说明同样条件下鲜枣的失重率明显高于软枣猕猴桃。

由此可见，鲜枣与许多水果相比，更容易失水失鲜，贮藏保鲜期间保持较高的相对湿度十分重要。

114 鲜枣不同品种采后失水率差异显著

赵梅霞（1993，未发表）研究比较了采后美蜜枣、相枣、太谷葫芦枣、太谷端枣、稷山板枣、黑叶枣、马牙枣、柳林木枣和金丝小枣 9 个枣品种在室温下的失水率；结果表明，从贮藏第 1 天起，品种间失水率就出现明显差异，贮藏至第 5 天时，失水率为 6.6 %～12 %，贮藏至第 10 天时，失水率为 12.3 %～20.5 %，说明常温下鲜枣的失水率很高。品种间以美蜜枣、相枣失水率最低，金丝小枣失水率最高，其他品种介于两者之间。

对室温下贮藏 10 天和 0℃下贮藏 10 天的上述品种的失水率进行了线性相关分析；结果表明，2 种贮藏温度下供试枣品种失水率的相关系数 $r=0.787\,6$，达到了极显著水平，说明在室温下失水率高的枣品种在 0℃的低温下失水率通常也高。

115 鲜枣果实解剖结构与其耐藏性有一定关联

寇晓虹等（2001）以采自山西省农业科学院果树研究所枣资源圃的襄汾圆枣、婆婆枣、金丝小枣、大荔圆枣和大荔水枣做试验材料，通过切片显微观察和贮藏保鲜试验，研究了鲜枣果实解剖结构与耐藏性之间的关系；结果表明，不同品种枣果解剖结构差异显著。供试品种中襄汾圆枣耐藏性最好，其解剖结构特征为表皮和角质层厚，细胞排列紧密，表皮裂口少而窄，表皮细胞与亚表皮细胞结合十分紧密。

116 鲜枣属于哪种呼吸跃变类型

根据新鲜果蔬在成熟衰老期间呼吸强度和相应的生理生化变化特点，可将果实分为呼吸跃变型和非呼吸跃变型 2 类。对于枣果属于何种呼吸类型，有截然不同的 2 种研究结果。吴延军等（1999）研究认为，冬枣属于非跃变型水果，支持这种研究结果的还有庞会娟（2002）、邹东云（2004）等。而赵国群等（2000）、张桂等（2002）、薛梦林等（2002，2003）、朱向秋等（2006）研究指出，冬枣属于跃变型果实，与苹果等典型的跃变型果实相比，只是跃变高峰值较低而已。

王文生等（1997）进行了鲜枣采后呼吸强度变化及耐藏性研究，采用的试验方法是，精准控制测定环境温度变化幅度为 0.2℃，仔细挑选并固定测定的样品，测定时轻拿轻放，用后仍在试验温度下薄膜覆盖保湿存放，每 24 h 测定 1 次呼吸强度；结果表明，供试验的半红期采摘的襄汾圆枣，在采后 11 天时有较明显的呼吸高峰显现。

鲜枣成熟度及大小类型不同，呼吸强度有明显差异。王文生（2020，未发表）在山东乐陵某枣园采用红外线二氧化碳测定仪，现场比较测定了同一株圆铃大枣树所采收的白熟期和全红期果实的呼吸强度，后者显著高于前者；测定的金丝小枣的呼吸强度显著高于圆铃大枣和长红枣。金丝小枣的呼吸强度显著高于圆铃大枣和长红枣，可能与品种特性有关，也可能与其比表面积较大、同样重量的果实因采收果柄脱落造成较多伤口有关。

由此可见，枣不同品种呼吸特性可能存在差异，其中一些品种测定出较明显的呼吸高峰，并不违背枣总体为非呼吸跃变型果实的一般认知。

117 鲜枣速冻保藏的效果及工艺流程

速冻保藏是食品保藏常见的方式。速冻果蔬产品在我国有着巨大的市场潜力，由于消费习惯和工作原因，越来越多的人对速冻果蔬增加了兴趣和食用量。

原料的种类与质量是关系到速冻果蔬制品品质的重要因素。魏天军等（2002）对河北黄骅近全红冬枣和果实略呈红色的河北脆枣，进行了速冻试验。速冻工艺是将预冷至 $0\sim5$℃的枣果，快速冻结至 -30℃或 -50℃，然后分别贮藏在 -22℃和 -35℃的冰柜中。解冻时，冻果在 0℃、RH $\geqslant 85$ 的冰柜中放置一定时间后达到平衡温度。研究结果指出，速冻终温为 -30℃或 -50℃并冷藏在 -35℃下的枣果，维生素 C 的保存率高于 -22℃冷藏下的枣果，而果肉细胞膜透性和失重率低于 -22℃冷藏下的枣果。-35℃下冷藏 8 个月的枣果，维生素 C 保存率为 $70.8\%\sim85.8\%$，可溶性固形物和可滴定酸接近速冻前枣果的水平。

彭丹等（2009）对果蔬速冻保鲜技术研究进展进行的综述指出，一些果蔬的冰点在 -1℃左右，最大冰晶生成带为 $-5\sim-1$℃，并且冻结过程具有明显的 3 个阶段（快→慢→快）；但很多果蔬的冰点远低于 -1℃，最大冰晶生成带也远低于 $-5\sim-1$℃这个温度区域，如荔枝、龙眼、板栗；对于这类果蔬，$-5\sim-1$℃最大冰晶生成区的观点并不适用，而且它们的最大冰晶生成带的下限可能低于 -18℃，要严格达到速冻的要求，则在速冻过程中应尽可能加快冻结速度。

刘可春等（2002）试验总结的鲜枣速冻生产工艺流程为原料挑选→清洗→表面消毒→脱水→装袋→预冷→速冻→检验→装箱→低温贮存。具体工艺如下：原料挑选，鲜枣采收后，选择质量良好的作为速冻原料，挑出表面不完整和有碰伤有病斑的枣果；清洗，用清水将鲜枣清洗，以去掉表面的尘土和农药残留；表面消毒和冲洗，将消毒剂溶于清水中并搅匀，将枣在溶液中浸泡 1 min，杀灭鲜枣表面的微生物，使产品达到国家食品卫生标准，再用经过过滤和紫外线消毒的水洗掉残存的消毒剂；脱水，采用风机吹去鲜枣表面的水分；装袋，将脱水后的鲜枣按定量装入复合塑料袋，热合封口。操作中应符合卫生要求，避免二次污染；预冷，将袋装鲜枣装入周转箱，推入冷藏间进行预冷，预冷温度 0℃左右，预冷时间 12 h；速冻，将预冷后的鲜枣推入速冻间，速冻温度控制在 -20℃以下，速冻时间为 12～20 h；检验，分批抽样检验合格的速冻鲜枣装箱，置于贮藏间贮存或出厂销售，贮存温度为 -20℃。

搁架式冻结库和速冻后的枣果

注：搁架式冷冻库（左）；排管冷冻库（中）；冻结解冻后的产品（右）。

118 鲜枣贮藏期间容易出现的主要问题和发生的主要病害

鲜枣贮藏中容易出现 5 个主要问题，其一，鲜枣贮藏中容易失水失鲜，加强保水措施是鲜枣贮藏的关键之一；其二，鲜枣呼吸旺盛，贮藏过程中易出现缺氧呼吸，密闭和通气较差的环境都易导致枣果的发酵软化，果肉发酵引起的“酒化”和褐变，是制约延长鲜枣贮藏期的主要原因；其三，鲜枣对贮藏环境中的 CO_2 特别敏感，长期高于 1 % 的 CO_2 就会加剧果肉的软化和褐变；其四，果柄处的伤口是微生物侵染的主要通道，也是率先显现软化和腐烂的部位，所以矮化栽培是解决人工逐个带柄采摘的前提；其五，打落或摇落的枣果极易造成机械伤和内部震动损失，所以用于贮藏的枣果，严禁用棍棒打落或震落。

刘万臣等（2007）以天津静海所产梨枣、圆铃枣、冬枣 3 个品种鲜枣为试验材料，对采后低温贮藏后期的病原菌进行了分离和鉴定，并对其生物学特性进行了初步研究；结果表明，侵染梨枣的病原菌主要有根霉和链格孢菌；侵染圆铃枣的病原菌是链格孢菌，但主要表现为生理性病害——酒化；侵染冬枣的病原菌主要是链格孢菌和裸孢壳菌。夏宏等（2007）的研究也表明，链格孢菌（*Alternaria alternata*）和细极链格孢菌（*Alternaria tenuissima*），是目前贮藏鲜枣发生病害的主要病原菌。

枣褐斑病是枣重要的真菌病害

注：枣褐斑病（白熟期）（左）；枣褐斑病（半红及全红期）（右）。

119 鲜枣贮藏期间乙醇含量与果实维生素 C 降低及软化密切相关

王春生等（1999）综述指出，鲜枣富含维生素 C，果实一经变软，维生素 C 几乎全部被氧化，因而认为维生素 C 含量及其变化可作为衡量鲜枣贮藏效果的主要生理指标。李鹏等（2007）研究指出，冬枣采后伴随着贮藏期的延长，维生素 C 含量及硬度不断下降，维生素 C 含量变化与硬度变化呈显著正相关（$r=0.916$）。乙醇含量不断积累，到枣果衰老时达较高水平。乙醇含量变化与冬枣硬度变化和维生素 C 含量变化呈极显著负相关。李红卫（2003）研究指出，随着贮期的延长，冬枣果肉中乙醇和乙醛含量增加，丙酮酸脱羧酶（PDC）和乙醇脱氢酶（ADH）的活性逐渐升高，气调贮藏可延缓果实中乙醇和乙醛的积累，抑制 PDC 和 ADH 的活性，显著提高果实的贮藏品质。许多研究表明，红枣在贮藏过程中的前期乙醇含量上升得比较慢，而后期则上升很快（李红卫等，2003；申琳等，2003；赵家禄等，2001）。

肖程顺（2012）对采自陕西的水枣、冬枣、木枣、梨枣，以及采自宁夏灵武的灵武长枣的贮藏特性进行了比较研究；结果表明，5 种红枣中，木枣的维生素 C 含量下降程度最高，且乙醇含量上升也最高，说明木枣的品质劣变幅度较大；水枣丙二醛含量、POD 活性上升量最大；梨枣的 PPO 活性上升程度最高，其褐变程度也最高。申琳等（2004）以半红期冬枣为试验材料，在 20℃和 4℃ 2 种贮藏温度下，研究果实酒软的规律；结果表明，冬枣贮藏期间的酒软受呼吸代谢和乙烯代谢的双重调节，随着贮藏时间的延长，果实乙醇含量持续上升，当乙醇含量达到 0.1% 时，果实明显酒软。

由上可见，鲜枣贮藏期极易发生乙醇累积和发酵，贮藏期间果实内乙醇含量的高低与品种有密切关系，乙醇的积累与果实软化直接相关。

120 鲜枣贮藏应掌握的基本要领

长期以来，红枣主要以干制贮藏为主，鲜枣贮藏期短，贮藏难度大。所以，在贮藏鲜枣时应掌握的基本要领主要有如下几点。

（1）选择耐藏品种。影响鲜枣耐藏性的内在因子首先是品种。王文生等（1998）对山西的 9 个枣品种的耐藏性进行了比较研究；结果表明，榆次团枣、平陆尖枣、梨枣为不耐藏品种，而永济蛤蟆枣和襄汾圆枣耐藏性最好。寇晓虹等（2000）以大荔圆枣、襄汾圆枣、婆婆枣、大白枣和金丝小枣 5 种鲜枣为试验材料，在 0℃下进行贮藏，其中以襄汾圆枣耐藏性最好，维生素 C 保存率最大为 83.3%。祁寿椿等（1984）对采自山西太谷和山西果树所的 30 个枣品种的耐藏性试验也表明，襄汾圆枣、太谷葫芦枣、临汾团枣、蛤蟆枣耐藏性最好；郎枣、骏枣耐藏最差；屯屯枣、相枣、坠子枣居中。王文生等（1997）对耐藏性较好的襄汾圆枣、蛤蟆枣和临汾团枣的贮藏性进行了 2 年的进一步比较研究；结果表明，在供试的 3 个品种中，贮藏 60 天后统计，蛤蟆枣的好果率显著高于其他 2 个品种，而变软指数极显著低于其他 2 个品种。曲泽洲等（1987）报道了试验的 19 个枣品种中，以西峰山小枣和西峰山牙枣最耐贮藏，而河北婆枣不耐藏。任小林等（1995）对 14 个鲜食和蜜枣品种的耐藏性进行了比较研究；结果表明，灵宝圆枣、早熟脆枣、合阳玲玲枣和油府水枣较耐贮藏。肖程顺（2012）对采自陕西的水枣、冬枣、木枣、梨枣，以及采自宁夏灵武的灵武长枣的贮藏特性进行了比较研究，从感观品质来看，5 种红枣中，保存效果最好的是灵武长枣和冬枣。

选择过氧化氢酶活性高的品种。王文生等（1998）研究比较了哈密枣、襄汾圆枣、尖枣、婆婆枣、梨枣和榆次团枣 6 个品种枣的过氧化氢酶活性与耐藏性相关性；结果表明，鲜枣采后随着贮藏时间延长，过氧化氢酶活性呈下降趋势，且活性与供试鲜枣的耐藏性呈高度正相关，这个结果与前人在其他果蔬上所得出的结果相一致。

冬枣是目前广泛栽培且品质最好的鲜食枣品种，并具有良好的耐藏性，综合考虑鲜枣贮藏期、贮藏品质变化和市场销路等因素，较长时期保鲜鲜枣时应优先考虑冬枣。其次，一些地方特色鲜食品种或干鲜兼用品种，如朝阳平顶枣、灵武长枣、山西襄汾圆枣、蛤蟆枣、北京西峰山小枣和西峰山小牙枣等，也可进行一定量贮藏。

（2）选择适宜的采收成熟度。采收成熟度对鲜枣贮藏寿命有显著影响，在具有良好适口性的前提下，成熟度越低越耐贮藏，但成熟度低的果实失水速率要快于成熟度高的果实。陈祖钺等（1983）研究报道，无论在同株树上同时采摘的全红果（着色100%）、半红果（着色约50%）和初红果（着色25%以下），还是在不同时期、不同树上采摘的全红、半红、初红果，在0℃下贮藏时均以初红果最耐贮藏，全红果耐贮性最差。因此，目前生产中贮藏的冬枣，基本上都是在初红果期采收贮藏。此期冬枣可溶性固形物含量可达20%左右，口感良好。

（3）采用近冰点温度贮藏。贮藏温度是影响鲜枣贮藏寿命最主要的环境因素。对绝大多数枣品种而言，在不低于果实冰点的前提下，贮藏温度越低，贮藏效果越好。管理良好初红期（顶红期）采收的冬枣，可溶性固形物可达20%以上，冰点温度为-3.5～-2.5℃。只要果实在不遭受冻害的前提下，尽量降低贮藏温度，使产品温度（品温）尽量接近冰点，就可大大延长枣果的贮藏期，这就是目前在鲜枣贮藏上倡导的近冰点贮藏（也叫冰温贮藏）。但是有些品种如梨枣，长期在-1～0℃的条件下贮藏时，果实表面会出现凹陷斑点，表现出冷害症状，加之梨枣属不耐贮藏品种，所以梨枣不宜长期冷藏。

（4）控制较高的相对湿度。鲜枣是一种很易失水的果品，有研究指出，在库温6～10℃、相对湿度70%～80%的条件下同时存放14天的鲜郎枣、红星苹果、山楂的失水率分别为22.2%、1.2%和11.2%，可见鲜枣的失水率显著高于山楂和苹果。因此，保持贮藏环境较高的相对湿度，对鲜枣贮藏具有重要意义。生产中目前多采用微孔袋包装贮藏鲜枣，保鲜袋内适宜的相对湿度应保持在90%～95%。

（5）谨防低 O_2 高 CO_2 伤害。鲜枣对贮藏环境特别是包装微环境中的

高 CO_2 和低 O_2 很敏感，气体成分不适宜往往加速枣果的酒软发生。所以，对于大部分鲜枣品种，O_2 浓度一般以控制在 6%～8% 为宜，CO_2 浓度以小于 2% 为宜。所以，生产中绝不能将鲜枣装在普通聚乙烯袋中扎口贮藏，这样会因 CO_2 积累或 O_2 浓度太低加速枣果的酒精积累，促进果实软化。

（6）选用无伤完整的鲜枣。果实有无虫伤、磕碰挤压伤、摔伤及果柄是否完整，都直接影响其贮藏时间和贮藏质量。一般要求无病虫伤害、无机械损伤、人工采摘，并且尽量使带果柄果实占到 75% 以上。

121 绝大多数鲜枣品种适宜冰温贮藏

冰温贮藏也叫近冰点贮藏，是指非冷害敏感果蔬在整个贮藏期间，始终维持靠近该产品冰点但是不低于冰点温度的贮藏方式。由于果蔬汁液中含有可溶性固形物，所以果蔬的冰点一定低于纯水的冰点，即果蔬的冰点一定低于 0℃。付坦等（2012）测定了白熟期采收的天津静海冬枣，冰点为 -2.7℃，并指出冬枣的冰点与其可溶性固形物含量之间呈良好的负相关关系，回归方程为 $y=-0.1567x+0.6561$（x 为可溶性固形物含量，y 为冰点数值）。陈祖钺等（1983）测定了郎枣、蛤蟆枣、临汾团枣和襄汾圆枣半红果和全红果的冰点，郎枣半红果和全红果分别为 -3.4℃ 和 -5.9℃；蛤蟆枣半红果和全红果分别为 -3.8℃ 和 -5℃；临汾团枣半红果和全红果分别为 -3.3℃ 和 -5.1℃；襄汾圆枣半红果和全红果分别为 -2.4℃ 和 -4.8℃。乔永进等（2005）对白熟果、初红果、半红果和全红果 4 种成熟度冬枣冰点温度进行了测定，分别为 -2.1℃、-3.1℃、-3.9℃ 和 -4℃。

《水果贮运保鲜实用操作技术》（王文生等，2015）中归纳指出，机械冷库加微孔袋包装采用近冰点温度冷藏，是我国目前贮藏鲜枣中应用最普遍的一种方式，并推荐冬枣的贮藏温度（品温）为 -3～-2℃，具体温度值可根据年份、不同产地和可溶性固形物含量加以精准确定。

122 鲜枣气调贮藏效果良好

宗亦臣等（2003，2005）以冬枣为试验材料，研究在气调贮藏和冷藏（对照）条件下冬枣果实的生理变化；结果表明，贮藏温度为 0℃，与冷藏相比，采用 O_2 体积分数 12%～15%，CO_2 体积分数为 0 的气体指标进行气调贮藏，可有效地抑制冬枣果实的褐变和酒化，延长冬枣的贮藏时间。气调贮藏能够保持冬枣果肉较高水平的酚类物质，有效抑制冬枣果实多酚氧化酶和过氧化物酶的活性，并推迟多酚氧化酶活性高峰的来临，保持果实中细胞膜结构的完整性，并较好地减缓了冬枣果实中乙醇的积累。张子德等（2003）研究指出，在 -2℃ 的贮藏温度下，采用 O_2 2%～4%，控制 CO_2 小于 3%，气调贮藏冬枣的效果明显好于单纯冷藏的效果。王亮等（2007，2008）以鲁北冬枣为试验材料，研究了不同气调指标对冬枣果实中乙醛和乙醇等有害物质积累的影响；结果表明，适当的低 O_2 可以有效抑制枣果果肉硬度的下降，维持细胞膜的完整性，减缓维生素 C 损失，同时没有引起果肉中乙醛和乙醇的大量积累，延缓了果实的衰老。而贮藏环境中的 CO_2 会促使枣果无氧呼吸，加速果实中乙醛和乙醇的积累，进而加强果肉伤害，破坏细胞膜的完整性，维生素 C 损失加剧，加快枣果的软化衰老进程，提出 2% O_2+0 CO_2 的气调指标对冬枣贮藏最有利。韩冰等（2006）以采自天津静海的冬枣为试验材料，试验设计了 0～0.5% CO_2 浓度，以尽量排除 CO_2 的不利影响，以比较低 O_2 浓度（2%～3%）、中等 O_2 浓度（5%～6%）和较高 O_2 浓度（8%～9%），对冬枣贮藏期间生理生化代谢的影响；结果表明，温度为（-1.5±0.5）℃、相对湿度95%、气体成分为 O_2 5%～6%、CO_2 0～0.5% 的气调贮藏条件，贮藏效果相对最好。王淑珍等（2002）采用 0～-2℃ 的贮藏温度，控制 O_2 浓度为 5%～7%，CO_2 浓度低于 1%，贮藏白熟期的鲁北冬枣 110 天，60 天全部为好果，90 天时仍有 90% 的好果，果实鲜艳饱满，脆甜，果柄绿色新鲜，常温下货架期在 3 天以上。

赵宏侠等（2014）研究了将不同体积分数混合的 O_2、CO_2、N_2 充入 0.18 mm 的 CPP 包装袋中进行气调包装，在（0±0.5）℃ 条件下，对着色面积小于 25% 的初熟鲜枣进行贮藏；结果表明，经过 100 天的贮藏，设计的气体组合的气调包装，均能有效抑制初熟鲜枣果实衰老和营养物质流失，能不同程度地延缓果实中丙二醛质量分数的上升和果肉硬度的下降，降低质量损失和乙醇积累量；减缓初熟鲜枣果实中可滴定酸体积分数的下降和颜色变化以及还原糖质量分数上升；可有效防止维生素 C、环磷酸腺苷和总黄酮等营养物质的流失；同时能够较长时间地保持果实鲜亮的颜色。其中以 5% O_2+2% CO_2+93% N_2 气体体积分数的气调包装对鲜枣的保鲜效果最好。

综上所述，气调贮藏对保持鲜枣的质量，延长鲜枣的贮藏期有明显效果，生产上常见的是气调贮藏冬枣。鉴于试验设计的 O_2 浓度有采用 12%～15%（较高 O_2 浓度）、5%～7%（中等 O_2 浓度）和 2%～4%（较低 O_2 浓度）变化幅度较大，结合生产实践探索，为了安全起见，以采用中等 O_2 浓度（5%～7%）为宜，而应将 CO_2 尽量脱除或降低，不超过 2% 为宜。

123 鲜枣减压贮藏在生产中有一定推广应用

减压贮藏又称低压贮藏、降压贮藏。减压贮藏以其"快速降压、快速降温、快速减少氧总量"为特点，并及时排除原料代谢产生的乙烯、乙醛、乙醇等有害气体，因而能有效延长果蔬贮藏寿命。

常燕平（2001）选用 3 种压力（20.3 kPa、50.7 kPa 和 81.1 kPa，正常大气压为 101.3 kPa）和采收自山西太谷的 2 个鲜枣品种（冬枣、梨枣）在（0±1）℃的温度下进行低压贮藏；结果表明，20.3 kPa 的压力效果最明显，显著地降低了枣果维生素 C 的损失，降低了果实褐变率，抑制了果肉硬度和好果率的下降。王亚萍等（2007）在（-1±1）℃，大气压分别为 86.1 kPa、70.9 kPa、55.7 kPa、40.5 kPa 和 25.3 kPa 的减压条件下贮藏冬枣；结果表明，减压贮藏可以较好地保持冬枣的硬度，抑制其转红，降低果实的干耗率，使枣果保持较好的外观颜色；同时，减压贮藏可以有效抑制冬枣有机酸含量和维生素 C 含量的下降，延缓其衰老速率。在供试的 5 种负压条件中，以 55.7 kPa 负压处理效果最佳。

王淑琴等（2004）以大平顶枣、赞皇大枣、金丝小枣为试验材料，采用减压贮藏方法，在 -1℃ 的贮藏条件下，将金丝小枣和赞皇大枣的贮藏期延长至 90 天以上，将大平顶枣的贮藏期延长至 60 天以上，并且保持较好的感官品质、新鲜度及 85% 以上的好果率；结果表明，减压贮藏能进一步减缓硬度、可溶性固形物、可滴定酸、维生素 C 及还原糖的变化速度，同时可抑制果胶酶、维生素 C 氧化酶活性，延缓果实衰老过程，延长贮藏期限，提高保鲜效果。王淑琴等（2010）用采自朝阳的金铃大枣做试材，以常压贮藏为对照，在（-1±0.5）℃ 的温度下，进行减压贮藏试验；结果表明，减压贮藏可以显著抑制金铃大枣的成熟和衰老，但对保持枣果维生素 C 含量的效果不显著。

曹志敏等（2005）用减压贮藏法贮藏黄骅冬枣；结果表明，减压贮藏对黄骅冬枣的硬度、可溶性固形物、呼吸强度、维生素 C 含量、乙醇及乙醛含量、PPO 活性等指标，都比对照明显降低，说明减压对延长冬枣的贮藏期有明显的作用。王莉等（2005）采用采自河北黄骅、山东沾化、山东无棣、天津大港的半红期冬枣等 10 个品种为试验材料，使用国家农产品保鲜工程技术研究中心（天津）研制的微型减压贮藏设施，贮藏温度为（-2 ± 0.5）℃，进行鲜枣减压贮藏效果研究；结果表明，减压贮藏可延缓枣果硬度的降低，延缓果实酒化、软化和褐变，抑制乙烯、乙醛的产生，对冬枣、金丝小枣、赞皇大枣、大平顶枣、郎枣和壶瓶枣等，均可明显地延长贮藏期。

宋学华（2016）以辽宁朝阳孙家湾附近枣园所采鲜枣为试验材料，进行了常规方式与减压方式 2 种贮藏方式的对比；结果表明，减压贮藏方式使大枣在硬度和糖酸含量方面都优于常规贮藏方式，同时在细胞膜的保护方面，减压贮藏方式也优于常规贮藏方式。但是后期大枣品质指标出现快速下降，所以减压方式也只能起到短期保鲜作用，应考虑添加其他条件与其相结合来进一步延长保质期。

由此可见，减压贮藏对延缓鲜枣的成熟衰老有显著作用，如果综合条件控制得当，贮藏效果应优于或相当于气调贮藏效果。不过，因生产中使用的减压容器多数由圆形带肋的数十个 PVC 塑料管组成，装取鲜枣较为麻烦，贮藏量也受到较大限制，所以推广及实际应用仍很少。

124 鲜枣用什么保鲜包装贮藏效果最好

由于鲜枣贮藏期间容易失水失鲜，除了气调库贮藏外，即使在近冰点温度下贮藏，也均需要采用一定的保鲜包装以减少水分的散失。鉴于鲜枣既容易失水，又对 CO_2 敏感，所以在采用塑料薄膜小包装贮藏时，不能选用普通的聚乙烯（PE）塑料膜袋扎口贮藏，而应选用薄膜上具有微孔的鲜枣专用贮藏袋（微孔袋），这样既可起到很好的保水效果，袋内 CO_2 也不会超过 2 %。

采用微孔袋贮藏鲜枣，微孔袋厚度在 0.015 mm 左右，每袋装量在 5～7.5 kg，只要充分预冷，结合近冰点温度扎口贮藏，袋内气体平衡后，CO_2 浓度通常低于 1 %，O_2 浓度在 16 % 左右，袋内不会因为低 O_2 或高 CO_2 产生气体伤害。

目前生产上用于鲜枣贮藏的微孔袋有机械制孔的微孔袋和激光制孔的微孔袋 2 种。

采用微孔袋包装贮藏红枣，避免高 CO_2 伤害

注：微孔袋内气体指标测定（O_2 16.2%，CO_2 0.6%）（左）；冷库保鲜 60 天的乐陵金丝小枣（右）。

125 鲜枣常见品种应掌握的参考贮藏期限

鲜枣的贮藏期限与枣品种、质量、采收质量和采收成熟度、贮藏管理条件和技术等直接相关。拟长期贮藏的鲜枣，一般均在初红期（顶红期）采收。贮藏期限的确定，可按贮藏结束时脆硬好枣率达到 90% 以上的贮藏天数确定。

作为拟贮藏的鲜枣品种，一般是鲜食品种或鲜食制干兼用品种。

冬枣、雪枣是目前最耐藏的鲜食枣品种，品质良好的冬枣在最适宜的贮藏条件下，贮藏期上限一般为 3 个月，脆硬好枣可达 90% 以上；山西永济蛤蟆枣、襄汾圆枣、北京西峰山小枣和西峰山小牙枣等，是比较耐藏的地方品种，贮藏期上限为 2 个月；多数枣品种贮藏期上限为 1.5 个月左右，如赞皇大枣、金丝小枣、壶瓶枣；耐藏性差的品种如梨枣、郎枣、大平顶枣等，贮藏期上限为 1 个月左右。

所以，确定销售计划和销售市场，都必须参照所贮藏枣品种的特性而制定，切不可认为将鲜枣放入冷库就是进入保险库，就能像苹果或梨一样，进行半年以上的长期保鲜贮藏。

126 为什么冷藏较长时间后的冬枣货架寿命很短

冬枣是鲜枣中最耐贮藏的品种之一，其贮藏期可达 3 个月左右。为了获得良好的贮藏质量并尽量延长贮藏期，生产中多采用白熟至顶红期采收、近冰点温度贮藏等严格条件，尽量控制其后熟衰老。北方冬枣的白熟至顶红期一般在 10 月中旬前后，要想将冬枣贮藏至春节前后，贮藏期就在 3 个月以上。此时枣内一般已经积累了一定浓度的乙醇和乙醛，果实硬度也有一定程度的降低，大部分枣已经达到半红程度，特别是果柄处容易软烂，当贮藏结束，解除近冰点温度移至常温环境中时，成熟衰老进程显著加速，导致果实很快发生软烂，褐斑病等病害迅速显现。所以，贮藏较长时间的鲜枣不宜在常温货架销售，否则货架期很短。即使在 5～8℃的控温货架上销售，品质劣变也较快。

冷藏货架销售精品水果和蔬菜

127 鲜枣应尽可能单独低温贮藏

总体来讲，鲜枣贮藏期较短。为了延长贮藏期，生产中最有效的办法就是在果实不遭受冻害的前提下，尽量降低贮藏温度（个别有冷害的品种例外），比如冬枣的适宜贮藏温度（品温）是 -3～-2℃，而北方的多数水果（苹果、梨、葡萄、山楂等）贮藏温度（品温）在 0～-1℃。因此，将冬枣与苹果等同库贮藏，除了会受到苹果释放的乙烯等气体的影响外，因达不到冬枣贮藏所要求的近冰点贮藏温度，会明显缩短冬枣的贮藏期。因此，鲜枣应尽可能单独低温贮藏，以满足其对近冰点贮藏温度的需求。

128 冬枣贮藏保鲜主要参数和简明工艺流程

冬枣贮藏简明工艺流程：冷库及包装物清洁、消毒→冷库提前降温→冬枣白熟至顶红期时带柄精细采收→装入聚乙烯微孔袋放入箱内→预冷至果温为 -1℃→扎紧袋口→控制品温 -2.5～-2℃→出库前果温缓慢回升→适时出库销售。

冷库及包装物清洁、消毒。常用的消毒杀菌方式如下，方式1，果蔬库房消毒烟雾剂进行熏蒸消毒；方式2，4%的漂白粉溶液进行喷洒消毒或用0.5%～0.7%的过氧乙酸溶液进行喷洒消毒；方式3，臭氧发生器消毒，一般每100 m³配置5 g·h⁻¹产量的臭氧发生器，库内臭氧浓度21.43 mg·m⁻³左右，消毒6 h以上。

冷库提前降温。果实入库前2天开启制冷机，将库温降至-2℃。

白熟至顶红期带柄精细采收。成熟度应掌握好，果实尽量带柄采收，采收、装箱、运输过程中一定要精细，减免机械伤。

装入聚乙烯微孔袋放入箱内。鲜枣贮藏期间易失水，所以应采用薄膜包装以减少水分散失，但是普通薄膜透气性差，会产生因低 O_2 或高 CO_2 引起的酒化，所以必须使用微孔保鲜袋，起到既保水又透气的功能。每袋装5～7.5 kg，装袋后的鲜枣放入纸箱或塑料周转箱内，敞开袋口预冷。

控制品温-2.5～-2℃。冬枣产地及年份不同，枣果可溶性固形物含量不同，所以冰点温度不同，控制品温-2～-2.5℃是参考范围，具体采用何数值，应以冬枣不受冻害但是温度最低为原则。中华人民共和国国家标准《枣贮藏技术规程》（GB/T 26908—2011）推荐冬枣贮藏温度为-2～-1℃。

出库前果温缓慢回升。为了延长鲜枣出库后的货架期，应在出库后将枣先放置在5～8℃的温度下，使品温得以回升，再进行控温或常温销售，减少果面凝水，延长货架期。

适时出库销售。冷库贮藏冬枣通常贮藏期2.5～3个月，超过3个月后腐烂速率会显著加快，软烂率会明显增高。中华人民共和国国家标准《枣贮藏技术规程》（GB/T 26908—2011）推荐，冬枣短期可贮藏20～30天，冷藏或冷藏加打孔塑料袋包装适用于短期贮藏；中期可贮藏30～60天，微孔膜包装冷藏（自发气调贮藏）适用于中期贮藏；长期可贮藏60～90天，气调贮藏或塑料大帐气调贮藏适用于长期贮藏。

129 水分含量较高的干制红枣贮藏期间仍进行着微弱的呼吸代谢

徐斌等（2015）进行了不同含水量干制骏枣（18%、23%、28%）PE袋包装自然条件下贮期品质及生理指标变化的研究；结果表明，不同含水量干制骏枣在自然条件下贮藏，仍然进行着以呼吸代谢为特征的生理代谢。在入贮前60天，随着水分含量降低，各处理组呼吸强度均迅速下降。王欢等（2013）以购于阿克苏的全红自然晒干骏枣做试验材料（水分含量约23%），用SANTRY ST303型CO_2测定仪测定呼吸强度，贮藏过程中，各处理组的呼吸强度均呈下降趋势。从贮藏开始到30天之前，呼吸强度迅速下降；30～120天，呼吸强度下降也较快；120～360天虽然维持在较低水平，但是一直能够检测到CO_2释放。

闫师杰等（2019，未发表）在25℃的温度下测定了常温下存放6个月以上的若羌灰枣（含水量25%）和乐陵金丝小枣（含水量15.4%）的呼吸强度，测定仪器为美国产Sable CA-10二氧化碳分析仪；结果表明，灰枣平均呼吸强度为0.34 mg $CO_2 \cdot (kg \cdot h)^{-1}$，而金丝小枣未测出$CO_2$释放。王文生（2020，未发表）测定了在室温下100目尼龙网袋内存放20个月的灰枣，未测出枣果CO_2释放。

130 不同温度下贮藏的干制枣主要营养成分均有所变化

虎海防等（2016）以和田干制骏枣、若羌干制骏枣及交城县干制骏枣做试验材料，进行骏枣0℃、10℃、20℃及室温贮藏试验，比较不同温度对不同地区骏枣营养成分与品质的影响；结果表明，在8个月左右的贮藏期间，不同贮存温度下可溶性糖含量、蛋白质含量、维生素C含量均呈下降趋势，还原糖含量呈上升趋势，并且在10℃下贮藏，3个产地枣果实中所测得的糖和可滴定酸含量相对较高，口感也较好。孙雅丽等（2016）选用经过晾晒的新疆库尔勒骏枣为试验材料（含水量47.21%），在0℃、10℃、20℃和自然温度贮藏；结果表明，不同温度贮藏的库尔勒骏枣的蛋白质与维生素C含量均呈下降趋势，还原糖与可滴定酸含量呈上升趋势。由于所贮藏的枣果属于半干枣，在整个贮藏过程中，自然温度下贮藏的枣果品质仅次于0℃，这与自然温度贮藏的枣果通风条件较好，环境湿度相对较低有关。王欢等（2013）研究比较了含水量约23%的干制骏枣（购于阿克苏的全红枣自然晒干品）在常温与5℃下的贮藏效果；结果表明，低温贮藏在一定程度上，降低了果实的乙烯释放量，延长了贮藏期限，延缓了品质的下降。

综合上述试验结果，在整个贮藏过程中，枣的含水量、蛋白质含量、维生素C含量总体均呈下降趋势，还原糖含量升高。表明随着贮藏时间的延长，干制枣品质不断劣变。低温贮藏，可延缓品质的下降速率。

131 充氮处理对干制骏枣贮期品质和活性成分的影响

王欢等（2015）进行了充氮处理对干制骏枣贮期品质和活性成分影响的研究，方法是将干制骏枣（水分含量约 23 %）置于厚度为 0.08 mm PE 密封袋内，抽真空后在袋内充入氮气，置于常温下贮藏，以自然空气条件为对照；结果表明，充入氮气的包装，在一定程度上减缓了水分含量和维生素 C 含量的下降，减慢了总酸含量的消耗。贮藏过程中，各处理的 cAMP 含量呈下降趋势，至贮藏 360 天结束时，干制骏枣的 cAMP 含量降至原来的 1/3 左右，充氮包装的 cAMP 含量始终高于对照，特别是贮藏时间在 180 天以前。

由上述结果可知，充氮处理对保持枣果品质，减少营养损失有明显作用。

132 干制枣怎样贮藏，保质期通常多长时间

干制枣含糖量高，贮藏期间，湿度过大会引起发酵变质和生霉腐烂，印度谷螟等虫害在条件适宜时，也极易危害干制枣，此外还应注意防鼠。因此，干制枣要求在冷凉、干燥、避光的环境下贮藏，如发现回潮、虫蛀或鼠害时，应及时晾晒和采取防虫、防鼠措施，防止造成更大的损失。

首先要选取干燥适度，没有破损，没有病虫，色泽红润的干制枣，贮藏期间应尽量降低贮藏温度和相对湿度。低温是防止枣果变质、生虫和营养素损失的最有效手段，干燥能减免因微生物的生长繁殖而导致的霉烂。

家庭贮藏干制枣一般数量不大，可用容积较大的有盖坛或缸，将其洗净晾干，底部放置 4～5 cm 厚的一层生石灰，石灰上铺 2 张厚纸，在纸上放置干枣，坛口或缸口用盖子盖好，再用一层塑料布包裹扎住。该方法简单，但是通常贮藏在翌年夏季前最好食用完毕。

红枣加工厂或仓储流通企业进行批量贮存干制枣时，可采用纸箱、麻袋等包装物，在 0～4 ℃冷库内垫板上码垛或货架上贮藏，并通过通风换气、放置生石灰等尽量降低库内相对湿度。码垛时地面应有 10～12 cm 的垫板或托盘，袋与袋（或箱与箱）之间、垛与垛之间要留有空隙，以利空气交换，距离墙壁应保持 20 cm 以上的距离。

南方地区和北方夏季因为高温多湿，长期贮藏的干制枣必须冷库贮藏，依据贮期长短确定设定的贮藏低温，如贮藏期长时，温度应保持在2℃以下。此外，冷库内应通风排湿，保持空气流通和干燥，相对湿度控制在75%以下为宜。虽然冷库内控温控湿贮藏的干制枣，在1年之内感官品质无明显变化，但是贮藏期限通常应控制在1年之内，因为新的干制枣上市后，库存枣的销售会受到更大的影响，并且品质也会有不同程度的下降。

贮藏的干制枣出冷库前，要通过梯度升温后逐步移到库外，防止因温差变化较大在枣果表面冷凝结水。

133 印度谷螟是干枣存放期的主要虫害之一

干制枣贮藏期间，特别是夏秋的5—10月，由于天气高温高湿，很容易遭受虫害，造成产品质量下降，甚至失去商品价值。

贮藏期间危害红枣的害虫通常为印度谷螟（*Plodia interpunctella*），它是一种分布广、食性杂的世界性仓储害虫，以幼虫危害各种粮食及其加工品、豆类、油料、干果、干菜、奶粉、蜜饯果品等，是干制枣贮期的主要害虫（韩盛等，2016）。安尼瓦尔·斯力木（2015）研究总结了印度谷螟在红枣上的危害特点指出，以幼虫为害枣果肉和果皮，吐丝缀枣成块，幼虫匿居其中，或在红枣表面有白色丝网，枣果结块变质，啃食枣皮和果肉并在果肉中形成虫道，虫道无规则可循，在虫道口或果肉内产生大量暗红褐色粪便，虫孔孔径1～2mm。

山东百枣枣产业技术研究院（2019，未发表），以新疆若羌邮购的一级自然灰枣和天津西青区市场购买的通货散卖骏枣为试验材料，研究大枣采收后枣果携带印度谷螟虫卵或老熟幼虫引起虫害发生的规律，设置了35%高CO_2处理1周的处理，以正常空气处理作为对照。处理和对照枣均装在27cm×17cm、100目的尼龙网袋内，将尼龙网袋再装于免口的塑料袋内，以维持通气但能较好防止水分散失的状态，试验在山东乐陵百枣枣产业技术研究院实验室室温下进行，试验从2019年1月10日开始，至2019年12月31日结束；结果表明，在室温下试验346天，对照和处理均未发生印度谷螟引起的虫害，说明在秋末冬初购买当年采收的大枣，枣果本身携带虫卵或虫源的概率较低。

枣果自身携带虫卵引起虫害试验

　　但是，家庭贮藏的干制枣、红枣经销企业或红枣加工厂的原料枣，常常会受到印度谷螟的危害，有的造成重大损失。一些红枣加工企业的加工品如枣夹核桃仁，在加工包装过程中，如果加工车间飞入成虫或原料产品上附着的虫卵没有清洗处理干净，均有可能造成产品包装内生虫现象，既损害商品品质和企业形象，也损害消费者的身心健康。因此，对印度谷螟可能造成的危害应给予足够的重视，并进行科学综合防治。

印度谷螟成虫及幼虫对红枣的危害

注：印度谷螟成虫（左）；印度谷螟幼虫对红枣的危害（右）。

134 0℃以下的低温对印度谷螟幼虫有极强的致死作用

　　郑素慧等（2016）以当年11月底购买的新疆阿克苏全红骏枣自然晒干品为试验材料，设置不同处理并采用0.08 mm厚PE袋密封包装，研究了多种物理和化学方法对产品虫害发生率的影响。其中研究温度对虫害发生的影响指出，常温（15～25℃）和低温（5℃）处理的干制骏枣，在

210天内均没有生虫现象。常温处理在210天开始生虫，低温处理的在270天以后开始生虫。这说明印度谷螟造成的危害，需要在虫源和环境综合条件满足时才会发生。低温处理虽然能有效延缓虫害的发生并降低虫果率，但是并未完全抑制，表明印度谷螟对低温具有较强的忍耐性。郑素慧等（2016）设计-10℃、-5℃、0℃和5℃4种试验温度，比较对印度谷螟幼虫的致死情况；结果表明，0℃条件下，到第20天幼虫的死亡率接近80%，在-5℃条件下4天之内全部死亡，-10℃条件下在2天之内全部死亡，可见0℃及其以下的低温对于印度谷螟幼虫具有极强的致死作用；在5℃的实验组中，幼虫在5天之内均能够存活，从第10天开始直到第20天死亡率逐渐增加至50%左右。

有报道表明，用300头各龄期幼虫、蛹和成虫，放入装有葡萄干、杏干的纸箱中，箱外包以棉花毛毯等保暖，放入库温为-12℃左右冷库内，24 h后检查，葡萄干粒间的温度为-12℃，300头虫样全部冻僵，移入30℃左右的温度后，很快失水死亡。但是将300头各龄期幼虫、蛹和成虫放入0℃左右冷库中，3天预冷锻炼后，全部幼虫均不活动，但未死亡，然后移至-12℃左右冷库内，24 h后检查，300头虫样也全部冻僵，移入室温后很快死亡。

135 北方地区印度谷螟集中危害期及枣加工车间综合防控技术

有研究指出，在新疆、宁夏等北方地区，印度谷螟危害干制枣、干制枸杞等果实，1年之内通常发生2.5～3代，一般从10月中下旬至翌年3月底以老熟幼虫在网或茧内越冬，4月上旬老熟幼虫就开始活动；5月上中旬可见成虫活动。从5月下旬到10月上中旬的5个月期间，成虫可接触的产品都可能被产卵，生虫危害（韩盛等，2016；崔萍，2004）。

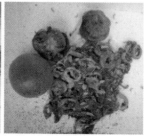

印度谷螟幼虫对干制红枣、山楂片、罗汉果、核桃的危害

在红枣加工厂或红枣批量经销企业，红枣防虫最简单有效的方法是采用 $0 \sim 3℃$ 的温度、 60% 以下的相对湿度进行冷藏，可有效减免印度谷螟的侵害。除了原料安全保存外，在红枣加工车间（以枣夹核桃或免洗枣为例），以下环节也必须予以综合治理。

（1）红枣加工厂车间、贮藏温度高于 $5℃$ 的冷库，均可能是老熟幼虫越冬的场所（个别报道认为印度谷螟也可在生长期危害鲜枣，老熟幼虫在土壤内结茧越冬）。因此，在越冬老熟幼虫羽化前必须仔细清洁仓储库及车间隐蔽处（如墙角缝隙、天花板缝隙、机器设备基座隐蔽处、下水地沟等），以减少越冬虫源。

（2）产品所用原辅料和包装材料（红枣、夹心心材、包装箱、托盘等），均有可能带入虫源，不经过杀虫预处理不得带入加工及包装车间。

（3）通过信息素捕杀越冬后羽化的首批飞蛾是灭虫的关键。为了实现害虫防治的高效性，大规模诱捕必须确保大量的雌蛾也被捕获或不能进行交配。俞卓尔等（2018）报道，筛选出二元组分 Z9，E12-14：OAc 与 Z9，E12-14：OH 制成的诱芯最佳配比为 $7：3$，剂量 0.5 mg。

（4）加工及包装车间，要严防羽化后的成虫飞入产卵。因此，要保持门窗的持续关闭，特别是夏季窗纱、门帘不得破损。货物出口处的门帘应选用质量良好的磁性自吸式 PVC 重力门帘。

（5）通过栅栏技术（清洗、高温、低温、微波、高 CO_2 气体等物理手段），杀灭原辅料上可能黏附的虫卵和幼虫，并加强工序衔接，缩短加工时间，尤其注意制品在消毒灭菌后至包装过程中的工艺方法和环境是否符合要求。

（6）成品包材质量和密封应良好，贮运期间要避免破损。

【参考文献】

安尼瓦尔·斯力木，2015.新疆 3 种蛀果害虫对枣果危害特点对比分析［J］.林业科技通讯（2）：33-34.

曹志敏，张平，王莉，等，2005.减压对冬枣生理生化变化的研究［J］.食品科学（10）：250-252.

常燕平，2001.枣在减压贮藏条件下的生理生化变化及贮藏效果研究［D］.太谷：山西农业大学.

陈祖钺，王如福，祁寿椿，等，1983.鲜枣贮藏的初步研究Ⅰ：品种耐藏性、成熟度和温度对保鲜效果的影响［J］.山西农业大学学报（2）：48-53.

崔萍，2004.宁夏枸杞储藏害虫印度谷螟生活习性及综合防治技术研究［D］.北京：中国农业大学.

付坦，鲁晓翔，李江阔，2012.冬枣冰点及其冰点调节剂的筛选［J］.北方园艺（16）：155-158.

虎海防，孙雅丽，李疆，2016.不同贮藏温度对三个产地骏枣果实营养品质的影响［J］.新疆农业科学，53（10）：1810-1815.

韩盛，玉山江·麦麦提，潘俨，等，2016.干果贮藏害虫印度谷螟的研究［J］.新疆农业科学，53（8）：1474-1480.

韩冰，王文生，石志平，2006.气调贮藏对冬枣采后生理生化变化的影响［J］.中国农业科学（11）：2379-2383.

寇晓虹，王文生，吴彩娥，等，2000.鲜枣冷藏过程中生理生化变化的研究［J］.中国农业科学（6）：44-49.

李红卫，冯双庆，2003.冬枣采后果皮成分及氧化酶活性变化与乙醇积累机理的研究［J］.农业工程学报（3）：165-168.

刘万臣，关文强，刘兴华，等，2007.3种鲜枣贮藏期致病真菌的检测及定性研究［J］.食品科技（8）：237-240.

刘可春，刘昌衡，党立，等，2002.速冻鲜枣的生产工艺［J］.中国农村科技（2）：39.

庞会娟，2002.枣（*Ziziphus jujuba* Mill.）采后及贮藏生理特性的研究［D］.保定：河北农业大学.

彭丹，邓洁红，谭兴和，等，2009.果蔬速冻保鲜技术研究进展［J］.保鲜与加工，9（2）：5-9.

祁寿椿，1984.鲜枣贮藏研究（Ⅰ）：鲜枣的耐藏品种、采摘成熟度及贮藏条件［J］.园艺（3-4）：30-33.

乔勇进，孙蕾，吴兴梅，等，2005.不同成熟度沾化冬枣冰点测定及适宜贮藏温度的研究［J］.经济林研究（1）：10-12.

曲泽洲，李三凯，武元苏，等，1987.枣贮藏保鲜试验技术研究［J］.中国农业科学（2）：86-91.

任小林，李嘉瑞，常经武，1995.枣的耐藏性及其生物学特性研究［J］.园艺学报（1）：25-28.

申琳，李光晨，生吉萍，2003.冬枣果实采后酒软过程中细胞壁与膜代谢的变化［J］.食品工业科技（z1）：169-172.

申琳，生吉平，牛建生，等，2004.冬枣酒软过程中呼吸强度和乙烯代谢的变化及 1-MCP 的处理效应［J］.中国农业大学学报，9（2）：36-39.

孙雅丽，虎海防，古丽江·许库尔汗，2016.不同贮藏温度对干制库尔勒骏枣货架期品质的影响［J］.北方园艺（9）：137-140.

宋学华，2016.不同储藏方式对大枣品质变化的影响［J］.绿色科技（10）：240，244.

徐斌，车凤斌，郑素慧，等，2015.不同含水量骏枣干枣自然条件下贮期品质及生理指标变化［J］.新疆农业科学，52（5）：843-847.

薛梦林，王莉，张继澍，等，2002.不同大枣品种呼吸类型初探［J］.保鲜与加工（6）：10-12.

薛梦林，2003.氧分压和赤霉素处理对枣果采后生理生化变化的影响［D］.杨凌：西北农林科技大学.

王春生，李建华，王永勤，等，1999.鲜枣采后生理及贮藏研究进展［J］.果树科学（3）：219-223.

王欢，车凤斌，李学文，等，2013.干制骏枣在不同温度贮藏中品质和生理变化的研究［J］.新疆农业大学学报，36（6）：494-497.

王欢，车凤斌，郑素慧，等，2015.充氮处理对骏枣干枣贮期品质和活性成分的影响［J］.新疆农业科学，52（8）：1454-1459.

王莉，张平，王世军，等，2005.微型减压设施贮藏对大枣保鲜效应的研究［C］// 中国科协.现代农业工程与自然资源高效利用——中国科协 2005 年学术年会（第 10 分会场）论文集.［出版地不详］：［出版者不详］：119-122.

王亮，赵迎丽，张晓宇，等，2008.气调贮藏对冬枣采后生理及有害物质积累的影响［J］.中国农学通报（9）：78-83.

王亮，王慧芳，王春生，2007.气调指标对冬枣果实呼吸、相对电导率、叶绿素含量及果皮色泽的影响［J］.果树学报（4）：487-491.

王如福，池建伟，李玉萍，等，1990.枣的采收与贮藏配套技术研究初报［J］.山西农业大学学报（4）：318-321，373.

王淑琴，颜廷才，贾福生，等，2004.辽西大枣减压贮藏及其生理生化研究［J］.保鲜与加工，21（2）：29-32.

王淑琴，许春燕，皮钰珍，2010.减压对金铃大枣贮藏过程中生理生化变化的影响 [J].食品科技，35（4）：48-50.

王文生，寇晓虹，赵红茹，等，1998.山西主要栽培枣品种耐藏性研究 [J].山西农业大学学报（1）：35-37，93-94.

王文生，2015.水果贮运保鲜实用操作技术 [M].北京：中国农业科学技术出版社.

王文生，寇晓虹，毕平，1997.鲜枣采后呼吸变化及耐藏性研究 [J].制冷学报（2）：35-38.

王文生，李秋芳，毕平，等，1998.采后鲜枣过氧化氢酶活性与耐藏性关系的研究 [J].中国果菜（2）：12-13.

王亚萍，梁丽松，王贵禧，等，2007.不同减压强度对冬枣贮藏品质变化的影响 [J].食品科学（2）：335-338.

魏天军，邓西民，2002.冬枣速冻贮藏实验研究 [J].食品科技（6）：73-75，59.

夏宏，夏青，王春生，等，2007.鲜枣贮藏期致腐病原菌种类研究 [J].中国生态农业学报（3）：117-119.

俞卓尔，邓建宇，汪中明，等，2018.不同性信息素配方、诱捕器类型与不同来源诱芯对印度谷螟诱捕效果的影响 [J].中国粮油学报，33（11）：86-91.

宗亦臣，王贵禧，冯双庆，2003.冬枣气调贮藏试验初报 [J].食品科学（10）：150-153.

宗亦臣，王贵禧，冯双庆，2005.气调贮藏过程中冬枣果实的几种生理变化 [J].林业科学研究（3）：292-295.

赵国群，张桂，李俊英，2000.冬枣的呼吸特性研究 [J].落叶果树（5）：34.

赵宏侠，冯叙桥，黄晓杰，等，2014.MAP 贮藏对初熟鲜枣采后贮藏生理和效果的影响 [J].食品与生物技术学报，33（8）：841-849.

赵家禄，武春林，2001.临猗梨枣在冷藏与常温环境中果实品质变化的观察 [J].果树学报，18（5）：263-266.

郑素慧，车凤斌，朱文慧，等，2016.新疆干制骏枣贮期主要害虫印度谷螟的防治技术研究 [J].新疆农业科学，53（8）：1453-1459.

张子德，陈贵堂，赵立艳，等，2003.冬枣气调贮藏技术研究 [J].制冷学报（3）：49-51.

邹东云，2004.冬枣采后生理及其高效贮藏保鲜药剂的筛选研究 [D].北京：中国农业大学.

第六篇
枣加工知识篇

136 采前落地枣及残次枣加工畜禽饲料

红枣成熟前，由于枣树品种特性、食心虫危害、枣缩果病或其他自然因素，常常发生大量落果，这些落果通常没有得到很好利用，对枣农的收益造成一定的损失。落地枣没有加以利用的主要原因，一是因为目前人工捡拾成本高不合算，二是综合利用的有效途径有限。

近年来，国内外已有气力式与机械式林果捡拾机械研制成功，大面积枣园落果较多时，可选择适宜的捡拾机械。在反刍动物研究中，研究发现枣粉日粮可提高肉牛的采食量、日增重和饲料转化率（冀建军等，2015）。解彪等（2017）研究发现，日粮枣粉以 5% 替代玉米，可显著提高绵羊平均日增重和降低料重比。延志伟（2016）研究发现，添加 10% 和 15% 的枣粉，可显著提高山羊的采食量与饲料利用率，提高粗蛋白、中性洗涤纤维和酸性洗涤纤维的表观消化率。赵耀光等（2012）研究表明，大枣多糖可促进蛋雏鸡生长并提高免疫功能。白建等（2015）研究了落地枣替代玉米对蛋鸡产蛋性能的影响，选取 42 周龄海兰褐蛋鸡 300 只，随机分为 5 个组，每组 4 个重复，每个重复 15 只，对照组饲喂基础日粮，试验组用落地枣分别替代基础日粮中 3%、6%、9%、12% 的玉米，预饲期 7 天，试验期 8 周；结果表明，落地枣替代玉米，显著提高了采食量、产蛋率、平均蛋重和产蛋量，以替代 12% 的玉米效果最理想。

落地枣和残次枣中，糖、蛋白质、氨基酸及矿质营养等成分含量也非常丰富，作为饲料添加物适口性也好，在目前常规饲料原料短缺、价格攀升，众多的饲料加工企业都在努力寻找新型饲料原料的情况下，落地枣以其优良的综合特性（高蛋白、高能量、适口性好、可增强动物的免疫力），无疑会成为饲料加工业及畜牧养殖的新宠。

饲料枣粉的加工目前有普通枣粉和发酵枣粉 2 类，前者是指对枣进行粉碎、干燥研制成的粉状饲料，而后者是由复合菌种（包括酵母菌、植物乳杆菌、粪肠菌、屎肠菌、枯草芽孢杆菌）发酵枣粉得到的发酵产物，即枣粉采用固态发酵方式经复合菌种发酵后，再干燥、粉碎得到发酵枣粉。黄玉岚（2018）研究指出，与普通枣粉相比，发酵枣粉中的粗蛋白及总水解氨基酸的含量升高，粗纤维含量降低，其中粗蛋白含量升高的原因可能是在发酵过程中，发酵菌株的大量增殖，产生菌体蛋白。此外，酵母菌可利用原料中的非蛋白氮合成菌体蛋白，引起发酵枣粉中的粗蛋白含量及总水解氨基酸含量增加。

综合上述资料，利用采前落地枣及残次枣加工的枣粉饲料，枣粉在饲料中的添加量通常在 5% ～ 15%。普通饲料枣粉生产工艺主要包括：筛选除霉、烘干、粉碎、成品。发酵枣粉多采用复合菌种进行固态发酵，经过发酵制得的枣粉，整体营养水平有所提升，特别是蛋白质和水溶性氨基酸含量明显提高。

137 目前我国市场上主要有哪些红枣加工产品

目前我国市场上销售的红枣加工品，大致可分为初加工产品和精深加工产品。以产品形态及加工工艺大致分为以下几类。

（1）干制枣类。通过自然晾干或人工烘干，并经分级、清洗（或不清洗）的红枣或红枣切片，如普通干制枣、烘干免洗枣、去核干枣、枣片等。

（2）代用茶类。清洗过的整个枣或切分枣片，单独或与其他食材复配组合成泡水饮用的制品常称为枣茶。如苦荞红枣茶、红枣大麦茶、百合红枣茶、红枣与枸杞及黄芪复配茶、红枣山楂枸杞复配茶、红枣与黑糖（或红糖）及生姜复配茶、炒制枣片或整枣茶等。

枣茶或复合枣茶属于代用茶。代用茶是指采用除茶树鲜叶以外、由国家行政主管部门公布的可用于食用的植物芽叶、花及花蕾、果实、根、茎等为原料，经加工制作，采用类似茶叶冲泡（浸泡或煮）的方式，供人们饮用的产品。

（3）夹芯枣类。选取清洗复水后的大果型枣，如新疆骏枣，纵向划开并去核，将芯材夹在枣肉内，常用芯材为核桃仁、腰果、山楂条、葡萄干、枸杞或其他干果等，称为夹心枣。也可将夹心枣加压挤压成夹心枣饼（枣派）。

（4）果脯蜜饯类。按照传统果脯蜜饯加工工艺或改良工艺制作，如阿胶枣、金丝蜜枣、红枣羊羹、紫晶枣、红枣片、芝麻蜜枣、红枣姜膏等。

（5）红枣果酱类。由红枣单独或复配而制作的果酱，如红枣蓝莓酱、红枣山药酱、红枣桑葚酱、红糖姜枣膏等。

（6）红枣液态饮品类。利用枣提取汁制成单一或复配饮品，如板栗红枣汁、红枣石榴汁、红枣沙棘复合饮料、红枣山药汁、红枣豆奶、红枣酸奶、红枣茶菌饮料、蜂蜜红枣冲饮茶等。

（7）枣粉及固体饮品类。产品有单一或复配枣粉，如大枣粉、大枣天麻粉、山药大枣粉、山楂核桃红枣粉、山药芡实红枣粉、薏仁红枣红豆粉、红枣薏米粉、山楂与红枣及灵芝制粉制成胶囊等。

（8）红枣食品类。如红枣面包、红枣味饼干、红枣味太谷饼、红枣酥馍片、红枣蛋糕、猪油松子枣泥麻饼、蜂蜜枣糕、枣泥卷酥等。

（9）膨化或油炸脆枣类。如真空油炸脆枣、变压膨化脆枣等。

（10）冷冻干燥类。真空冷冻干燥枣片、枣圈等。

（11）红枣泡腾片类。如红枣山楂泡腾片、山楂红枣板蓝根泡腾片、红枣益生菌泡腾片等。

（12）发酵制品类。如发酵枣汁、发酵枣粉、红枣醋、枣果酒（包括黑化枣果酒）、枣蒸馏酒、红枣酸奶、红枣营养啤酒、红枣酵素等。

（13）红枣色素及香精类。如枣红色素（羟基蒽醌类衍生物）、枣香精等。

（14）红枣提取物。如红枣多糖、果胶、芦丁、三萜类化合物、多酚类化合物、环磷酸腺苷、枸枣口服液、红枣口服液等。

（15）其他相关产品。黑化枣、枣芽茶、枣花蜜等。

常见的几类红枣加工产品

注：红枣芝麻点心（上左）；真空油炸脆枣（上中）；真空冷冻干燥枣片（上右）；
代用茶（枣茶）（下左）；蜜枣和夹芯枣系列（下中）；红枣酵素类（下右）。

138 生产中红枣常见的几种干制方式

目前用于红枣的干制方式除自然晾晒外，尚有热风干燥、远红外干燥、微波干燥、真空干燥、真空冷冻干燥和变温压差膨化干燥等多种。

（1）热风干燥。热风干燥是现代干燥方法之一，是利用烘箱、烘干室或烘干隧道内产生的热风，促使被干燥物体加快干燥的方法。它是以热空气为干燥介质，通过自然或强制对流循环与物料进行湿热交换的一种干燥方式。

在我国的一些枣产区，农民仍然有使用自建简易烘房进行少量枣的干燥，也是利用热风干燥的原理。

（2）远红外干燥。远红外干燥是利用波长 3～1 000 μm 的远红外线的热辐射能干燥物料的方法。常用的远红外干燥箱的工作原理是，远红外元件被加热后能辐射 2～15 μm 以上远红外线，当它被加热物体吸收时可直接转变为热能，从而获得快速干燥的效果。

蜜枣加工烤房和农户红枣简易烘干房

注：蜜枣烤房（安徽宣城）（左）；农家建造的简易加温烘干房（山西太谷）（右）。

（3）微波干燥。微波干燥是利用微波作为加热源，被干燥物料本身为发热体的一种干燥方式，属于一种内部加热的方法。湿物料处于振荡周期极短的微波高频电场内，其内部的水分子会发生极化并沿着微波电场的方向整齐排列，而后迅速随高频交变电场方向的交互变化而转动，并产生剧烈的碰撞和摩擦，结果一部分微波能转化为分子运动能，并以热量的形式表现出来，使水的温度升高而离开物料，从而使物料得到干燥。

陈建东等（2010）研究了在4 000 W微波照射下，对哈密大枣的干燥效果；结果表明，采用红枣表面扎孔并去核处理、红枣表面温度控制在70℃以下、微波控制方式采用连续加热、辐射时间为190 s时，红枣干燥效果最佳。此研究可为工业化加工红枣提供一定的参考。

（4）真空干燥。通常把容器内气压低于正常大气压的状态称为真空状态，也叫负压状态。真空干燥的原理是一种将物料置于负压条件下，使水的沸点降低。水在一个大气压下的沸点是100℃，在负压条件下随着真空度的增高，水的沸点降低。例如真空度为0.09 Mpa时，水的沸点约为48℃。

（5）真空冷冻干燥。真空冷冻干燥是将食物中所含的水分，预先降温冻结成固态冰，然后在真空状态下，使冰由固体直接升华成水蒸气而获得干燥的一种方法。水分升华后，干物质剩留在冻结时的冰架之中，干燥后体积几乎不变，呈疏松多孔的海绵状，内表面积大，加水后溶解迅速而完全，可快速恢复原来的状态，且由于采用较高的真空度，所以烘干温度一般在35～40℃，可很好保持食物原有的色香味形，营养成分损失很少。

（6）变温压差膨化干燥。变温压差膨化干燥，又称微膨化干燥，其基本原理是将新鲜物料经过一定预处理（如清洗、去皮核、切分等）和预干燥等前处理后，根据相变和气体的热压效应原理，将物料放入相对低温高压的膨化罐中，通过不断改变罐内的温度、压差，使被加热物料内部的水分瞬间汽化蒸发，并依靠气体的膨胀带动组织中物质的结构变性，使得物料形成均匀的多孔结构且具有一定膨化度和脆度的过程。

微波干燥设备及自动烘房（山东百枣纲目生物科技有限公司，2019 年）

注：红枣微波干燥设备（左）；智能烘房（右）。

139 自然晾晒红枣也有学问

晾干法即用自然通风的方法，将鲜枣摊晾在阴凉干燥通风的地方，每隔 1～3 天翻动 1 次，使枣逐渐散失水分而成为干制枣。山西、陕西黄河沿岸及西北干旱枣区多用此法，制得的红枣色泽鲜艳，皱纹少而浅，外形饱满美观。

山东乐陵自然干制金丝小枣，步骤 1，适期采收，在气象条件许可的情况下，金丝小枣以完熟期采收为宜，此期特征为果皮红色加深，果肉开始变软，含水量下降，近核处果肉变成黄褐色（糖心），果柄褪绿转黄；步骤 2，自然晾晒，选平坦、无积水、向阳之处，用砖、竹竿等物将箔支离地面 15～20 cm 高，把枣在上面摊 5～10 cm 厚，暴晒 3～5 天。此期间白天每小时翻动 1 次，每日翻动 8～10 次，日落时堆成垄状用席子盖好，第 2 天揭去席子，等箔面露水干后再将枣摊开，空出中间堆枣通行的箔面。暴晒 3～5 天后改为每天早晨将枣摊开晾晒，上午 11：00 堆起，14：00 后再摊开，傍晚收拢，封盖。经过 10 天晾晒后，果实含水量降至 28 ％以下，果皮纹理细浅，手握有弹性，即可将枣和箔堆积，用席子盖好。每天揭开席子通风 3～4 h 即可。

因地制宜利用自然热源，科学设置通风晾台

注：红枣的庭院及田园晾晒［山东乐陵（左、中）；山西太谷（右）；2018—2019 年］

140 几种干燥方式对红枣中主要营养素含量的影响

王恒超等（2012）以新疆骏枣为试验材料，采用自然干制、热风干制和真空冷冻干制 3 种方式。自然干制方法是于 10 月上旬在新疆生产建设兵团昆仑山枣业有限责任公司的枣场，将鲜骏枣铺于塑料编织布上，上午 10：00 开始晾晒，至 14：00 将枣堆积，用塑料编织布遮盖以免烈日灼伤，16：00 揭开塑料编织布，令其继续晾晒至 20：00，再将枣堆积用塑料编织布遮盖，如此继续 10～12 天，当骏枣含水量为 25 % 左右时停止晾晒。热风干制方式是将烘房升温后，6 h 内平稳升温至 55～60℃为受热阶段，继续在 8～12 h 升温至 60～65℃，为蒸发阶段，再延长 6 h 温度逐渐下降到不低于 50℃为干制完成阶段，烘干时间共需 24 h 左右，使红枣水分达到 27 % 左右停止干制，出烘房后因受热扩散影响，0.5 h 内枣继续干燥脱水至 25 % 左右。真空冷冻干燥的方式是将鲜枣去核，横切成 1 cm 厚薄片，于 -25℃低温冰箱中迅速冻结，取出后于真空冷冻干燥机中进行干制，直至枣果含水量达到 25 % 左右为止；研究结果表明，上述 3 种不同干制方式对骏枣主要营养素影响较大。经 12 天自然干制后，果肉维生素 C 平均保存率仅为 3.47 %；热风干制对果肉维生素 C 的损失率也很高，干燥至终点水分时维生素 C 保存率为 7.35 %，较自然干制维生素 C 保存率高 3.88 %；真空冷冻干制对骏枣维生素 C 的保存率最高，为 24.35 %；在干制过程中，各处理总酸保存率均较高，分别为自然干制 62.23 %、热风干制 50.93 %、真空冷冻干制 76.85 %；总糖、果糖、葡萄糖含量，因干制进程中水分含量的降低而逐渐上升；自然干制过程中可溶性蛋白质含量由 64.8 mg·g^{-1} 下降至 40.3 mg·g^{-1}，下降趋势较缓，干制 9 天后趋于平衡，保存率为 62.19 %；热风干制过程中，干制前期温度逐渐升高，可溶性蛋白质含量下降速度较快，干制至 12 h 时可溶性蛋白质含量最低为 25.3 mg·g^{-1}，保存率为 39.04 %，后趋于稳定；真空冷冻干燥对可溶性蛋白质含量的影响最小，干制结束时含量达 60.2 mg·g^{-1}，保存率为 92.9 %。

王毕妮（2011）研究指出，红枣经干制后，其酚类化合物组成变化很大，其中酚酸类化合物含量显著下降，总黄酮含量变化不明显，而热风干制后其原花青素含量显著升高；红枣经热风干制后，虽然其抗氧化活性未有明显降低，与自然干制的抗氧化活性相当，但其酚酸类化合物显著低于自然干制的红枣；由相关性分析可知，红枣的抗氧化活性与其中总黄酮和原花青素含量关系不大，而与酚酸类化合物有很大关系，建议最好采用自然干制法干制红枣。

文怀兴等（2002）采用 ZGT 型真空低温干燥机，合理控制干制过程真空度范围（270～400 Pa）和干燥室内温度（10～40℃），不同品种的鲜枣在真空条件下可实现快速干制，获得含水率为 4 %～5 % 的干枣仅需 5.5～7.5 h。在红枣（如晋枣、圆枣、马牙枣、梨枣等）真空干燥过程中，取出不同阶段的干制枣，测量水分和维生素 C 含量，用感官评定法对其色、香、味进行评价；结果表明，真空干燥枣的含水量为 4 %～5 % 时，维生素 C 含量在 750～850 mg·100 g^{-1}，含水量为 10 %～15 % 时，维生素 C 含量在 500～680 mg·100 g^{-1}，含水量为 25 %～28 % 时，维生素 C 含量在 200～300 mg·100 g^{-1}，即枣的含水率越低，其维生素 C 含量越高。通过感官评定，真空低温干制的不同品种红枣的果皮仍为鲜枣的玫瑰红色，果肉保持原有的浅绿色，香味浓郁，无苦涩味，无焦味。

文怀兴等（2015）以大枣切片为研究对象，以热风干燥为参照对象，进行真空低温干燥实验，以大枣脆片含水量、维生素 C 含量以及干燥时间为指标，探究真空度、切片厚度、加热温度对大枣切片干燥特性的影响；结果表明，在真空度为 0.092 MPa、切片厚度为 5 mm、加热温度为 60℃的条件下，真空低温干燥大枣切片的干制品质量最好。相对热风干燥，真空低温干燥具有低损耗、高效率、高质量等优越性。

由上述研究结果可见，真空冷冻干燥或真空干燥，对大枣中主要营养素的保持，特别是维生素 C、蛋白质以及其他热敏感成分的保存率具有显著的作用。总体来讲，自然干燥比热风干燥营养成分损失要小些。

141 真空干燥或真空冷冻干燥可生产红枣高档休闲食品

目前市场上常见的休闲食品主要分为谷物类制品（膨化、油炸、烘焙）、果仁类制品、薯类制品、糖食类制品、派类制品（酸角果派，西番莲果派等）、肉禽鱼类制品、干制水果类制品、干制蔬菜类制品和海洋类制品。

采用真空干燥和真空冷冻干燥工艺生产的红枣休闲食品，保持了较高的营养素含量，因此，通常要比普通干燥的售价高许多。商家常将真空冷冻干燥食品称为冻干食品，在包装上常标注出 FD 食品。

张德翱等（2003）采用陕西彬县晋枣为原料，在 ZGT 型真空干燥机内进行干制，试验用 267～400 Pa 绝对压力、干燥室内温度为 10～45℃、加热机为双面平板辐射传热，用 0.01～0.03 MPa 蒸汽作加热介质，间壁式供热，仅需要 5～5.5 h，制得的干枣维生素 C 含量高达 830～850 mg·100 g^{-1}，总糖 80％～83％、铁 3.6～3.8 mg·100 g^{-1}、铅＜0.5 mg·kg^{-1}、砷＜0.5 mg·kg^{-1}、铜＜2.5 mg·kg^{-1}、细菌总数＜10 个·100 g^{-1}，含水量为 4.5％～5％。

孙曙光等（2012）采用真空冷冻干燥技术生产金丝小枣冻干纯粉，主要工艺流程为金丝小枣原料→预处理→冻结→升华干燥→解析干燥→出仓→粉碎包装→成品。其中预处理步骤的主要工作是，原料经过挑选、清洗、打浆去核和去皮、精细打浆、高压均质、瞬时高温灭菌等，制得枣浆；冻结温度为 -35℃以下保持 3～5 h；升华干燥阶段仓内压力控制在 15～40 Pa；解析干燥阶段温度约 50℃，压力 10 Pa 左右；在净化车间内利用气流粉碎机粉碎成要求目数的细粉，铝箔材料真空包装。

王文生等（未发表，2018）以山东乐陵金丝小枣为原料，选择半红期和全红期金丝小枣，用去核机去核，采用试验用真空冷冻干燥装置制作真空冷冻去核脆枣。设定冷冻温度为 -35℃，冷冻时间 5.5 h，真空仓绝对压力为 26.6 Pa，加热板干燥温度 35℃，干制时间约 22 h，干燥产品含水量 4％～5％；经测定，采后金丝小枣鲜枣样品维生素 C 平均含量为半红枣 364.72 mg·100 g^{-1}，全红枣 286.07 mg·100 g^{-1}，真空冷冻干燥产品中维生素 C 平均含量为半红枣 1 065.93 mg·100 g^{-1}，全红枣 732.83 mg·100 g^{-1}。由此说明，真空冷冻干燥可极大地保持红枣中的维生素 C 含量，并且半红枣维生素 C 含量高于全红枣。张卫卫等（2017）以鲜冬枣为原料，比较热风干燥和真空冷冻干燥对鲜冬枣脆片品质的影响；结果表明，真空冷冻干燥鲜冬枣脆片维生素 C 含量为 580 mg·100 g^{-1}，而热风干燥鲜冬枣脆片维生素 C 含量为 97.6 mg·100 g^{-1}，表明真空冷冻干燥可较好地保留鲜冬枣中的维生素 C 的含量。

真空冷冻干燥装置及红枣真空冷冻干燥样品

注：试验用真空冷冻干燥装置及冻干产品（左、中）；冻干枣青圈（右）。

142 几种加热方式对红枣中黄酮类物质含量的影响

张宝善等（2002）采用陕西佳县木枣作为试验材料，研究比较了几种干制方式对红枣中芦丁含量变化的影响；结果表明，自然方法干制的红枣，干制期间芦丁含量变化不大，损失率小，仅从保存红枣中芦丁含量来讲，自然干燥是较好的干制方法；采用远红外干燥箱干制的红枣，设定 80℃ 和 60℃ 2 种温度干制，在干制前期，两者的芦丁变化相差不太，但干制时间超过 3 h 后，80℃干制的红枣芦丁损失率明显高于 60℃的处理，说明远红外线干制红枣，80℃高温是不适宜的；用微波（微波功率 75 W）干制红枣，干制时间在 25 min 时，芦丁含量比干制前减低了 25 %，损失很高；采用热水处理红枣，其芦丁含量随加热温度的升高和时间的延长逐渐减少，用 100℃热水处理红枣，芦丁损失率明显高于 80℃ 和 60℃处理的枣；在 pH 值 4～6 的水中，红枣中芦丁的保存率最高，而 pH 值<4 和 pH 值>6 时，芦丁含量明显减少，碱性条件比酸性条件对芦丁破坏影响更大。

盛文军（2004）进行了干燥方法对陕西佳县油枣总黄酮含量影响的研究。结果显示，控制热风干燥箱（电热鼓风干燥箱）温度为 40℃，干制 8 h，至水分含量为 27.9 % 时，总黄酮含量为 189.3 mg·100 g^{-1}；在自然干制条件下，干燥至水分含量为 29.7 % 时，总黄酮含量比热风干燥的高，为

261.5 mg·100 g^{-1}。

综合上述研究结果可见，自然干制与远红外干制或热风干制的红枣相比，前者芦丁损失较少，原因可能是自然温度通常不会太高（试验平均温度约为 30℃）；无论热空气或热水，较高温度下芦丁损失率明显增高；采用热水加温时，pH 值 4～6，红枣中芦丁的保存率最高，说明该酸度范围内芦丁最稳定；用微波干制红枣，其芦丁在很短的时间内就急剧减少，表明微波干燥对芦丁有较强的破坏作用；高温及其在高温下持续的时间，是造成总黄酮和芦丁损失的主要原因。

143　不同炮制方法对红枣产品黄酮类物质含量的影响

加热是中药炮制的重要手段，其中炒制、煅制应用广泛。陈振武等（2003）用剖开或完整的红枣经炒黄、炒焦、砂烫、醋炙等炮制法进行处理，并与不处理的生品进行煎出物百分含量对比；方法是将各种炮制品分别常规煎煮 3 次，第 1 次 30 min，第 2 次 20 min，第 3 次 10 min。合并煎出液，经浓缩后，水浴蒸干，于 105℃ 干燥 3 h，冷却 30 min，精密称定重量，计算煎出物百分含量；结果表明，无论剖开或完整红枣，与不炮制（生品）相比，各种炮制方法均显著提高了煎出物百分含量。刘世军等（2018）利用炒黄、炒焦、酒蒸、酒炙、"三蒸三制"等不同的炮制方法对大枣进行炮制，再通过高效液相色谱法对炮制后的大枣进行芦丁含量测定；结果表明，大枣经过不同的炮制方法后，其所含的芦丁含量都有所提高，酒蒸、酒炙、"三蒸三制"提高最为明显。

张娜等（2017）以新疆主栽红枣品种骏枣为原料，分别对全红鲜骏枣和干制骏枣进行蒸制处理，研究蒸制对红枣中黄酮类物质含量的影响；结果表明，鲜枣经蒸制后，总黄酮和原花青素含量均显著下降；干制枣经蒸制一定时间后，总黄酮含量与蒸制前无显著变化。

综合上述研究，多数研究结果认为红枣经过不同的炮制方法后，其所含的芦丁含量有提高，酒蒸、酒炙、"三蒸三制"提高最为明显。

144　枣粉及其常见加工方式

枣粉广泛应用于食品加工辅料，可改善产品的风味和色泽，增强产品的保健功能，使产品的品种多样化，同时可提高枣的加工利用程度。比如用作方便调料、烘焙食品、果粉冲剂、冰激凌、雪糕、果冻果汁、固体饮料、奶饮料等。

目前加工枣粉的方法主要分为机械粉碎制粉和喷雾干燥制粉 2 类。

（1）机械粉碎制粉。枣经过干制后机械粉碎制得枣粉。根据原料和成品颗粒的大小或粒度，机械粉碎可分为粗粉碎、细粉碎、微粉碎（超细粉碎）和超微粉碎 4 种类型。超微粉碎是一种先进的粉碎技术，物料粒度可达到 10～25 μm，甚至更细。

（2）喷雾干燥制粉。红枣经过浸提、浓缩，枣汁经过喷雾干燥制得枣粉。马超等（2016）试验以枣浆为原料，对喷雾干燥枣粉工艺进行优化，得到适宜生产高纯度枣粉的喷雾干燥工艺条件为助干剂麦芽糊精的添加量为枣汁（20％固形物）质量的 10％；喷雾干燥进风温度为 180℃，出风温度 70℃；雾化器转速为 25 000 r·min^{-1}；冷风输送温度为 40℃。孔江龙等（2018）通过向枣浆中加入大豆蛋白和果胶酶，优化红枣粉的喷雾干燥加工工艺，得出喷雾干燥红枣粉的最优工艺参数为进料浓度 18％，雾化器转速 26 400 r·min^{-1}，进风温度 170℃，试验所得枣粉出粉率为 57.81％，含水量 4.76％。

由上可见，如果采用喷雾干燥制得枣粉，就必须加入适量的助干剂，才能获得良好的集粉率，亦可减免结块现象的发生。

145 超微粉碎技术及超微枣粉的主要粒度指标

根据原料和成品颗粒的大小或粒度，粉碎可分为粗粉碎、细粉碎、微粉碎（超细粉碎）和超微粉碎 4 种类型。粗粉碎是将原料粒度由 10～100 mm 粉碎至 5～10 mm；细粉碎是将原料粒度由 5～50 mm 粉碎至 0.5～5 mm；微粉碎是将原料粒度由 5～10 mm 粉碎至 ＜100 μm；超微粉碎是将原料粒度由 0.5～5 mm 粉碎至 ＜10～25 μm。

超微粉碎主要采用机械式粉碎法，根据粉碎过程中物料载体种类的不同，又可分为干法粉碎和湿法粉碎。干法粉碎有气流式、高频振动式、旋转球（棒）磨式、锤击式和自磨式等几种形式；湿法粉碎主要是采用胶体磨和均质机。针对韧性、黏性、热敏性和纤维类物料的超微粉碎，可采用深冷冻超微粉碎方法。该方法是先将物料冷冻至脆化点或玻璃体温度之下，使其成为脆性状态，然后再用机械粉碎或气流粉碎方式，使物料超微化。

周禹含等（2013）将新鲜冬枣经过前处理得到厚度为 5～7 mm 的枣

片，通过变温压差膨化干燥、真空干燥和热风干燥 3 种常用的干燥方式制得的枣粉，采用振动磨超微粉碎技术制备超微枣粉，研究超微粉碎对枣粉品质的影响；枣粉经超微粉碎后的物理特性变化，枣粉的 L、a、b 值变大，色泽趋向于浅红黄色，溶解性增大，吸湿性和复水性降低；枣粉经超微粉碎后的营养成分变化表现为还原糖、可溶性固形物、黄酮类物质、环磷酸腺苷含量增加，维生素 C 含量降低。

周禹含等（2014）将新鲜冬枣经过前处理得到的厚度为 5～7 mm 的枣片，用 60℃ 热风预干燥 2 h 后，采用 QDPH10-1 变温压差果蔬膨化干燥机进行膨化干燥，膨化温度 90℃、停滞时间 10 min、膨化压力 0.2 MPa，抽空温度 65℃，抽空时间 3 h，所得干枣含水量低于 5 %。对干制的冬枣片，用高速万能粉碎机和低温超微粉碎机分别进行普通粉碎和超微粉碎，并采用固相微萃取与气相色谱 - 质谱联用法（SPME-GC-MS），进行产品香气成分的比较；结果表明，普通粉碎冬枣粉检测到 35 种芳香成分，而超微粉碎冬枣粉检测到 51 种芳香成分；经过超微粉碎后有新产生的芳香物质，也有消失的芳香物质，但是与普通粉碎相比，枣粉中香气成分种类显著增加。此外，超微粉碎后酚类化合物、醇类化合物和烷烃类化合物的含量均有明显增加；酯类化合物、酸类化合物和醛类化合物的含量均有明显降低。

毕金峰等（2015）将沾化产新鲜冬枣经过清洗、碱液处理、冲洗、护色处理后再漂洗、去核和切片后，采用变温压差膨化干燥（60℃ 热风预干燥 2 h 后进行膨化干燥，膨化温度 90℃，停滞时间 10 min，膨化压力 0.2 MPa，抽空温度 65℃，抽空时间 3 h）；研究指出，变温压差膨化干燥超微枣粉生产效率高、成本低，是超微枣粉生产中较适宜的干燥工艺。

146 如何控制枣粉加工和储藏过程中的结块现象

目前市场上销售的枣粉，多数为浓缩枣汁中添加助干剂后经喷雾干燥而制得，这类产品通常不易结块。但是在加工过程中干燥温度较高，红枣中营养成分特别是热敏性物质损失较多。糊精等助干剂的添加，使枣粉成为复合原料枣粉（有人称为"二合一枣粉"），枣粉的香气与纯枣粉相比明显降低。

采用低温真空干燥技术先将去核枣加工成干枣，再经低温粉碎机粉碎后，可制得高维生素 C、无焦苦味的枣粉。但是纯枣粉因含糖量高，果胶含量也较高，在通常条件下特别容易吸潮结块。许牡丹等（2011）研究指

出，枣粉抗结的最佳工艺条件为低温真空干燥后，去核干枣水分含量在
3%以下，磨粉环境相对湿度控制在30%～35%，复合抗结剂为0.7%微
晶纤维素+0.6%二氧化硅+0.7%磷酸三钙，枣粉的粒度为120～140目，
内包装充氮气量为30%。崔升（2015）的研究也指出，二氧化硅在枣粉中
的添加量为0.8%时，有较好防止枣粉结块的效果。有研究指出，采用铝
塑复合膜（PET/AL/PE）包装的豆奶粉，对固体饮料颗粒的含水量控制优
于镀铝复合膜（PET/VMPET/PE），相比之下，铝箔对水蒸气的渗透阻隔性
更好。

《食品添加剂使用卫生标准》（GB 2760—2014）中，允许使用的抗
结剂有5种：亚铁氰化钾、硅铝酸钠、磷酸三钙、二氧化硅和微晶纤维
素。抗结剂具有颗粒细，表面积大（310～675 $m^2 \cdot g^{-1}$），比容高（80～
465 $kg \cdot m^{-3}$）等特点，易吸附食品中的水分。添加单一或复合抗结剂的比
例虽然很低，并且有较好防止枣粉结块效果，但是毕竟是添加了食品添加
剂，所以有些人觉得宁可产品有一定结块，也尽量不加或少加添加物，然
而结块后确实会影响枣粉销售、食用及加工使用。

干制枣糖分含量高，因而纯枣粉很容易吸潮结块

注：喷雾干燥添加助干剂的枣粉（不易结块）（左）；干制枣片刚粉碎（中）；
塑料袋内包装的纯枣粉（右）（易结块）。

147 复合枣粉的研制及提高枣粉冲调性的措施

白兰等（2014）以红枣为主要原料，复配山药粉、葛根粉，并研究了
多种因素的不同水平对复合枣粉的口感、风味、色泽的影响；结果表明，
果胶酶处理红枣浆最适条件为加酶量是红枣质量的0.3%，酶解温度为

36℃，酶解时间为3.5 h；复合枣粉配方为红枣约55％、山药27％、葛根9％；复合枣粉风味调配比例为复合枣粉20 g、白砂糖1.5 g、羧甲基纤维素（CMC）2％。孙彩翼等（2019）以紫糯小麦全麦粉为主要原料，添加红枣粉、枸杞粉及黄芪与当归混合粉，筛选出最优的产品配方，改善其冲调性，测定产品营养成分；结果显示，该款粥粉的最佳配方是以紫糯全麦粉为基数，红枣粉5％、枸杞粉3％、黄芪-当归（质量比为5∶1）混合粉0.9％；每100 g粥粉能量1 442.64 kJ、蛋白质14.34 g、脂肪1.47 g、碳水化合物68.84 g、铁4.99 mg；复配后的粥粉感官结果总体较好，铁含量较高，营养丰富。

固体饮品的冲调性好坏直接影响其外观和口感。一般来讲，固体饮品颗粒越小，则颗粒比表面积越大，溶解速度越快；但是粒度小，颗粒之间的空隙也变小，表面溶解时它们黏着在一起，阻止水分向粉体内部扩散，而且粒径小容重也小，会浮在液面上，相对减少了湿润面积，溶解速度反而下降。为了改善枣粉的冲调性，许牡丹等（2014）研究了膨化米粉及其他相关因素对红枣粉冲调性的影响；结果表明，65℃冲调温度，添加40～60目的膨化米粉35％的条件下，能得到最佳冲调效果。该条件下枣粉分散时间为8.57 s，较纯枣粉缩短了约94％，分散稳定时间约为122 s，较纯枣粉提高了1.72倍。膨化米粉的加入能显著缩短枣粉的分散时间，同时适当延长其分散稳定时间。

148 我国蜜枣的三大类型

以产品水分含量来分，我国蜜枣大致分三大类型，分别为京式蜜枣，产地多采用两次糖煮法，通常要求产品水分含量在17％左右，又叫北式蜜枣；徽式蜜枣，产地多采用一次糖煮法，通常要求产品水分含量13％左右，也称南式蜜枣；桂式蜜枣，产地多采用一次糖煮法，通常要求产品水分含量7％左右。可以看出，三者水分含量差异较大，口感越来越硬。

南式金丝蜜枣生产，必须经过选料、分级、清洗、切缝、糖煮、倒锅、烘烤、整修、包装等各道加工工序。成品含水率12％～15％，总糖75％～80％。

常见的金丝蜜枣、阿胶水晶枣等，都属于京式蜜枣及其变种，是软蜜枣类型。

149 蜜饯果脯等果蔬糖制产品如何定义区分

根据《蜜饯卫生标准》（GB 14884—2003），蜜饯类、凉果类、果脯类、话化类、果丹（饼）类、果糕类的定义如下。

（1）蜜饯类。以水果为主要原料，经糖（蜜）熬煮或浸渍，添加或不添加食品添加剂，或略干燥处理，制成带有湿润糖液面或浸渍在浓糖液面中湿态制品。

（2）凉果类。以果蔬为主要原料，经或不经糖熬煮、浸渍或腌制，添加或不添加食品添加剂等，经不同处理后制成的具有浓郁香味的干态制品。

（3）果脯类。以果蔬类为原料，经或不经糖熬煮或浸渍，可以加入食品添加剂为辅助原料制成的表面不黏不燥、有透明感、无糖霜析出的干态制品。

（4）话化类。以水果为主要原料，经腌制，添加食品添加剂，加或不加糖，加或不加甘草制成的干态制品。

（5）果丹（饼）类。以果蔬为主要原料，经糖熬煮、浸渍或腌制，干燥后磨碎，成形后制成各种形态的干态制品。

（6）果糕类。以果蔬为主要原料，经磨碎或打浆，加入糖类或食品添加剂后制成的各种形态的糕状制品。

150 《蜜饯卫生标准》（GB 14884—2003）对产品规定了哪些理化和微生物指标

《蜜饯卫生标准》（GB 14884—2003）规定，产品中铅≤1 mg·kg^{-1}；铜≤10 mg·kg^{-1}；总砷（以 As 计）≤0.5 mg·kg^{-1}；二氧化硫残留量按GB 2760—2014 执行。规定的微生物指标为菌落总数（CFU/g）≤1 000；大肠菌群（MPN/100 g）≤30；霉菌（CFU/g）≤50；致病菌（沙门氏菌、志贺氏菌、金黄色葡萄球菌）不得检出。

151 我国蜜枣产品的主要产地和名称

我国南北方都有蜜枣生产，因独特的工艺和悠久的历史，形成了具有地方特色的名优产品，有些享誉海外。

名优蜜枣产品基本均是以产地命名的，如浙江义乌南枣、浙江金华金丝琥珀蜜枣、浙江兰溪蜜枣；湖北随州蜜枣；安徽水东蜜枣（安徽宣城蜜枣）、安徽池州石台县琥珀蜜枣、安徽广德县施村蜜枣；广东郁南县都城蜜枣、广东连州蜜枣；广西灌阳蜜枣、广西梧州蜜枣；苏州金丝蜜枣；陕西大荔金丝蜜枣；山东乐陵蜜枣、山东高密蜜枣；河北沧州蜜枣、河北赞皇蜜枣；山西清徐金丝蜜枣，等等。

152 无蔗糖枣脯类加工流程

目前市场上的果脯不少是按传统工艺制得的高糖产品，多数含糖量在70％左右。若平时过多食用高糖果脯，会对身体带来很多不良影响。

无蔗糖枣脯类加工流程：原料选择（新鲜青枣）→预处理（去核、去皮）→护色硬化→糖煮→浸糖烘干→整理→包装→成品。

马姝雯等（2012）以新鲜青枣为原料，研制无添加蔗糖青枣果脯的生产工艺和配方；结果表明，将去核、划丝后的青枣置于0.4％柠檬酸、0.15％D-异抗坏血酸钠和1％食盐的混合液中，常温浸泡1.5 h，作护色硬化处理；在40％麦芽糖醇、0.25％阿斯巴甜、0.15％甜蜜素、0.05％山梨酸钾、0.5％CMC-Na、0.05％黄原胶和0.3％卡拉胶配置的糖液煮制13 min，在40℃浸渍24 h，捞出沥干糖液；于55℃、0.06 MPa真空下干燥5 h。制成的青枣果脯成品色泽黄绿，透明度好，软硬适中，脯体饱满，口味甜而不腻有嚼劲。

上述研究中，以麦芽糖醇替代了蔗糖，并添加了复合甜味剂和其他食品添加剂。实际生产中添加剂的使用种类和使用量，必须严格按照《食品添加剂使用标准》（GB 2760—2014）最新标准执行。

153 广德蜜枣加工流程

广德蜜枣以广德县邱村镇施村村加工最多，所以也称施村蜜枣。生产的蜜枣属于南式蜜枣类型。

蜜枣类加工一般工艺流程：原料选择→清洗→切缝（划丝）→预煮→糖煮浸渍→烘干→整理→包装→成品。

汪正翔（2011）报道了广德蜜枣加工工艺，其工艺要点如下。

加工广德蜜枣在原料选择上，主要有牛奶枣、羊奶枣、红大枣、甜大枣、木头枣等果实较大的品种，牛奶枣品质最好。鲜枣的采收期以白熟期为宜，此期采收的鲜枣所加工的蜜枣，煮枣时间短，吸糖率高，成品琥珀色且透明，口感好。

采用划枣器划枣，具有效率高、易掌握、切缝均匀等优点。

煮枣是加工蜜枣的关键工序，要求技术高，煮枣所用的糖要求是纯净的白砂糖，1 kg鲜枣需纯净的白砂糖约0.7 kg、水0.5～1 kg，煮时加大火，一般在10 min内煮沸，此后不能断火，使锅内保持沸腾状态，煮沸后30 min左右，火要适当小些。在煮沸过程中，由于枣内水分和某些内含物的外渗，以及一些杂质使锅内不断产生一些泡沫状物质，要求及时将其舀除，这一工作称作"打浆"或"打沫"，打浆直接影响蜜枣的色泽和透明度。煮枣时间因鲜枣成熟度、果型大小以及品种不同而存在差异，一般需要45～60 min。煮枣过程中，要不断地翻动。判断枣是否煮好的依据有2点：一是看汤色，即煮枣的汤液由乳白色转变为黄色；二是捏枣，捏一下锅内的枣，如果可以明显地感觉到枣核，即说枣已煮熟煮透，即可起锅。枣起锅前要放一些"枣油"（即上锅煮枣后过滤下来的糖液），目的在于降低锅内的温度，解除沸腾状态，便于盛枣。

浸糖是将煮好的枣连同煮好的糖液一起盛放于容器中浸泡吸收糖分。浸糖过程中，由于大量的糖液被果肉吸收，容器内糖浆不断减少，同时枣果互相浮托，使得一些枣裸露在糖液之外，而影响糖分吸收。因此要间隔一定时间翻转，以保证上下枣吸收糖分均匀一致。

初烘是将滤浆（沥干糖液）后的蜜枣进行初烘。初烘时，火势不宜过强，温度60～70℃为宜，以免枣子表面糖液结壳，阻碍枣果内水分蒸发，造成外焦内湿，影响品质。初烘时，为了降低空气湿度，烘房内要保持一定的通气状态，以利水分散失。中期温度可高些，火势可稍强，后期温度要稍低些。

整形，也叫捏枣，是用手捏压枣子，使其外形为扁平长圆形，经捏制的蜜枣一般可平叠垒放5～7枚而不倒。初烘的蜜枣柔软可塑性强，对一些果顶尖的品种还要压一下果顶，使其变成圆钝形，美观大方。捏枣还有一个重要的作用，即破坏枣果上的"糖衣"，以利复烘干燥。

经过初烘整形后的蜜枣，仍含有一定量的水分，复烘的目的是使蜜枣充分干燥至适宜长期保存的含水量，复烘的温度一般保持在50～60℃。复烘时要不断翻动枣，随着水分的减少，温度要适当降低，复烘需要2～4 h，直到蜜枣内外干硬一致，外表析出一层白色的糖霜时即制成成品蜜枣。

154 阿胶枣加工工艺流程

阿胶是通过蒸煮和浓缩方式，从驴皮中提取的一种凝胶类似物，具有滋阴补血、润肺止咳、养心安神等作用，作为传统中药已经在我国使用两千多年（杜怡波等，2018）。阿胶枣是以红枣与阿胶两种药食同源食材为主要原料，采用现代工艺熬制而成，因用阿胶熬制后枣颜色呈红棕色至红褐色，用光照时晶莹剔透似水晶，故名阿胶枣。

阿胶枣加工工艺流程为枣原料选择→清洗→去核→糖煮→阿胶煎制→阿胶煎制液和糖液浸渍→烘干→整理→包装→成品。

卢艳等（2016）研究报道，以阿胶、红枣和白砂糖为原料，经清洗、浸渍、烘烤等工序加工而成，阿胶枣中蛋白质含量≥2％；阿胶枣具有较强的调节小鼠免疫功能、调节小鼠体液免疫功能和调节小鼠巨噬细胞吞噬功能的作用，同时阿胶枣各剂量组均未见免疫抑制现象。

155 紫晶枣及西山焦枣加工工艺流程

紫晶枣是对乌枣加工工艺进行改进而制成的产品，它克服了乌枣加工需要熏制可能产生苯并芘而产生的食品安全隐患。紫晶枣加工中不采用熏窑而采用烘房或隧道式干制机，成品通体发紫，透明度高，外观洁净，无烟熏味，枣香纯正。既可直接食用，也可继续加工（罗莹，2010）。

紫晶枣加工工艺流程一般为原料选择及分级→清洗→促红→煮枣（根据大小分级不同，煮制时间也不同）→净水冷却→烘烤→成品。

加工紫晶枣的原料应为全红或半红的硬脆枣，青枣或软熟枣不可加工，最佳采收期为脆熟期，枣一定要保持脆硬状态。如果采摘的是半红枣，需要做促红处理。方法是采用90～95℃热水中漂烫2～3 s，然后出水堆放或放置在容器中，其上加盖覆盖物，在保温条件好的情况下，一般数小时可以变红。

煮枣是加工紫晶枣的关键步骤，将分级促红后的鲜枣在不锈钢锅内进行煮制，时间以手捏稍软为度，这需要摸索总结经验。如果煮制时长，成品表面花纹粗细不均，且营养成分流失多，但煮制时间太短，成品透明度差或不收缩。煮制时间与鲜枣成熟度、品种及火候等有关。以河北阜平大枣为例，以沸水放入枣后再沸腾计时，一级枣（70～80 个·kg^{-1}）需要煮10～15 min，二级枣（80～90 个·kg^{-1}）需要煮10～13 min，三级枣

（90～110 个·kg⁻¹）需要煮 8～10 min，四级枣（110～130 个·kg⁻¹）需要
煮 5～8 min。

将煮好的枣立即放入洁净冷水中冷却 3～6 min，沥去表面水分，放
入烤盘内，厚度以 3～5 个枣的高度为宜。烘烤温度一般掌握在 70℃左
右，烘烤时间 20～30 h。如小批量加工，也有煮制后用阴干法制作。大
致 1 kg 鲜枣可以加工成 0.5 kg 紫晶枣。目前，紫晶枣主要加工地域为我
国西北地区，采用的枣品种有骏枣、晋枣、中阳木枣、狗头枣、中卫大
枣等。

西山焦枣为安徽池州特产，采用传统的制作工艺，先蒸后烘，反复多
次，色如紫金，柔软鲜嫩，甘甜溢香。加工工艺流程如下。

原料（9 月上旬至 10 月上旬脆熟期分批采收，产地范围内生产的鲜
枣，单果重≥10 g）→清洗杀青（水温为 60～70℃，时间为 2～3 min）→
蒸制（采用当地生产的木制蒸笼蒸制，时间 20～30 min）→烘干（使
用木炭火熏蒸烘干，温度为 60～70℃，时间≥24 h，烘干到产品含水
率≤20% 为止）→成品（感官要求：色泽紫褐色，颗粒完整、外形细长；
质地胶黏，肉质细腻，枣香浓郁；理化指标：水分≤20%，总糖≥40%，
总酸≤2.5%；安全及其他质量技术要求：产品安全及其他质量技术要求符
合国家相关规定）。

我国西北地区生产的紫晶枣（王文生摄于山西柳林，2020 年）

156 玉枣加工工艺流程

玉枣是在综合传统果脯工艺的基础上，研制成的一种外观绿黄色的枣
加工产品。由于外形色泽类似玉石的色泽，称为玉枣。

玉枣加工工艺流程：原料选择→清洗→去皮和去核→护色处理→糖

渍→烘烤→回软→滚粉→包装→成品。

池建伟等（1997）阐述了玉枣加工流程，指出玉枣的生产过程中的关键单元操作为去皮、护色、糖煮和烘烤。枣果去皮应采用碱液去皮，碱液浓度9%时，在沸腾状态下处理150 s，即可达到完全去皮的效果，碱液浓度高则所需时间短，产品的维生素C保存率也较高；护色操作以0.15%柠檬酸和0.1%亚硫酸氢钠溶液浸泡为宜；糖煮起始浓度以低于45%为宜，将去核的枣坯倒入沸糖液中，加温至糖液再次煮沸，加入适量浓糖液（50%以上）或干砂糖，反复多次，至枣坯透明，糖液浓度达到55%～60%时即可出锅，整个煮制时间为50～70 min；浸渍是将完成煮制的枣坯捞入同浓度的冷糖液中，浸泡12～15 h，使之充分渗糖，糖制的终点浓度为产品含糖量为55%～60%；烘烤采用70℃烘烤3 h，然后降至50℃烘烤22.5 h，烘烤期间玉枣的颜色随时间的延长和温度的升高而加深，烤房内相对湿度也与产品颜色相关，排湿较差时，干制后期果肉颜色明显较深；滚粉配比为1份柠檬酸加22份葡萄糖粉时，酸甜适口，为广大消费者所接受；成品玉枣要密封包装，否则产品容易产生褐变和干缩。

157 话枣加工工艺流程

话枣为话化类，也称凉果类。凉果是指将各种瓜果经腌制、糖（蜜）熬煮式浸渍、干燥后制成的产品，具有糖、酸、香料、食盐等融洽的风味，甜酸可口，芳香浓郁，回味悠长。广式凉果产业始于唐宋，已逾千载。

凉果类的主要用辅料为甘草、盐、糖，糖含量通常低于50%。形状一般保持原果整体，表面较干，有的呈盐霜；味道甘美、酸甜、略咸，有原果风味，并具生津止渴，开胃消滞作用。

凉果的加工过程，一般是先将新鲜原料用高浓度食盐溶液浸渍，或经盐渍后晒干，作为半成品保存，这种半成品称为果胚。果胚可以较长期地保存，以待陆续加工，常年生产。加工凉果时，将果胚用清水浸泡，析出过多的盐分，然后用甘草、白糖、甜味剂或其他天然植物香料（如丁香、八角、小茴香、桂皮、肉蔻等）配成溶液反复浸渍，使果胚充分吸收，再取出烘干或晒干即为成品。

选料：选择果大、核小、肉厚的品种，全红期采摘，要求无病虫侵害的果实，分成大、中、小3级。

去皮：采用浓度为5%～9%煮沸的氢氧化钠溶液，在沸腾状态下处理60～150 s，沥去碱液，放入冷水中，迅速揉擦除净枣皮，然后用清水多次冲洗干净。

腌制：以100 kg枣用10 kg盐，在大缸中一层枣一层盐，上面压盖重物，防止枣浮出液面，约半个月后取出晒干，这个步骤叫腌制，是做凉果类的特殊步骤。

脱盐：将腌制晒干的枣坯在流水槽中泡洗2天，除去大部分盐分，晒至半干。

调味液制作及浸糖：用甘草5 kg，桂皮0.4 kg，加清水60 kg煮沸，浓缩至50 kg左右，澄清过滤制取甘草桂皮调味液；取一半甘草桂皮调味液液加糖20 kg，甜味剂适量，溶解制成甘草糖液。将100 kg枣坯浸泡在此热甘草糖液中，12 h后捞出，晒至半干，收回放置在容器中。另一半甘草液加到未被完全吸收的甘草糖液中，另加糖3～5 kg和甜味剂适量、柠檬酸100 g和适量食用色素，调匀煮沸后，倒入盛有晒至半干枣坯的容器中，再浸泡10～12 h，直到枣坯吸糖液饱和后，取出晒干，然后拌上甘草粉2 kg和桂子油60 g即成成品。

158 营养健康枣片及其制作工艺

这里所述的枣片实际上属于果丹类制品，其基本工艺流程为原料选择→清洗→去核→破碎打浆→物料混合→均质→过滤→摊板刮片→烘干→切片包装→成品。

赵旭等（2014）以大枣、党参、怀山药、东阿阿胶等为原料，研制了益气养血营养枣片，其操作要点和主要工艺参数，其一，大枣、山药和阿胶的预处理，将经过干燥去核、粉碎预处理的大枣及山药分别放入研磨机中研磨，过180目筛去除粗渣，得到大枣粉及山药粉；阿胶粉碎成颗粒状，置于4℃待用；其二，党参液的制备，将党参加入一定量的水浸泡30 min后，小火煎煮1 h，过滤，去渣，浓缩，将滤液浓缩至质量浓度为0.08 g·mL^{-1}，待用；其三，大枣党参原浆的制备，将过筛后的大枣粉按照一定比例加入95～100℃党参液中，熬制10～12 min，冷却后待用；其四，净化、混合，将经预处理的阿胶、山药粉加入制备好的大枣党参原浆中充分搅拌溶解，过滤去杂质，再与白砂糖、柠檬酸按比例混合，制成混合枣浆；其五，均质、过滤，将混合枣浆进行 2 级均质（第 1 级 10 MPa、第 2 级 20 MPa）后，用 140 目滤布再次进行过滤；其六，烘干，将经浓缩后的混合枣浆装盘，经过刮片后，置于烘箱中烘干，揭片，密封保存 24 h；其七，切片、包装，按要求将大块枣片切成规格 15 mm×60 mm×2 mm（长 × 宽 × 厚），内包锡纸，外包商用包装纸，即为成品。上述研究采用单因素试验方案和感官评价的方法，确定的优化配比为大枣粉与生药量 0.08 g·mL^{-1} 的党参液以 1：7 的比例混合，加入山药粉 3 %、阿胶 0.5 %、白砂糖 8 %、柠檬酸 0.4 %。枣片最佳烘干温度为 60～70℃，烘干时间为 8～9 h。

袁亚娜等（2013）以红枣、山楂为主要原料，确定了红枣山楂复合果丹皮的最佳工艺是红枣和山楂的配比为 3：1，料水比为 2：1，沸水煮 10 min，果浆铺片厚度为 6～7 mm，温度控制在 60～70℃，烘 8～9 h，切片，包装；复合果糕的最佳工艺是红枣和山楂的配比为 1：1.2，料水比为 2：1，沸水煮 15 min，加入 1 % 琼脂和 10 % 木糖醇，冷却凝固成型。范会平等（2013）利用山药、核桃和红枣复配，研制出一种健康的营养枣片；主料最佳配比为红枣 18 g、山药 6 g、核桃 3 g；辅料的最佳配比为白砂糖 10 %、柠檬酸 0.5 %、果胶 0.5 %。

159 红枣复配软糖的制作

魏晓峰等（2016）进行了红枣核桃软糖的配方研究与工艺优化；结果表明，红枣核桃软糖的最佳配方是枣粉、核桃仁、猪油、淀粉糖浆、白砂糖、蛋清和水的质量配比为 1.7：1：0.36：0.76：0.41：0.82：1.01；影响品质的主次因素从大到小依次是核桃仁添加量＞枣粉添加量＞淀粉糖浆添加量＞猪油添加量。王益慧等（2020）对山药红枣功能性软糖的制作工艺进行了研究，探讨了山药护色以及原料配比，得到软糖原料的最优配比；结果表明，山药片在 0.1 % D- 异抗坏血酸钠溶液中浸泡 2 h 护色效果最佳；软糖原料最优配比为山药汁 20 %、红枣汁 15 %、木糖醇 30 %、明胶 6 %、琼脂 1.75 %、CMC 0.18 %，此时软糖的口感较好。

王建军等（1997）以红枣为主料，配加核桃仁、花生米、芝麻等原料，研究开发红枣制品——红枣饴；在筛选的配方中，以红枣 35 %、白糖 25 %、花生米 15 %、核桃仁 5 %、淀粉糖浆 18 %、芝麻 1.5 %、香料 0.1 % 的配方得分最高；主要工艺是选干制红枣（或鲜枣），剔除霉烂、虫蛀等次果及杂物，用清水浸泡，清洗干净，放入夹层锅内煮制，直至枣肉软烂；用120目打浆机打浆，分离枣皮和枣核，即制成枣泥备用；将花生米、核桃仁及芝麻筛选去杂后，分别在烤箱内125℃下焙烤至逸出各自特有的香味，冷却后搓去皮；花生、核桃仁制成0.3 cm左右大小的碎块备用；按配比要求量取各种配料，先将枣泥、淀粉糖浆、白砂糖加入夹层锅中，加热搅拌煮制，当可溶性固形物达70%时，加入制备好的花生米、核桃仁、芝麻、香料，迅速搅拌均匀后出锅冷却；将熬制好的物料倾入模具内或平台上碾成0.8～1 cm厚的薄片，冷却10～30 min后上机压片，切割成块，进行包装后即为成品。

王国强等（2018）以生姜汁、红枣汁、卡拉胶、琼脂、白砂糖、葡萄糖、柠檬酸为主要原料，对生姜红枣软糖工艺进行了研究；得出最佳配方为卡拉胶2.5%、琼脂1.5%、白砂糖25%、葡萄糖15%、柠檬酸0.15%，生姜汁与红枣汁体积比2:3；该条件下制得的软糖色泽纯正，软硬适中，风味独特，表面光滑，口感最佳。

160　真空油炸酥脆枣加工流程

真空油炸酥脆枣属于果蔬真空油炸脱水工艺，通过真空油炸、脱油等过程，使产品的水分活性大大降低，能较好地保持鲜枣原有的色、香、味、形，通过适宜包装，可比鲜枣大大延长销售期。

真空油炸酥脆枣加工工艺流程为原料选择（新鲜鲜食品种，也可采用速冻的鲜枣）→分级→清洗→去核→杀青→真空油炸→离心除油→冷却→分选→计量包装→检验→成品。

真空油炸酥脆枣的技术关键点，其一，原料选择，选用9成以上成熟度、直径1.5～3 cm新鲜大枣，要求果形完整，无病虫，无霉烂变质，无机械伤，果实均匀；其二，分级，将挑选好的原料进行分级，如果大小果实混在一起，需要的油炸时间不同，将严重影响油炸质量；其三，去核，采用去核机去核，根据不同的品种选择更换适宜的去核管径；其四，漂烫，通常在夹层锅内采用蒸汽加热进行1～2次漂烫，控制水温70℃左右，其目的是使得枣果中的氧化酶、单宁等褐变物质失活，减免酶促褐变，改变枣果组织结构，增强果皮的通透性，减少纤维张力，避免油炸时收缩、卷曲和变形，促使产品外观色泽基本一致且鲜亮；其五，真空油炸，一般采用棕榈油，油炸是在真空度变化的情况下进行的，真空度逐步提高，使得油炸温度在 80～85℃（所以也称真空低温油炸）。枣大小不同所用油炸时间不同，直径 2.5 cm 左右的枣，油炸时间 45 min 左右；其六，脱油。脱油时真空度达到最高，达到 0.098 MPa，时间一般为 40～60 s，脱油后油脂含量通常控制在 10 % 左右。

王玉峰等（2011）对原料低温贮藏、冷冻处理、去核清洗、真空油炸等工序提出明确的要求，指出原料采收后分级并存放于保鲜库内，单库存放，待全部达到加工要求后送至冷冻库冷冻。为了保证加工质量，便于去核，原料须经低温冷冻后方可进入加工程序，冷冻温度需低于 -18℃，时间 48 h 以上。经冷冻的原料经进一步分级筛选后解冻，然后进行去核，破损率不得超过 5 %。去核后的原料进入加工车间后，首先用自来水对原料进行清洗，去除杂质，并且略微浸泡去除过多的糖分，然后沥水放置，以备入锅加工。清洗干净沥水后的原料，直接入低温真空油炸设备进行脱水，按额定数量、时间加工。其间不加入任何添加剂。炸制用油为食用棕榈油，只使用 1 次，用后结合洗罐更换。

161 变温压差膨化酥脆枣加工流程

变温压差膨化干燥技术是一种新型的非油炸干燥技术，它是前期经过一段时间的间接蒸汽加热，使物料达到一定温度后瞬间卸压再进行真空干燥，利用温度和压力差的变化，使得物料内部水分快速迁移、蒸发，达到干燥的目的。变温压差膨化干燥技术，结合了热风干燥和真空干燥的优点，具有产品口感酥脆、食用方便、营养丰富等特点。

变温压差膨化酥脆枣加工流程为原料选择（新鲜鲜食品种）→清洗→去核→切片→预干燥→回软→变温压差膨化干燥→冷却→包装。

于静静等（2010）以山东沾化冬枣为原料，清洗干净，去核再经过预处理后的冬枣，置于 80℃电热恒温鼓风箱中预干燥一段时间后，在膨化温度 90℃、膨化压力 0.2 MPa 的条件下进行膨化，之后在温度 80℃下真空干燥 1 h；研究总结了冬枣膨化产品的选择指标优化顺序为硬度＞脆度＞色泽，并得出运用烘干、碱水热烫和冷冻等预处理方式并未能明显改善冬枣膨化产品的硬度和脆度，而碱液浸泡则有一定的效果，提出冬枣变温压差膨化干燥时，可以选择 1 % 的碱液浸泡之后进行后续的烘干和变温压差膨化。

贾文婷等（2016）以新疆地区红枣为研究对象，采用变温压差膨化干燥，得出的最佳工艺为预干燥时间 4 h，膨化温度 72.1℃，抽空时间 84 min。程莉莉（2012）进行了冬枣在 56%、67%、79% 3 种不同预干燥水分含量下进行变温压差干燥试验；结果表明，水分含量为 56% 时所得变温压差干燥冬枣品质较好，相同干燥条件下，切片处理的冬枣的硬度值较小、复水性和多孔性较好。何新益等（2011）比较了膨化温度分别为 90℃、98℃、105℃条件下变温压差冬枣的品质；结果表明，膨化温度为 105℃时枣的硬度值（反映产品的酥脆度）最大，膨化温度为 98℃时的硬度值最小，复水性差别不大，L 值（明度指数，L 值越大，表示产品颜色越好）从大到小顺序为 98℃＞90℃＞105℃，在膨化温度为 105℃时，枣略带红色，此时的冬枣有焦煳味。综合考虑，膨化温度 98℃时冬枣品质较好且能耗较少。

当然，枣品种不同，预干燥所达到的含水量也不同，适宜的膨化温度也需要进一步试验确定。

162 《免洗红枣》国家标准主要规定了哪些内容

免洗红枣是以成熟的鲜枣或干枣为原料，经挑选、清洗、干燥、分级、杀菌、包装等工艺制成的无杂质可以直接食用的枣制品。

中华人民共和国国家标准《免洗红枣》（GB/T 26150—2019），规定了免洗红枣的术语和定义、分类、质量要求、检验方法、检验规则、标签、标识和包装、运输和存储等内容。其中在理化要求中明确，总糖（以可食部分干物质计）≥70%，低含水量制品水分≤25%，高含水量制品 25%＜水分≤35%。

163 免洗小红枣和免洗大红枣的等级规格

根据中华人民共和国国家标准《免洗红枣》（GB/T 26150—2019），免洗小红枣包括金丝小枣、鸡心枣等；免洗大枣包括灰枣、板枣、朗枣、圆铃枣、长红枣、赞皇大枣、灵宝大枣、壶瓶枣、相枣、骏枣、婆枣、木枣、大荔圆枣、晋枣、油枣、大马牙枣、圆木枣等。

免洗小红枣和免洗大红枣等级规格见表 7 和表 8。

表 7　免洗小红枣等级规格

项目＼等级	一级	二级	三级	等外果
品质	果肉肥厚，具有红枣应有的色泽，无肉眼可见外来杂质			
果型和大小	果型饱满，果粒均匀度≥90%，具有红枣应有的特征，每千克450～500粒	果型饱满，果粒均匀度≥80%，具有红枣应有的特征，每千克501～600粒	果型饱满，果粒均匀度≥70%，具有红枣应有的特征，每千克601～800粒	果型饱满，果粒均匀度≥60%，具有红枣应有的特征，每千克801～1 000粒 不在以上等级内的均为等外果
损伤和缺点	无霉烂果实、不熟果，残次果（浆头、病果、虫果、破头果）不超过1%	无霉烂果实、不熟果，残次果（浆头、病果、虫果、破头果）不超过1%	无霉烂果实、不熟果，残次果（浆头、病果、虫果、破头果）不超过3%	无霉烂果实、不熟果，残次果（浆头、病果、虫果、破头果）不超过3%　无霉烂果实、不熟果，残次果（浆头、病果、虫果、破头果）不超过8%

表 8　免洗大红枣等级规格

项目＼等级		一级	二级	三级	等外果
品质		果肉肥厚，具有红枣应有的色泽，无肉眼可见外来杂质			
果型和大小	骏枣	果型饱满，果粒均匀度≥90%，具有红枣应有的特征，每千克≤83粒	果型饱满，果粒均匀度≥80%，具有红枣应有的特征，每千克84～111粒	果型饱满，果粒均匀度≥70%，具有红枣应有的特征，每千克112～142粒	果型饱满，果粒均匀度≥60%，具有红枣应有的特征，每千克143～200粒 不在以上等级内的均为等外果
	其他免洗大红枣	果型饱满，果粒均匀度≥90%，具有红枣应有的特征，每千克≤200粒	果型饱满，果粒均匀度≥80%，具有红枣应有的特征，每千克201～260粒	果型饱满，果粒均匀度≥70%，具有红枣应有的特征，每千克261～320粒	果型饱满，果粒均匀度≥60%，具有红枣应有的特征，每千克321～370粒 不在以上等级内的均为等外果
损伤和缺点		无霉烂果实、不熟果，残次果（浆头、病果、虫果、破头果）不超过1%	无霉烂果实、不熟果，残次果（浆头、病果、虫果、破头果）不超过1%	无霉烂果实、不熟果，残次果（浆头、病果、虫果、破头果）不超过3%	无霉烂果实、不熟果，残次果（浆头、病果、虫果、破头果）不超过3%　无霉烂果实、不熟果，残次果（浆头、病果、虫果、破头果）不超过8%

164 常见代用茶红枣泡茶的原料搭配

红枣味甘，性平，营养丰富，果肉中富含皂苷、生物碱、黄酮类物质和环磷酸腺苷等生物活性物质，能润心肺，止咳，补五脏，治虚损。单用红枣或红枣与其他食材配制混合，经过切分、净化、包装等，即可制成不同功效和风味的红枣泡茶。

市场调研表明，目前红枣泡茶或包含有红枣的泡茶种类主要包括红枣枸杞茶；红枣黄芪茶；桂圆红枣枸杞茶；红枣黑（红）糖姜茶；红枣薏米茶；桂圆红枣枸杞玫瑰茶；玫瑰枣红茶（玫瑰花、红茶、桂圆、红枣、枸杞）；五宝状元茶（黄精、枸杞子、桑葚、红枣、玛卡）；人参八宝养生茶（枸杞、枣片、山楂片、桑叶茶、人参片、冰糖、贡菊、黄精）；百合花甘草茶（甘草片、大枣干、百合花、桔梗、冰糖）；兰州三炮台盖碗茶（春尖茶、桂圆、红枣、葡萄干、枸杞、干菊花）。

上述红枣茶配方中，枸杞能滋补肝肾，益精明目和养血，增强人体的免疫力；黄芪补气固表，可辅助治疗身体困倦和气短，促进身体代谢，增强免疫功能；桂圆壮阳益气，补益心脾，养血安神，润肤美容，它们与红枣一起常作为养生茶的基本配方原材料；姜味辛，性温，常与红枣和红糖（黑糖）一道制成暖胃茶，起到温中散寒，暖胃的效果，适宜于脾胃虚寒的人群或寒冷季节饮用；薏米有利水消肿，健脾祛湿的功效。五宝状元茶配方中黄精、枸杞子、桑葚、红枣、玛卡，以及人参八宝养生茶中的人参等，均为滋补中药材或滋补食材。对滋补性强的复配枣茶，应根据个人体质情况酌情饮用，青壮年饮用过多会口干舌燥，对身体反而无益。百合花甘草茶的配方为甘草片、大枣干、百合花、桔梗、冰糖等，综合效果为凉性茶，适宜于夏季饮用。兰州三炮台盖碗茶，是菊花、桂圆、葡萄干、小枣、荔枝干、优质冰糖等配制而成，既体现了回族传统饮茶风俗，同时在食用羊肉较多的地域，喝三炮台茶不上火，并且可以解油腻。

此外，红枣配对"八了歌"中描述："红枣配生姜——胃不寒了；红枣配菊花——肝没毒了；红枣配桂圆——脾不虚了；红枣配当归——气血足了；红枣配甘草——睡眠深了；红枣配党参——气色好了；红枣配黄芪——免疫强了；红枣配山楂——消化快了。"说明红枣和其他药食同源或滋补类药物科学搭配，对调节人体代谢、增强体质有良好的辅助效果。

由红枣等药食同源食材或中药材配制的养生茶虽然日益流行，正确饮用也确有良好效果，但切忌盲目乱饮。下面举例加以说明。

菊花枸杞茶：菊花和枸杞搭配在一起泡茶，具有养阴补血、疏风清热、解毒明目的功效，尤其适合长坐电脑前的白领和学生。但菊花性凉，所以胃寒的人、月经期的女性及孕妇、体虚腹泻的人和少年儿童要慎喝。最佳喝法：五六朵菊花，五六颗枸杞，沸水冲泡，每周 2～3 次（记住：菊花枸杞茶，胃寒的人要少喝）。

桂圆红枣茶：桂圆红枣茶受到众多女性的追捧，能够唤起好气色，延缓衰老。但由于桂圆偏热性，多喝容易上火滞气，表现为口干、大便干燥等症状。所以有感冒、咳嗽等症状的人最好不要喝。火力强盛的年轻人也要少喝，以免上火。最佳喝法是，桂圆红枣各 5 颗，用沸水冲泡，最好采用红枣片（记住：桂圆红枣茶，"火大"的人要少喝）。

含人参等滋补药材的茶：人参等药材制成的滋补茶适合中老年人饮用，能调理身体机能，补充气血。但阴虚火旺、手脚发热的人不宜服用。女性月经期、患有高血压或容易头疼的人也最好别喝。

红枣枸杞茶：枸杞温热身体的效果较强。因此，感冒、发烧、腹泻或身体有炎症时不要喝。此外，经期女性过多进补枸杞，可能会增加月经量；脾胃不好的人常吃枸杞，会导致消化不良。

165 红枣茶饮料的生产工艺

红枣茶饮料是由红枣汁、茶叶浸提液以及其他原料或辅料经科学方法制成的一种新型茶饮料，具有良好的口感和营养健康功能。

刘伟等（2000）以黄河滩枣和红碎茶为原料，通过打浆、浸提、取汁过滤和萃取、过滤等工艺，分别获得枣汁和茶汁，并选出了茶汁 40％、枣汁 10％、白砂糖 4％、葡萄糖 1％、维生素 C 0.2％、品质改良剂 A 0.02％、稳定剂 0.1％，加软化水至 100％。配料时先将黄原胶和海藻酸丙二酯稳定剂用温水化开，投入调配罐，再依次加入葡萄糖、白砂糖、维生素 C、枣汁、茶汁，搅拌均匀，使其 pH 值为 4.6～5。为了使成品保持稳定状态，需进行 2～3 次均质，均质压力 25 MPa，料液温度控制在 70～75℃为宜。成品在灌装前需进行脱气处理，脱气真空度为 0.087～0.093 MPa。采用高温瞬时杀菌 121℃、15～20 s，杀菌后冷却至 60℃，成品紫红色，汁液均匀，无沉淀，可溶性固形物 6％～8％，具有红枣和红茶特有的香气。

兰社益等（1999）以绿茶、红枣、桂圆、枸杞子为原料，研究了通过加温浸提的方式获得原汁，其中绿茶 90～95℃，10～20 min，料液比 1：（40～60）；红枣 90～95℃，5～6 h，料液比 1：（10～30）；桂圆 85～95℃，1～3 h，料液比 1：（20～40）；枸杞子 85～95℃，1～3 h，料液比 1：（20～30）；研究也发现，复合茶饮最突出的质量问题是混浊沉淀，针对上述问题，生产中严格执行浸取工艺条件、浸提液中加入适量的抗氧还剂 L- 抗坏血酸及复合磷酸盐改良剂、控制复合茶饮 pH 值、浸取液和配制液进行除氧处理、采用 0.25 μm 复合膜超滤等综合措施，以保证茶饮料透明清澄；成品可溶性固形物含量 6.5％～7.5％，茶多酚含量＞60 mg·mL^{-1}，咖啡碱＞20 mg·mL^{-1}。

王丽娜等（2018）以和田红枣、大金星山楂和祁门红茶为主要原料，研究了红枣山楂茶饮料，确定的工艺参数为红枣汁、山楂汁和红茶汁体积比为 20：15：4（V/V/V），蔗糖 9％，复合稳定剂（0.12％的 CMC，10.1％的黄原胶和 0.09％的海藻酸钠）。巩卫琪等（2014）以红茶粉、生姜粉和浓缩红枣汁为主要原料，对复合茶饮料的制备工艺进行了研究，得到的优化工艺参数为红茶粉 0.1％、生姜粉 0.1％、浓缩枣汁 1％、白砂糖 9％、柠檬酸 0.6％，用 0.3 g·L^{-1} 维生素 C＋0.3 g·L^{-1} 的 D- 异抗坏血酸钠复配护色效果最好。所制的产品色泽鲜明，姜味与红枣味突出，风味宜人。

张井印等（2013）以山楂、红枣为基本原料，烘干，磨粉，过筛分选出不同粒度的原料，同时添加适量白砂糖，研制出酸甜可口的袋泡茶工艺；结果表明，山楂红枣烘干温度为 95℃，山楂红枣质量比为 1：1.5，白砂糖添加量为 1.5％时，用 150 mL 的 90～100℃的热水冲泡，包装袋大小为 3 cm×3 cm，冲泡 5～10 min。以第 1 次冲泡效果最佳，感官品质（香气、口味、色泽）最好，同时黄酮类物质含量也较高。

此外，高文彦（2015）在《大国医全书》茶养生方中，记叙了这样的枣茶：茶叶 5 g，沸水冲泡 7 min 后，加入 10 枚红枣捣烂的枣泥。该茶有健脾补虚的作用，尤其适合于小儿夜尿、不思饮食。

166 红枣发酵饮料及其抗氧化活性

果品浸提或压榨汁经乳酸发酵后制成的汁液中加入水、糖液、加或不加食品添加剂等调制而成的饮品为发酵果汁饮料。

王立霞（2011）以新疆和田玉枣为原料，研究了和田玉枣乳酸发酵饮料加工工艺；结果表明，以料水比 1：2 制备和田玉枣提取液，以保加利亚乳杆菌（*Lactobacilus bulgaricus*）和嗜热链球菌（*Streptococcus thermophilus*）为菌种，菌种配比为 1：1，菌种接入量 7 %，在 42 ℃条件下经 12 h 发酵制得。和田玉枣乳酸发酵饮料复合稳定剂最优组合为，黄原胶 0.08 %、羧甲基纤维素钠（CMC-Na）0.08 %、海藻酸丙二醇酯（PGA）0.08 %；复合甜味剂（蛋白糖与改良甜菊糖的比例 6：4）添加量为 0.2 %；最佳均质条件为温度 60 ℃、压力 20MPa，均质 2 次；杀菌条件以 85 ℃、10 min 为最佳。高晗等（2004）以红枣为原料，经乳酸发酵制成发酵饮料。通过对产品的工艺条件进行试验，得出主要工艺和参数，红枣经过清洗、浸泡、煮制、调配（加入乳糖、蔗糖和稳定剂）、胶磨、杀菌、接种（保加利亚乳杆菌、嗜热链球菌）、发酵、调配（蜂蜜＋柠檬酸）、均质、装瓶、杀菌；加入乳糖 1 %，蔗糖 12 %，接种量 5 %，发酵温度 42 ℃，培养时间 6 h；复合稳定剂最佳添加量为黄原胶 0.09 %，海藻酸钠 0.06 %，琼脂 0.15 %；杀菌最佳条件为温度 85 ℃，时间 10 min。戚晨晨等（2015）以红枣为原料，选用保加利亚乳杆菌和嗜热链球菌进行乳酸发酵试验，最终得出枣浆最佳发酵条件为接种量 5 %，发酵温度 41 ℃，培养时间 6 h，乳糖加入量为 1.5 %，蔗糖添加量为 7 %；复合稳定剂的添加量分别为黄原胶 0.06 %，海藻酸钠 0.05 %，CMC-Na 0.1 %；杀菌条件：温度 85 ℃，时间 8 min。

赵光远等（2016）以酵母菌和植物乳杆菌复合菌发酵制作红枣发酵饮料，发酵后 2～7 天内总酚含量整体比发酵前有所提高；发酵后枣液中蛋白质含量呈先下降后上升趋势；发酵前后枣液中总酸含量变化有显著的差异，在整个发酵过程中总酸含量明显比未发酵前总酸含量高，在发酵第 7 天时两者差值最大；发酵后枣汁中总糖含量呈显著下降后、平稳又上升趋势。

靳玉红等（2016）研究表明，红枣乳酸发酵饮料具有较强的抗氧化活性，其 DPPH 自由基清除能力、ABTS 自由基清除能力、Fe^{3+} 还原能力的维生素 C 抗氧化当量依次为（223.8 ± 2.4）$mg \cdot L^{-1}$、（1 126.64 ± 40）$mg \cdot L^{-1}$、（1 007.2 ± 40）$mg \cdot L^{-1}$，总抗氧化能力值（TAOC）为（56.98 ± 0.41）。红枣乳酸发酵饮料具有乳酸发酵特有的香味，口感柔和，是值得开发的一种枣饮料产品。

167 市场上主要有哪些复合型红枣汁饮料

复合饮料是由2种或2种以上的水果等食物混合榨汁，经一定加工工艺制作而成的饮料。

李其晔等（2015）对我国红枣饮品加工研究进展进行了综述，现有的红枣汁液饮品主要有二大类：其一，红枣单一原料通过不同工艺加工的饮料，如红枣原汁饮料、红枣浓缩汁饮料、红枣乳酸发酵饮料、红枣醋酸发酵饮料；其二，复合型红枣汁饮料，如红枣酸牛奶、红枣核桃复合饮料、红枣枸杞复合饮料、红枣芦荟复合饮料、红枣花生粕复合饮料、红枣银耳枸杞复合饮料、红枣山楂复合饮料、红枣胡萝卜复合饮料、红枣生姜复合饮料、红枣大豆复合饮料、红枣番茄胡萝卜复合饮料、枣茶复合饮料、红枣银杏复合饮料等。

研制生产复合型红枣类饮料，应注意原料选取搭配要相宜，功能上互补，营养上均衡，同时充分考虑色泽、气味、甜度、口感、外观等因素。针对不同消费群体，适度调整配方和配比，向低糖、低热、无咖啡因、风味各异、天然保健等方向，开发适销对路的特色复合型枣饮料。

张远等（2008）以红枣和山楂为主要原料，采用正交试验和感官评价确定了红枣山楂复合饮料的加工工艺和配方；枣汁最佳提取工艺条件为温度65℃，时间4 h，枣水质量比1∶7，pH值5；最佳配方为复合汁含量70%（枣汁与山楂汁体积比为8∶3），糖度12%，柠檬酸含量0.1%；采用高温瞬时灭菌，最佳杀菌条件为135℃，5～10 s。李玲等（2017）以生姜、红枣和枸杞为原料，通过正交试验确定复合饮料的最佳配方为生姜、红枣和枸杞复合汁（1∶8∶6）30 mL，白砂糖7%，柠檬酸0.2%，加水量为复合汁总量的1倍，添加0.02%的抗坏血酸对红枣、枸杞原浆汁护色效果好，0.1%琼脂、0.1%黄原胶和0.15% CMC组成的复合稳定剂增强了产品的稳定性，所得产品风味独特、酸甜可口。

徐倩等（2019）以红枣和生姜为主要原料制备复合饮料，并筛选最优工艺参数；结果表明，红枣汁浸提时间2.5 h，浸提温度80℃，浸提浓度15%；红枣生姜复合饮料的最优工艺为红枣汁添加量75%，生姜汁添加量15%，白砂糖添加量4%，按最优工艺制得的饮料呈红棕色，明快透亮，具有红枣和姜的香味，气味协调，口感甜辣适宜。赵楠（2013）研究了红枣生姜复合饮料的配方；结果表明，红枣生姜复合饮料的最优配置参数为复合汁 40 %（红枣汁∶姜汁 =5∶1），复合酸 0.2 %（柠檬酸∶苹果酸∶维生素 C=8∶1∶0.5），白砂糖 8 %。李兴等（2018）进行了藜麦红枣复合饮料的研制；结果指出，藜麦红枣复合饮料的最佳配方为藜麦米浆 50 %，红枣汁 20 %，脱脂奶 25 %，白砂糖 1 %。最佳的复配稳定剂添加量为蔗糖脂肪酸酯 0.03 %，单硬脂酸甘油酯 0.1 %。所得制品口感佳，风味好，是一种集营养与保健的新型天然饮品。

168 枣多糖胶囊的制作工艺

胶囊可以掩盖药物的不良味道，减少药物的刺激性，相对于片剂更便于服用，且胶囊在胃肠道中分散快、吸收好，而且也可定时定部位释放药物。现在一些食物活性成分也常用胶囊进行包装，如灵芝孢子粉胶囊、大枣多糖胶囊、维生素 E 胶囊等。

刘世军等（2016）采用水提醇沉法制备大枣多糖，进行大枣多糖胶囊成型工艺研究；取 6.8 kg 大枣加 12 倍量水，浸泡 30 min，提取 3 次，每次 3 h，过滤，滤液 60 ℃减压浓缩至相对密度为 1.25 ～ 1.3 的浸膏，用 95 %药用乙醇沉淀，使含醇量达 80 %，静置 24 h，分离上清液，沉淀复溶，同上再反复沉淀 3 次，分离上清液，沉淀物用 80 %乙醇洗涤 3 次，复溶，加入三氯乙酸脱蛋白，离心，分离上清液、浓缩，再次醇沉，将沉淀真空干燥，制得大枣多糖；经 3 批预试验，大枣多糖得率约 3.7 %，多糖纯度（以葡萄糖计）36.84 %。研究优选的大枣多糖胶囊最佳成型工艺是将大枣多糖粉碎为 100 目，80 %乙醇为润湿剂混匀，10 目制粒，装 1 号胶囊，平均装量 0.25 g，控制临界相对湿度小于 50 %（即进行产品的生产和包装时，应控制环境相对湿度低于 50 %）。赵忠熙等（2014）采用实验室提取的黄河滩枣多糖（多糖含量以葡萄糖计为 35.96 %）制得大枣多糖颗粒，制备方法是取大枣多糖粉末 2 g，无水磷酸氢钙粉末 10 g，混合均匀，加入少量 50 %乙醇溶液制软材，30 目筛制粒，50 ℃干燥 1 h 后 20 目筛整粒，得到大枣多糖颗粒。将制备的大枣多糖颗粒与 1 %的食品级硬脂酸镁混合均匀，装入 4 号胶囊，药用聚乙烯塑料瓶包装，并在瓶内放入干燥剂保持产品干燥。

169 红枣面包生产配料及一般工艺流程

王跃强（2018）进行了红枣粉面包加工配方研究，其生产工艺流程为红枣→筛选→去核→干燥→研磨→红枣粉→面团→搅拌→发酵→分割搓圆→面团整形装盘→面包胚醒发→烘烤→冷却。基本配方为面粉100%、鸡蛋液10%、食盐1%、水49%、安琪a800面包改良剂0.3%、黄油10%、红枣粉、活性干酵母、白砂糖、奶粉适量，以高筋面粉含量100%计算。试验设计是将红枣粉添加于面包中，研究红枣粉、活性干酵母、奶粉、白砂糖等因素对面包品质的影响。通过综合感官品质指标，得出红枣粉面包的最佳配方是在上述基本配方的前提下，红枣粉添加量12%，奶粉添加量20%，白砂糖添加量18%、活性干酵母添加量0.14%。郑文悦等（2019）进行了黑米红枣复合营养面包的研制，通过单因素试验和正交试验，确定的黑米红枣复合营养面包最佳配方为高筋面粉1 000 g、水400 g、鸡蛋100 g、食盐5 g、白砂糖200 g、黑米粉40 g、红枣泥30 g、酵母20 g、奶粉50 g，此配方在适宜工艺条件下，制得的面包表面金黄、细腻松软、香气浓郁，具有独特的风味和口感。张苹苹等（2018）以高筋面粉和灵武长枣粉为主要原料，白砂糖、活性干酵母等为辅料，制作灵武长枣面包；结果表明，以高筋面粉250 g、黄油20 g、白砂糖20 g、鸡蛋30 g、灵武长枣粉36 g、盐2 g、活性干酵母2 g、水90 g，发酵时间90 min、烘烤温度180℃、烘烤时间15 min，此条件下制作出的灵武长枣面包，口感松软，有灵武长枣特征风味。张江宁等（2109）通过研究不同水量、酵母添加量、枣粉添加量对面包品质及质构特性的影响，得出枣粉面包品质及质构特征；结果表明，酵母添加量8%，水添加量15%，枣粉添加量10%，此时产品品质好。

现在不少家庭购置了面包机，也可在家庭自制添加红枣粉的红枣面包。如没有红枣粉，可以制作红枣丁面包。如果醒发烤制得当，所做面包色泽金黄，风味怡人。红枣丁面包的参考配比为高筋面粉250 g、牛奶130 g、鸡蛋50 g、绵白糖20 g、红枣丁40 g、玉米油30 g、奶粉16 g、酵母粉3 g、精盐2 g。

170 红枣馕饼制作及配比

传统的新疆馕饼是饼面粘有芝麻的芝麻馕，近年来也翻新出了辣皮子馕、干果馕、荞麦面馕、红枣馕、红豆馕、椒盐馕等多种花样。其中的红枣馕是夹入红枣泥烤制的馕饼。王文静（2019）将红枣粉应用到馕中，通过响应面优化试验，确定红枣馕的最佳配方以小麦面粉和红枣粉的混合粉为基重，红枣粉9.44%、水41.67%、酵母0.16%、盐0.55%。

研究指出，随着红枣粉添加量的增加，面团硬度和咀嚼性增大，面团的弹性、回复性和黏性呈先增大后减小的趋势。面团的微观结构逐渐遭到破坏，面团功能性质有所降低。当红枣粉添加量为 10 % 和 15 % 时，面团弹性、回复性和黏性较为稳定，且红枣粉对面团的破坏程度较低，面筋网络形成较好，面团的持气能力较强。综合考虑，在小麦面粉中红枣粉的添加量为 10 % 和 15 % 的比例时，适合制作烧饼、比萨、烤馕等面食品（王文静，2019）。

171 红枣蛋糕制作及配比

董瑶等（2018）通过单因素正交试验，确定蔓越莓（蔓越莓果实是长 2～5 cm 的卵圆形浆果，吃起来有重酸微甜的口感，属于近年来兴起的一种小浆果）红枣蛋糕最佳配方为鸡蛋 100 g、白糖 20 g、红糖 20 g、红枣泥 30 g、蔓越莓碎 10 g、黄油 5 g、低筋粉 75 g、牛奶 50 g、色拉油 40 g、蜂蜜 10 g，为蔓越莓红枣蛋糕的研制提供了参考数据。

此外，网上资料显示，一款红糖枣糕的配料及焙烤工艺为低筋面粉 130 g、玉米油 50 g、红糖 50 g、红枣粉 135 g、鸡蛋 3 枚。鸡蛋打入盆中加红糖，加入红枣粉，打蛋器高速打蛋；分 2 次加入玉米油，低速打匀，筛入低筋面粉翻拌均匀，倒入模具，预热 10 min，上下火约 160℃，烤制 40 min 左右。

市场上销售的一款烘烤类糕点——核桃枣糕，其工业化生产配料为小麦粉、白砂糖、鸡蛋、植物油、枣沙（红枣、白砂糖、饮用水、大豆油）、核桃仁（≥1 %），使用的食品添加剂有山梨酸钾、脱氢乙酸钠、复配膨松剂（碳酸氢钠，焦磷酸二氢二钠，碳酸钙，食用玉米淀粉），复配乳化剂（单、双甘油脂肪酸脂，山梨醇酐单硬脂肪酸，吐温 60，丙二醇脂肪酸脂，硬脂酰乳酸钠）、果葡糖浆。

核桃红枣糕在糕点口感的基础上，体现了核桃的脆香和红枣的甜糯

172 红枣膳食纤维提取及其饼干生产配方

张向前等（2012）以陕北木枣为试验材料，进行了酶解法提取红枣中的膳食纤维的研究；结果表明，α-淀粉酶、胰蛋白酶和糖化酶 3 种酶用量中，对膳食纤维提取率的影响最大的是 α-淀粉酶，其最适用量为 α-淀粉酶 0.4 %、胰蛋白酶 0.6 %、糖化酶 0.8 %。影响 α-淀粉酶的因素中，对提取率的影响依次为温度＞时间＞pH 值，其最佳酶解条件为温度 65℃，时间 70 min，pH 值 6。在此条件下提取的红枣膳食纤维的持水力和膨胀力分别为 854.92 % 和 13.98 mL·g^{-1}。

为了开发红枣膳食纤维食品，刘世军等（2017）在研究影响红枣膳食纤维饼干质量主要因素的基础上，确定了红枣膳食纤维饼干的最佳配方为红枣膳食纤维 15 g、面粉 80 g、玉米淀粉 20 g、鸡蛋 30 g、黄油 25 g、小苏打 1 g。根据此配方结合一定的加工工艺制作的饼干，从口感、风味、形态、色泽和质地等方面，综合评分最好，所得的红枣饼干口味纯正，无异味，无苦味，口感松脆，没有颗粒感，外形完整，饼干表面色泽均匀，内部组织细腻紧致，层次分明，具有红枣独特的香味；此饼干含糖量很少，可适合糖尿病人食用，如想增加更丰富的口味，可加入白糖 25 g，此时甜度适中，风味更浓。

173 家庭自制红枣饼干原料和步骤

掌握原料配比和制作过程后，家庭也可制作出味美可口的红枣饼干。

原料：黄油 65 g、低筋面粉 115 g、糖粉 40 g、鸡蛋 1 个、红枣粒 55 g、食盐适量。

制作步骤：步骤 1，将黄油隔水化开，软化好的黄油加入 40 g 糖粉，搅拌均匀；步骤 2，将鸡蛋用打蛋机打成全蛋液；步骤 3，在搅拌好的黄油糖粉中加入打好的全蛋液，并将红枣粒和面粉加入，加入适量食盐，和成面团；步骤 4，将和好后的红枣面团放入保鲜膜中，整形成长方体或圆柱体，根据喜好确定大小；步骤 5，整形好后的面团用保鲜膜包好，放入冰箱冷冻室冷冻 0.5～1 h，以刀切时不变形为宜；步骤 6，取出冷冻好的面团，直接切成小块，厚度 0.5 cm 左右；步骤 7，切好后的面坯摆入铺有锡纸或油纸的烤盘，或用不粘烤盘；步骤 8，预热烤箱至 170～175℃，上下火，焙烤 15～18 min，表面金黄时饼干就做好了。

家庭自制红枣饼干风味独特，营养丰富，但酥脆度、大众口感及香味通常不及工厂生产的商品红枣味饼干，因为工厂生产的饼干通常要添加食品添加剂以改善质地和风味。比如某食品厂生产的红枣味饼干，其配料表为小麦粉、植物油、白砂糖、淀粉、红枣浆（1.6%）、麦芽糖浆、食用盐、食品添加剂（碳酸氢铵、碳酸氢钠、焦亚硫酸钠）及食品用香精。

174 家庭制作枣泥馅芝麻软酥饼配料和工艺

配料：低筋面粉 500 g、白砂糖 125 g、饴糖 50 g、食油 150 g、碱面 3 g、水 125 g、去皮芝麻适量。

制作工艺：将面粉、白砂糖、饴糖、食油和碱面一并放入面盆内，尽力搅拌均匀，温水和面，揉匀揉光，上案板搓成长条形，揪成剂子，做成饼型并包入适量枣泥馅，放入模具规整成型，上面粘芝麻；预热烤箱至 170～175℃，上下火，焙烤至表面金黄时，枣泥馅芝麻酥就做好了。

175 家庭自制枣泥及豆沙枣泥馅的一般做法

家庭自制红枣泥，步骤 1，枣子挑选，剔除有病虫害的枣果；步骤 2，清洗浸泡和去核；步骤 3，煮枣，锅内加入水和枣，水开了大火煮 20～30 min，煮至可以轻松剥去外皮时捞出冷却；步骤 4，去皮，不烫手时剥去外皮；步骤 5，筛滤，用细箩过筛（用破壁机或是料理机打成蓉也行）；步骤 6，炒泥：使用不粘锅加入黄油（黄油要分成 2 次放），倒入枣泥小火慢慢炒，炒的时候要不停地搅拌，让水分蒸发，要把枣泥的水分尽量蒸发，但是不要炒煳；步骤 7，冷却后就可以制作各种含枣泥的食品，或密封冷冻保存待用。

张永清（2016）研究指出，在豆沙月饼配方基础上加入红枣，以感官评定为标准，通过单因素与正交试验，确定月饼枣泥馅的最佳工艺配方；结果表明，最佳工艺配方为枣泥与白芸豆泥添加比例 4∶6（枣泥 20 g，白芸豆泥 30 g）、大豆油 2 g、白砂糖 5 g、玉米淀粉 1.6 g。

176 高膳食纤维食物及红枣膳食纤维的加工利用

精细饮食给人们带来许多健康方面的问题，已经引起人们的高度重视，开发适口性好、方便食用的高膳食纤维食物，合理增加膳食纤维的食用量，对人体健康具有积极意义。

张颖（2014）以研制冲调性好的高膳食纤维谷物早餐粉为目标，选取大米为主要原料，以枣渣为膳食纤维营养强化剂，以红枣作为风味基础物，以赤小豆、莲子提高整体蛋白质含量；结果表明，枣渣含量的增加会提高吸水性指数、润湿性指数以及分散性指数，当枣渣含量增加至5％时，润湿时间降至3 s，分散性指数高达近95％，明显改善了冲调性；当赤小豆和大米含量之比为1∶5，去核枣含量为10％时，分别获得了最高的感官评分。通过正交实验确定早餐粉的最佳配方为赤小豆和大米含量之比1∶5，去核枣含量10％，枣渣含量5％，莲子含量5％，配方总膳食纤维含量达到8.9％，大幅度提高了膳食纤维的含量；研究指出，粒度为20～120目的早餐粉，其分散性和润湿性都较好，不影响产品的冲调；而粒径小于120目的小粒度部分，其润湿性、分散性较差，但小粒度部分的含量≤30％时，产品的冲调性不受其影响。

177 红枣饮料泡腾片及其制作

泡腾片在我国是一种较新的药物和食品剂型，与普通片剂不同，泡腾片利用有机酸和碱式碳酸（氢）盐反应做泡腾崩解剂，置入水中，即刻发生泡腾反应，生成并释放大量的CO_2气体，状如沸腾，故名泡腾片。把红枣内含物与食用泡腾片相结合，开发红枣饮料泡腾片是一种有益的创新。

王晓涧（2016）进行了红枣饮料泡腾片的研制。以陕北延川狗头枣干制枣为原料，经过去核、冷冻切片、热风干燥制得枣片，干枣片与1％二氧化硅抗结剂混合，用粉碎机粉碎60 s以上，再用120目筛网筛分，获得120目枣粉，用于红枣饮料泡腾片的制备；研究得出的红枣饮料泡腾片配方为红枣粉60％＋红枣香精8％＋蛋白糖1.6％＋维生素C 0.4％＋食用碳酸氢钠15％＋柠檬酸13％＋聚乙二醇6000 2％，混合在一起直接压片，制得的泡腾片效果较好；每10 g红枣饮料泡腾片分装1袋，溶于200 mL冷水后，饮料色泽棕黄色，枣香浓郁，滋味酸甜可口，泡腾效果良好。张瑾等（2018）进行了大枣枸杞泡腾片固体饮料的研制，得出的配方为大枣粉27％、枸杞粉9％、甘露醇4％、阿斯巴甜4％、碳酸氢钠26％、柠檬酸24％、聚乙烯吡咯烷酮2％、聚乙二醇6000 2％、羟丙基甲基纤维素（HPMC）1％。将大枣粉、枸杞粉、柠檬酸、碳酸氢钠等辅料，分别粉碎过100目标准筛，将柠檬酸、碳酸氢钠分别在60℃左右的温度下烘干2～2.5 h，按配方称取大枣粉、枸杞粉、柠檬酸、碳酸氢钠、甘露醇等，用 18 目筛制粒，所得颗粒在 60℃恒温干燥箱干燥 3 h，再用 18 目标准筛整粒、压片、密封包装、储存。

178 红枣口含片加工工艺流程和技术要点

王锐平等（2007）以市售红枣为原料，经冷冻干燥制成枣粉，再采用中药片剂制造颗粒法，将枣粉与葡萄糖、蛋白糖、柠檬酸按一定的比例混合后压成片状，制成大枣口含片；其工艺流程为原料选择及处理→真空冷冻干燥→风味调配→造粒→烘干→压片→包装。

大枣口含片加工技术要点，要点 1，真空冷冻干燥制作枣粉时助干剂的选择；试验从助干效果、枣粉形态、香味和速溶性综合考虑，以采用麦芽糊精添加量为助干剂效果较好；要点 2，造粒时黏合剂的合理使用；要点 3，风味配方的设计；要点 4，压片时润滑剂的选择。

通过试验表明，在枣浆中加入 0.1％的果胶酶，可以有效降低枣浆的黏度；枣浆在冷冻干燥时加入 20％的麦芽糊精助干剂，可以达到很好的助干效果；采用聚乙烯吡咯烷酮（PVP，K29-32）60％的乙醇溶液作为黏合剂，制得的颗粒不易结块，易干燥，压片成型性好；试验确定了在压片时加入 2％的聚乙二醇可以减少黏冲，润滑作用好，而口含片崩解性、溶出性不受影响，口感好；确定大枣口含片的最佳糖酸用量比为葡萄糖：蛋白糖：柠檬酸 =40：1：1，葡萄糖使用量在 2％左右，制得的口含片酸甜可口，适合大众口味。

柴诗缘等（2016）为降低枣中糖含量，以红枣和山楂为主要原料，制备低糖红枣山楂口含片。将发酵枣粉和山楂粉复配，添加辅料，经过造粒、压片等制备工艺，确定了在温度 35℃，酵母菌接种量 1.5％，发酵时间 4 h 为最佳发酵条件；低糖红枣山楂含片的最佳配方为发酵枣粉 36％、山楂粉 36％、柠檬酸 1％、微晶纤维素 5％、甘露醇 7.3％、交联聚乙烯吡咯烷酮（PVPP）7.3％、阿斯巴甜 1.8％、木糖醇 5.8％、硬脂酸镁 0.7％；制得的低糖口含片总糖、还原糖及黄酮含量分别为 57.4％、18.7％和 2.8％。

179 营养枣片和保健膏加工工艺

营养枣片和保健膏属于蜜饯类制品的改良品。黄社章等（2010）进行了速溶营养红枣玉米片制作工艺的研究；采用河南新郑购买的红枣和去胚玉米，辅助原料主要为麦芽糊精，为了提高出汁率，并且使大枣的色、香、味及营养物质迅速释放，同时为了提高干燥速度，降低枣浆黏度，向枣浆中加入果胶酶，枣水的 pH 值 4 左右，使果胶酶与枣水混合均匀，打浆机打浆。挑选出无虫害、无霉变的去胚玉米粒，称量后用 60℃水浸泡，并放入水浴锅中 60℃保温 8 h，将浸泡过的玉米粒平摊在过滤网上沥去水分，然后按照玉米粒：水 = 1∶5（质量比）比例用组织捣碎机打浆，称取一定量的玉米浆液倒入不锈钢锅中，加热至沸腾后再煮 15～30 min，并不断搅拌以防止出现糊底现象，将熟化完毕的玉米浆液冷却备用；配比优化结果表明，干制枣：玉米 = 4∶1（质量比），麦芽糊精添加量 20%，经过冷冻干燥，最终制作的速溶营养大枣玉米片，口感良好。

赵旭等（2014）以枣、党参、山药和阿胶为主要原料，进行了益气养血营养枣片的配方与制作工艺的研究；基本工艺流程为原料配制（大枣制粉，党参提取液，阿胶和山药磨粉）→加糖调酸→熬制浓缩→装盘刮片→揭片切分→包装成品；研究所得的产品的最优配比为大枣粉与生药量 0.08 g·mL^{-1} 的党参液以 1∶7 的比例混合，加入山药粉 3%，阿胶 0.5%，白砂糖 8%，柠檬酸 0.4%，枣片最佳烘干温度 60～70℃，烘干时间 8～9 h，产品水分含量≤15%。

张海悦等（2014）选取生姜、红枣、蜂蜜为原料制成生姜红枣养胃膏，通过正交试验，确定养胃保健膏的最佳组合为生姜提取液 150 mL、红枣提取液 160 mL、蜂蜜 140 g、异抗坏血酸钠 0.3 g，由于幽门螺旋杆菌能够引起胃病，故对养胃保健膏的抑菌性能进行研究；结果表明，当养胃保健膏稀释比例小于 10% 时，对于幽门螺旋杆菌有明显的抑制作用。

180 红枣发酵酒加工技术要点

红枣发酵酒是以红枣等为原料，经分选、破碎、发酵、陈酿、调制而成的低酒精度饮品。

苏娜（2008）进行了红枣发酵酒加工工艺研究；结果表明：其一，红枣汁浸提可采用高温浸提和果胶酶酶解浸提相结合的方法，最佳工艺参数为红枣加 4 倍的水，在 95℃浸提 60 min，冷却后加入 0.1% 的果胶酶，50℃下保温酶解 5 h；其二，用带渣枣汁进行枣酒发酵比用纯枣汁更有利，既可简化枣酒的生产工艺，也有利于红枣成分被更充分地利用；其三，无论是对酒精度的提高，还是控制酒中甲醇和杂醇油等成分的生成，选用葡萄酒酵母均有突出的作用；其四，红枣发酵酒主发酵最佳工艺参数为酵母添加量 0.4%，发酵温度 20℃，SO_2 添加量 50 mg·L^{-1}，发酵 5～7 天；后发酵工艺条件为温度 10～15℃，陈酿 40 天左右；其五，澄清方法，采用果胶酶 - 琼脂复合澄清剂澄清法，即将果胶酶和琼脂分别以 0.008% 和 0.06% 的用量，加入陈酿后的原酒粗滤液，混合后于室温静置 1 天，然后过滤；其六，红枣发酵酒的最佳调配方法，向澄清的枣酒中添加食用酒精，使酒精度（V/V）达 13%，添加葡萄糖使总糖含量达 55 g·L^{-1}，添加柠檬酸使总酸含量达 7 g·L^{-1}，再将这样形成的枣酒与红枣食用酒精浸提液按 100∶7（V/V）混合，就得到最后的枣酒。

吴艳芳等（2016）以山西太谷壶瓶枣为原料，通过单因素和正交试验，研究了红枣汁浸提以及红枣酒发酵的最佳方式及工艺参数；结果表明，热水浸提（加水量 4 倍，浸提温度 90℃，浸提时间 100 min）与果胶酶酶解浸提（果胶酶添加量 0.1%，酶解温度 50℃，酶解时间 3 h）结合浸提效果最佳；红枣酒发酵的最佳工艺条件为发酵温度 20℃，酵母接种量 0.4%，发酵时间 7 天。纪庆柱等（2018）利用红枣经湿热处理后的黑化枣为原料，经发酵后得到新型黑化枣发酵酒，口感更加柔和。

181 低温发酵红枣酒加工技术

在发酵酒行业，"低温发酵"是个时髦词，是因为低温发酵确有如下主要优点，其一，在 18℃以下低温发酵时，可显著减少各种杂菌对发酵过程可能带来的影响；其二，成品酒的酒体更加细腻柔和纯正；其三，存放期间酒体更加稳定；其四，"酵母泥"产生更少，出酒率提高。

由此可见，果酒前发酵温度通常控制在 20℃以下，虽然发酵速度会明显变慢，但是产品中营养及香气物质会保留得更好。李晨光等（2014）以天然红枣汁为原料，进行了红枣冰酒的研制及品质分析；基本流程是加入酵母活化液，在 10℃下进行发酵，当发酵液的残糖含量达到 125 g·L^{-1} 左右时，向发酵液中添加焦亚硫酸钾终止发酵。将终止发酵后的红枣原酒在 4℃条件下，进行 60 天的低温陈酿后，进行倒罐。加皂土 - 明胶澄清剂于罐中，4℃下澄清 15 天后再次倒罐澄清。采用板式过滤机对二次倒灌后的红枣酒液进行过滤除菌，除菌后及时灌装贮藏。对上述低温发酵、陈酿、澄清、过滤除菌制得的红枣酒的理化成分测定表明，黄酮含量 182.384 mg·L^{-1}，cAMP 含量 98.2 mg·kg^{-1}，并鉴定出 278 种香气成分，其中己酸乙酯占总成分的 8.05%。己酸乙酯为低温发酵红枣酒的特征香气成分，具有强烈果香和酒味,因其风味独特,对枣酒的香气形成也起着重要的作用。

182 发酵型枣酒中含有哪些主要香气成分

李丹等(2008)对采用金丝小枣于主发酵结束 180 天后,取样测定了金丝小枣酒的香气成分,经气相色谱 - 质谱联机分析,分离出 53 个峰,鉴定出 35 种化合物,其中醇类化合物有 10 种,相对百分比含量为 46.26 %,酯类化合物有 11 种,相对百分比含量为 38.37 %,酸酐类、酮类和烃类物质各 1 种;醇类化合物是金丝小枣酒中含量最大的一类物质,主要由脂肪醇和芳香醇组成,其中异戊醇相对含量最高,这与其在葡萄酒中的含量和地位基本相似,其次为苯乙醇。苯乙醇具有玫瑰香味和风信子香味,且其香味独特,构成该酒主要特征香气;酯类化合物主要以脂肪酸的乙基酯和乙酸酯类为主,其中相对含量最大的是琥珀酸乙酯、邻苯二甲酸二丁酯、(s)- 乳酸异丙酯、3- 甲基丁酸乙酯、丁酸乙酯等。

李晨光等(2014)采用低温发酵(10℃)和低温陈酿与澄清(4℃)制作了"红枣冰酒",在鉴定出的 27 种化合物中,醇类化合物 8 种,相对百分比含量为 30.53 %,酯类化合物 11 种,相对百分比含量为 35.07 %,酸类化合物 2 种,相对百分比含量为 26.39 %;此外,还含有酮类、烷烃类物质,相对百分比含量共为 10.79 %;其中醇类化合物中,异戊醇占总香气成分的 16.36 %,是一类具有红枣白兰地香气和辛辣味的物质,赋予酒产品的特殊品质;2,3- 丁二醇占总香气成分的 8.1 %,具有特殊香味;主要的酯类物质是己酸乙酯,占总成分的 8.05 %,具有强烈果香和酒味,为"红枣冰酒"的特征香气成分。

侯丽娟等(2017)以沧州金丝小枣、阜平大枣、赞皇大枣和枣强大枣 4 种枣为原料,发酵酿酒后,应用顶空固相微萃取及气相色谱 - 质谱法检测酒中香气成分;结果表明,4 种样品中共鉴定出香气成分 88 种,其中沧州金丝小枣酒检测香气种类 53 种;阜平大枣酒 64 种,测得挥发性物质最多且酯类含量最高,达到 76.4 %;赞皇大枣酒为 60 种;枣强大枣酒 55 种;由于阜平大枣原料中糖、有机酸及氨基酸含量均较高,酿制的枣酒鉴定出的风味物质种类最多,风味质量最为突出,是 4 种枣中酿制枣酒的最佳原料选择。

183 河北行唐"枣木杠"文化与行唐枣酒酿制流程

河北行唐枣酒俗称"枣木杠",其来历亦颇具传奇色彩。传说北宋初年，女英雄刘金定在位于行唐县西北部山区的云蒙山（又称鳌鱼山、双锁山）落草为王。宋将高君宝奉命押运粮草前往雁门关，路过此山，被刘金定士卒拦住去路，要宋军留下粮草。山寨士卒手持"枣木杠"与宋军交战，但敌不过宋兵，前去报告。刘金定自知宋将武艺高强，非智取难以取胜，就趋步亲自下山向宋将赔礼，让宋兵到山寨歇息。高君宝不知是计，随刘金定上山，金定用山寨自酿的枣酒设宴款待，宋军将领见金定如此好客，戒备全无，个个喝得酩酊大醉，烂醉如泥，等醒来时一个个被捆个结实。据说"枣木杠"就是这样在民间传开的。

行唐枣酒的酿制在清初时达到鼎盛，枣乡古老的酿酒作坊比比皆是。枣酒风味独特，价格低廉，是普通百姓的首选，更是人们逢年过节馈赠亲友之佳品，远销石家庄、保定、张家口、北京、天津、山东、山西、内蒙古等地。现如今，"枣木杠"酒已经成为行唐的代名词，围绕着"枣木杠"而产生的民间故事和传说，体现了其丰厚的历史价值和文学价值。当代有关"枣木杠"的酒文化已经扩展到文学、音乐、书法、绘画、剪纸、篆刻等各个艺术领域，相关作品更是层出不穷，且具有很高的艺术性与观赏性。杨平（2003）在编著的《枣乡漫话》一书中，仅与"枣木杠"有关的歇后语、谜语、顺口溜、俏皮话等民间俗语就有几百条之多，可见"枣木杠"已经不仅仅是一种酒，而是一种文化，已渗透到行唐人民的日常生活当中。

旧时"枣木杠"酒的酿造工艺主要分为5个步骤：步骤1，泡枣，将枣倒入泡枣池中，加水泡24 h左右；步骤2，粉碎，用粉碎机把泡好的枣粉碎；步骤3，发酵，将粉碎后的红枣加红糖和谷糠、麦糠或其他糠，再加水搅拌，加水的多少依据经验掌握。将搅拌好的原料放入长3 m、宽1.1 m、深2.5 m的大池中发酵，发酵时间依据经验掌握，一般时间为秋季8～9天，冬季15天左右；步骤4，蒸馏，将发酵好的熟料放入锭中，熟料上放鏊（一种冷却装置），鏊中放凉水，在锭下用锅炉加热，熟料中的酒蒸汽上升遇鏊冷却成液体，即是"枣木杠"酒，酒从导出管中流出；步骤5，兑花。检验调配酒的度数。现今，在吸取传统技术精华的基础上，大大提升了设备和条件控制，并有严格的质量标准，使得产品的质量得以保证。

184 我国对酒中甲醇的含量有严格限制标准

甲醇是一种麻醉性较强的无色液体，又称"木醇"或"木精"，它能无限溶于酒精和水中。甲醇有酒精的外观，有温和的酒精气味，有烧灼感。甲醇对人体的危害性大，对神经系统和血管的毒害作用十分严重，对视神经危害尤甚。甲醇可经消化道、呼吸道以及黏膜渗透浸入人体而导致中毒。

我国食品安全国家标准《蒸馏酒及其配制酒卫生标准》（GB 2757—2012），规定甲醇含量：粮谷类≤0.6 g·L⁻¹，其他≤2 g·L⁻¹（检验方法 GB/T 5009.48）。酒中甲醇含量超过国家卫生标准时，则不能上市销售，以确保消费者的饮用安全。

我国食品安全国家标准《发酵酒及其配置酒》（GB 2758—2012），没有明确对甲醇提出指标。关于果酒中甲醇含量标准，国家只发布了葡萄酒的标准，枣发酵酒可以参照。国家标准《葡萄酒》（GB 15037—2006）规定：挥发酸（以乙酸计）≤1.2 g·L⁻¹，白葡萄酒和桃红葡萄酒甲醇≤0.25 g·L⁻¹，红葡萄酒甲醇≤0.4 g·L⁻¹。生产企业可以参照红葡萄酒甲醇≤0.4 g·L⁻¹ 的标准制订企业标准。

185 影响枣酒甲醇含量的主要因子及控制途径

市场销售的枣酒主要有枣蒸馏酒和枣发酵酒（枣红酒）。影响枣酒中甲醇含量的主要因子包括：原料、果胶酶、糖添加量、发酵菌种以及发酵工艺等多方面。

（1）与原料的关系。发酵果酒甲醇的产生与原料性质和状态密切相关，原料中果胶物质水解、氨基酸脱氨和原料的霉变，均会造成甲醇的大量产生。枣酒酿制过程中如果产生过量甲醇，主要是因为红枣中富含果胶，在发酵过程中果胶物质水解会产生甲醇。

（2）果胶酶及其添加量。果胶酶是果酒生产中重要的添加剂，主要用于提高原料出汁率和增加果酒澄清度。而水果发酵酒中甲醇主要是由果胶在果胶酶作用下水解形成的。因此，果胶酶的添加对枣酒的品质调控起着重要作用。郑佩等（2006）研究表明，使用微波强化浸提枣汁比果胶酶酶解浸提枣汁进行酒精发酵产生的甲醇低，并且有特殊香味。张丽芝（2013）以中宁长枣为原料，在发酵枣液中添加不同浓度的果胶酶，发现果胶酶添加量为 0.15 g·L⁻¹ 时，甲醇和杂醇油含量可控制在最低水平，添加量为 0.25 g·L⁻¹ 时，枣酒中的甲醇含量、枣发酵液的出汁率和透光率，均可控制在最佳水平。

（3）发酵菌种和接种量。张丽芝（2013）、张宝善等（2004）试验了采用实验室分离的葡萄酒酵母菌、椭圆啤酒酵母菌、安琪牌葡萄酒活性干酵母等多种酵母菌，研究得出以葡萄酒酵母菌发酵生产的枣红酒，甲醇和杂醇油均最低，接种量以3%～5%较为适宜。

（4）工艺条件控制。张丽芝（2013）指出，采用半密闭式发酵时杂醇油含量最低。张宝善等（2004）以陕西佳县油枣为原料制作枣发酵酒，研究指出，主发酵温度越高，甲醇和杂醇油生成量越多。因此主发酵温度应以21～25℃为宜；95℃热水浸提汁可促进杂醇油的生成。

（5）其他。有研究表明，采用鲜枣或干制枣做原料，发酵酒中的杂醇油含量相近；陈酿可降低红枣酒中甲醇和杂醇油的含量；用橡木桶贮酒效果最好（张宝善等，2004）。

186 发酵条件对枣酒中杂醇油含量影响及其控制

碳原子数大于2的脂肪醇混合物，即具有3个碳原子以上的一价醇类，俗称杂醇油。杂醇油包括正丙醇、异丁醇、异戊醇、活性戊醇、苯乙醇等。邹波等（2019）以骏枣浆为原料进行发酵酒研究指出，骏枣酒中的杂醇油主要有正丙醇、异丁醇和异戊醇，其中异丁醇和异戊醇含量较高。发酵过程中总杂醇油含量呈现先增加后降低的趋势，发酵结束后以采用活性干酵母BO213菌种（法国Laffort公司生产）发酵的骏枣酒总杂醇油含量最低，其浓度为268.6 mg·L^{-1}。张丽芝（2013）研究指出，采用半密闭式发酵时，杂醇油含量最低；用葡萄酒酵母菌发酵红枣汁效果较好，生成的杂醇油少；主发酵温度越高，杂醇油生成量越多，而发酵时间对杂醇油的含量几乎无任何影响。张宝善等（2004）采用陕西佳县油枣进行研究；结果表明，鲜枣和干制枣发酵酒中的杂醇油含量相近，用半焦枣发酵时的杂醇油含量较高；95℃热水浸提汁可促进杂醇油的生成；无论用红枣本身含有的糖发酵，还是添加蔗糖或葡萄糖发酵，糖的种类对甲醇的产生影响不大；但是杂醇油（异丁醇和戊醇）随添加糖的种类不同而变化较大，添加蔗糖和葡萄糖发酵产生的杂醇油较多，红枣浓缩汁发酵产生的杂醇油少；葡萄酒酵母菌发酵红枣汁效果较好，生成的杂醇油少；主发酵温度越高，杂醇油生成量越多，因此，主发酵温度应以21～25℃为宜；陈酿降低了红枣酒中杂醇油的含量，用橡木桶贮酒效果最好。彭松等（2013）研究指出，枣酒在陈酿过程中甲醇的相对含量总体呈下降趋势，但变化不大。

187 枣果酒发酵酵母菌的筛选

贾琪等（2015）以黄河滩枣为原料，选择了安琪 SY 型葡萄酒果酒专用酵母（通常更适合做白葡萄酒）、法国 Red Star Montrechet 葡萄酒专用酵母、帝伯仕葡萄酒果酒专用酵母、法国 Lalvin RC212 葡萄酒专用酵母和法国 Laffort F15 陈酿型红葡萄酒酵母，在枣浆中分别接入 0.05 % 已经活化好的酵母菌种，在 25℃条件下进行红枣酒发酵；结果表明，法国 Laffort F15 陈酿型红葡萄酒酵母能使发酵迅速启动，并使发酵完全，发酵所产红枣酒酒精度高且杂醇油相对含量少，甲醇未检出。

邹波等（2019）研究了采用 4 种不同酿酒酵母（BO213、EC-1118、FX10 和 RV002）发酵对骏枣果酒的影响，分析了 4 种酿酒酵母在骏枣果酒发酵过程中理化指标和枣酒抗氧化能力的变化；结果表明，4 种酵母发酵过程中总可溶性固形物含量下降，酒精度逐渐上升，其中以 EC-1118 和 RV002 酵母酒精发酵速度较快，BO213 和 FX10 发酵速度较慢；气相色谱分析结果表明，BO213 发酵的枣酒甲醇和杂醇油含量均较低，随着发酵的进行，各种酿酒酵母均能增加枣酒的抗氧化能力，以 BO213 发酵的枣酒总抗氧化能力最高；综合结果显示，以 BO213（法国 Laffort 公司生产）最适合骏枣果酒的发酵。

郭眯雪等（2019）选取 4 种不同的发酵剂［帝伯仕 LA DELICIEUSE 活性干酵母（LA-D）、安琪酵母、清香型酒曲和薯曲］分别对红枣进行发酵，通过对感官评分、酒精度、色度以及发酵过程中营养成分含量变化等指标进行比较；结果表明，LA-D 酵母发酵酒的色泽透亮，为琥珀色，苦味较小，枣香味浓郁，感官评分达 88.5 分，酒精度为 10.6 % vol；在发酵第 12 天，维生素 C 含量、总黄酮含量、氨基酸态氮含量均高于其他 3 种酵母发酵酒，总多酚含量仅次于清香型酒曲发酵酒；分析得出 LA-D 酵母是最适合红枣果酒发酵的酵母。

188 枣蒸馏酒红枣白兰地中的主要香气成分

白兰地最初来自荷兰文 Brandwijn，意为"烧制过的葡萄酒"，后来由荷兰语 Brandwijn 变成了英文 Brandy，翻译为白兰地。白兰地为蒸馏酒，广义讲是以水果为原料，经过发酵、蒸馏、贮藏等工艺酿制而成。通常讲的白兰地都是指葡萄白兰地而言，以红枣为原料制作的白兰地，称为红枣白兰地。

夏亚男等（2014）为探讨陈酿对红枣白兰地香气形成的影响，采用顶空固相微萃取与气相色谱 - 质谱联用技术，定性定量检测红枣白兰地陈酿期间香气成分的变化；结果表明，在陈酿期间共检出 81 种香气成分；成分中己酸乙酯、辛酸乙酯、癸酸乙酯、月桂酸、苯甲醛等 11 种成分含量较高；陈酿各阶段，虽各类香气成分的相对含量高低依次均为酯类、醛酮类、醇类、萜烯类和酸类，但香气成分种类、主要香气组分及其含量均有不同；醇类和醛酮类香气成分含量总体有所减少，酯类、酸类香气成分含量总体有所增加；不同陈酿时期香气组分的不同使红枣白兰地呈现不尽相同的香气表现。

任晓宇等（2018）采用顶空固相微萃取 - 气质联用技术（SPME-GC-MS）分析鉴定了红枣白兰地中的香气成分；结果表明，在红枣白兰地中共检测出 63 种香气化合物，通过定量分析及气味活度值（OAV）分析，进一步筛选出 21 种重要的香气化合物；21 种香气物质重组试验能够成功地模拟红枣白兰地中的香气，香气遗漏试验进一步证实了辛酸乙酯为红枣白兰地中的特征香气成分，并且辛酸乙酯、异戊酸乙酯、正丁醇、异戊醇、戊酸对红枣白兰地中的总体香气具有重要作用。

189 红枣醋的制作工艺及主要技术参数

红枣醋是以红枣或红枣汁为原料，用传统酿造工艺结合现代生物工程技术经二次微生物发酵（酒精发酵和醋酸发酵）酿制而成。红枣醋含有丰富的营养和活性成分，具有明显的抗氧化功能（杨艳艳，2012）。

张宝善等（2004）以无霉烂变质的残次红枣为原料，研究了红枣果醋生产的主要工艺及其参数；结果表明，红枣果醋酒精发酵采用液态带肉发酵，枣汁含糖量 8 %～14 %，发酵菌种为葡萄酒酵母菌；醋酸发酵采用半固态回流发酵，接种发酵比自然发酵效果好，醋酸菌接种量 5 %；枣醋在 95 ℃下加热 2 min，冷却后用硅藻土过滤、澄清效果好。玛丽娜等（2010）以新鲜红枣为原料，主要对红枣醋酒精发酵阶段的发酵条件进行了优化，以葡萄酒酵母（*Saccharomyces cerevisiae*）2.1421 为发酵菌种，并添加了一株异型发酵乳酸菌——肠膜明串珠菌（*Leuconostoc mesenteroides*）1.20 作为风味菌；试验得出的优化条件为酒精发酵前需要对原料液作酶处理，果胶酶最佳水解条件为温度 36.6 ℃，pH 值约 4.2，时间 1.5 h，酶添加量 0.12%；酒精发酵试验最佳条件为温度 28℃，糖度 16%，酵母菌接种量 3%，乳酸菌接种量 2%，发酵液中酒精度为 8%（V/V），达到了醋酸发酵时对酒精浓度的要求，并且不会延长发酵时间，结果较理想。傅力等（2009）以从醋厂的醋醅中分离得到醋酸菌 A1 做菌种，通过正交试验，得出红枣醋酸发酵最佳工艺条件为发酵温度 34℃，接种量 11%，初始酒度为 7%（V/V），装液量为 40%（V/V），初始 pH 值 3.5，发酵时间 5 天，发酵产生的总酸含量可达 41.3 g·L^{-1}。许牡丹等（2011）以宁夏灵武长枣为原料，发酵过程采用真空酶解浸提枣汁，利用在酒精发酵过程中加入乳酸菌作为风味菌，增加枣醋不挥发酸和酯的含量，得到了枣醋发酵的优化参数为酒精发酵温度 28℃、糖度 14%、酵母菌与乳酸菌按比例 5∶1 复合，总接种量 10%；醋酸发酵最佳工艺参数是温度 36℃、醋酸菌接种量 10%、酒精度 7%、初始 pH 值 4；红枣醋杀菌方式采用高温瞬时杀菌，125℃保持 1 min；采用硅藻土、明胶 - 单宁澄清率较高，放置 30 天后，稳定效果良好，发酵枣醋含酸量 51.6 g·L^{-1}。胡丽红（2009）以哈密大枣干制枣为原料，进行了红枣醋最佳加工工艺研究，在优化的工艺条件下生产的红枣醋中，除了脯氨酸和缬氨酸含量比原干制枣有所降低外，其他 14 种氨基酸含量均有不同程度提高。

190　红枣醋饮料的配制

果醋饮料是一种新型健康饮料。红枣醋饮料可以由红枣单一原料制作，也可以添加其他营养和风味食材制作。比如在红枣醋发酵制作过程中，添加罗汉果、桂花、枸杞、桂圆、灵芝等。李宏高等（2006）进行了红枣醋的制备和红枣醋饮料的配置，调配料为蔗糖 8%、蜂蜜 2%、红枣醋 10%、香精适量。胡丽红（2009）研究得出的红枣醋饮料的优化配方为红枣原醋 10%（总酸含量 5.13 g·100 mL^{-1}）、红枣汁 12%、蜂蜜 0.6%、蛋白糖 1.6%、乙基麦芽酚 0.06%。胡青霞等（2008）以新郑灰枣发酵酿制的红枣发酵枣醋为主要原料，进行了红枣醋饮料配置，确定的最佳配方为水 600 mL、枣醋 300 mL、蛋白糖 0.95 g、蜂蜜 125 g、甘草浸提液 65 mL（甘草的浸提条件以料水质量比 1∶5，浸提时间 14 h）。

191　枣超微粉制作咀嚼片

咀嚼片是指经口腔中咀嚼后吞食的片剂。刘世娟等（2016）以人参、红枣的超微粉为主要原料，采用湿法制粒压片工艺，制备参枣超微粉咀嚼片，可制得口感细腻、有人参和红枣特有风味且略有人参苦味、表面光滑、色泽呈浅褐色、香气协调柔和、硬度适宜的超微粉咀嚼片；通过响应面分析方法确定咀嚼片的配方为人参超微粉 20 %、红枣超微粉 40 %、微晶纤维素 15.39 %、木糖醇 22.58 %、食品级硬脂酸镁 1.02 %、柠檬酸 0.97 %；分析化验主要理化指标为片重 0.8 g（±5 %）、水分≤4 %、总酸度≤2 %、人参皂苷≥0.2 %。

方元（2014）研究指出，枣多糖咀嚼片配方为枣粉、枣多糖粉为主料，辅料为麦芽糊精和马铃薯粉，主料与辅料添加比例为 1∶1，咀嚼片多糖含量约 5.8 %；咀嚼片各个物料的临界相对湿度（CRH）分别为枣粉 68.5 %、麦芽糊精 79 %、马铃薯粉 84 %、枣多糖粉 77.6 %；混合物料经造粒后的临界相对湿度为 75.3 %。

市面药房销售的"小儿麦枣咀嚼片"（国药准字 Z20025582），就是一种咀嚼片，每片 0.45 g，由山药（炒）、大枣、山楂、麦芽（炒）等成分组成，辅料为蔗糖和食用硬脂酸镁。功能健脾和胃，主治小儿脾胃虚弱，食积不化，食欲不振。

192 植物酵素、食用植物酵素及红枣酵素

中华人民共和国轻工行业标准《植物酵素》（QB/T 5323—2018），规定了植物酵素的产品分类、要求、试验方法、检验规则及标志、包装、运输和贮存要求。植物酵素包含 4 类，分别是食用植物酵素、农用植物酵素、日化植物酵素和环保植物酵素；其中食用植物酵素是以可用于食品加工的植物为主要原料，添加或不添加辅料，经微生物发酵制得的含有特定生物活性成分可供人类食用的酵素产品。

李桃花等（2014）以广州某公司生产的水果酵素做试验材料，研究水果酵素对小鼠胃肠道消化功能的影响；方法是将 80 只小鼠随机分为 4 组，分别为对照组和试验组 1、2、3，试验组分别喂养浓度为 2.5 %、5 %、7.5 % 的水果酵素，对照组喂养正常饲料，饲养 28 天后，作胃排空试验以及肠推进功能检测；结果表明，水果酵素对小鼠胃肠动力、肠道机械运动功能提升均有促进作用，并且随着水果酵素喂养浓度的增加，促进作用逐渐增强。冯莉等（2017）研究了小鼠酒精性肝损伤模型的建立以及水果酵素对小鼠酒精性肝损伤的保护作用，病理学观察结果

显示，不同浓度的水果酵素使肝脏脂肪变性得到改善，肝脏细胞排列较为整齐，组织结构趋于正常，说明水果酵素可预防和修复酒精对小鼠肝脏的损伤，具有一定的保肝效果。费爽雯等（2017）对 9 种市售酵素中的活性成分进行了比较研究指出，超氧化物歧化酶（SOD 酶）活力范围为 $54.994 \sim 76.924\,6\,U \cdot mL^{-1}$。赵光远等（2015）以红枣为主要原料，利用酵母菌和植物乳杆菌为发酵剂，进行了红枣酵素饮料的工艺研究；结果表明，在 33℃下接种 5 % 的乳酸菌发酵 30 h 后，再在 30℃下接种 0.12 % 的酵母菌发酵 10 h，得到的红枣发酵液用 2 % 的白砂糖和 0.08 % 的柠檬酸进行调配，之后放置在 4℃冰箱进行后发酵，制得的红枣酵素饮料酸甜可口、风味适宜，并且伴有浓郁的枣香，总酸含量＞0.35 %，pH 值 4～4.3，乳酸菌活菌数≥$2.8 \times 10^9\,CFU \cdot mL^{-1}$。

《植物酵素》（QB/T 5323—2018）中，对食用植物酵素的一般理化指标要求为 pH 值≤4.5（液态和半固态），乙醇含量≤0.5 %，上述指标为酵素发酵过程产生的非外源添加的物质。对植物酵素规定了专门的特征性指标，表 9 为食用植物酵素特征性指标。

表 9　食用植物酵素特征性指标

项目		指标		
		液态	半固态	固态
总酸（以乳酸计）/（g·100 g^{-1}）	≥	0.8	1.1	2.4
维生素（B$_1$、B$_2$、B$_6$、B$_{12}$ 合计）/（mg·kg^{-1}）	≥	1.1	1.2	2.3
游离氨基酸/（mg·100 g^{-1}）	≥	33	35	97
有机酸（以乳酸计）/（mg·kg^{-1}）	≥	660	900	6 400
乳酸/（mg·kg^{-1}）	≥	550	800	1 150
粗多糖/（g·100 g^{-1}）	≥	0.1	0.15	2.8
γ - 氨基丁酸/（mg·kg^{-1}）	≥	0.03	0.039	0.06
多酚/（mg·g^{-1}）	≥	0.5	0.6	1.4
乳酸菌/［CFU·mL^{-1}（液态），CFU·g^{-1}（半固态和固态）］	≥	1×10^5	1×10^5	1×10^5
酵母菌/［CFU·mL^{-1}（液态），CFU·g^{-1}（半固态和固态）］	≥	1×10^5	1×10^5	1×10^5
SOD 活性 */［U·L^{-1}（液态），U·kg^{-1}（半固态和固态）］	≥	15	20	30

注：表中指标项为发酵过程中产生的非外源添加的物质。* SOD 活性表示在 25℃条件下保存期不少于半年。

193 枣核制备的木醋液及其功能

木醋液是含纤维素、半纤维素的植物材料干馏时收集的液体混合物，经静置并分离出木焦油后的澄清红褐色液体，具有醋酸的酸味和烟熏气味（曹宏颖等，2014）。木醋液是木炭生产的副产品，是化学农药的理想替代品，主要成分为醋酸、酚类、水，其中有机质成分醋酸占 10 % 以上。

木醋液在国外已获得广泛应用，采取不同的精制方法得到的木醋液，可作为医药原料、食品添加剂、染料原料、脱臭剂、农药原料、土壤改良剂等，也开辟了饮料添加剂、沐浴添加剂等用途（高尚愚等，1994）。

张立华等（2016）采用干馏法（150～400℃）制得枣核木醋液，并采用气相色谱 - 质谱联用仪分析其化学成分，通过对大肠杆菌、青霉菌及石榴干腐病菌的抑菌试验评价其抑菌活性；结果显示，枣核木醋液中含有 35 种化合物，主要为酚类、酮类、有机酸类、醛类和杂环化合物等，其中含量最多的是酚类、酮类化合物和有机酸，三者占总检出成分的 71.01 %；枣核木醋液对大肠杆菌、青霉菌及石榴干腐病菌均有抑制作用，并呈现剂量依赖效应，对上述 3 种菌的最小抑菌浓度分别为 1.25 %、2.5 % 和 0.625 %。上述研究表明，枣核木醋液具有较强的抑菌活性，初步分析酚类物质和有机酸是其抑菌的主要有效成分。

【参考文献】

白兰，朱靖博，丁燕，等，2014.复合红枣粉的研制［J］.食品工业，35（8）：40-44.

毕金峰，周禹含，陈芹芹，等，2015.干燥方法对超微枣粉品质的影响［J］.中国食品学报，15（2）：150-155.

柴诗缘，潘娅婧，唐敏慧，等，2016.低糖红枣山楂含片的研制［J］.食品研究与开发，37（22）：64-67.

曹宏颖，王海英，2014.木醋液的制备及精制研究进展［J］.广东化工，41（4）：37-38.

崔升，2015.枣粉生产工艺及枣固体饮料配方的研究［D］.乌鲁木齐：新疆农业大学.

陈建东，李峰，朱秀英，等，2010.红枣微波干燥工艺的研究［J］.农机化研究，32（11）：228-231.

陈振武，张钦德，王兴顺，2003.炮制对大枣煎出物含量的影响［J］.现代中药研究与实践（3）：23-24.

程莉莉，2012.冬枣和苹果片变温压差膨化干燥及贮藏特性研究［D］.合肥：安徽农业大学.

池建伟，乔惠刚，1997.玉枣生产工艺研究［J］.食品工业科技（3）：41-43.

董瑶，静巍，解慧，2018.蔓越莓红枣蛋糕的研制［J］.吉林农业（24）：118.

杜怡波，樊慧蓉，阎昭，2018.阿胶的化学成分及药理作用研究进展［J］.天津医科大学学报，24（3）：267-270.

范会平，詹丽娟，王娜，等，2013.山药核桃营养枣片的研制［J］.食品研究与开发，34（20）：41-45.

方元，2014.大枣多糖的提取与产品开发［D］.乌鲁木齐：新疆农业大学.

费爽雯，白浩，文佳嘉，等，2017.几种市售酵素中活性物质的比较［J］.南昌大学学报（工科版），39（1）：27-31.

冯莉，张鹤鑫，何国库，等，2017.水果酵素对小鼠酒精性肝损伤保护作用的研究［J］.中国酿造，36（9）：112-115.

傅力，胡丽红，古丽娜孜，等，2009.红枣醋生产中醋酸发酵阶段最佳工艺条件的研究［J］.中国调味品，34（8）：72-75.

高晗，孙俊良，孔瑾，等，2004.红枣乳酸发酵饮料的研制［J］.食品研究与开发，25（6）：42-44.

高尚愚，钱慧娟，1994.日本的木醋液精制和应用研究［J］.林产化工通讯（6）：36-37.

高文彦，2015.大国医全书［M］.北京：中医古籍出版社.

巩卫琪，姚毓才，周茹，2014.红枣姜茶饮料的制备工艺研究［J］.饮料工业，17（10）：16-20.

郭眯雪，程晓雯，于有伟，等，2019.不同发酵剂对红枣果酒发酵品质的影响［J］.中国酿造，38（9）：58-64.

何新益，程莉莉，刘金福，等，2011.膨化温度对冬枣变温压差膨化干燥特性的影响［J］.农业工程学报，27（12）：389-392.

侯丽娟，严超，齐晓茹，等，2017.不同品种红枣酿制枣酒的香气差异性研究［J］.食品工业，38（5）：208-212.

胡丽红，2009.红枣醋及枣醋饮料生产工艺的研究［D］.乌鲁木齐：新疆农业大学.

胡青霞，陈延惠，秦丽娜，等，2008.发酵枣醋保健饮料最佳配方的研究［J］.河南农业大学学报，42（4）：443-445.

黄社章，左锦静，姚永志，等，2010.速溶营养大枣玉米片的加工工艺［J］.食品研究与开发，31（9）：99-100.

纪庆柱，张仁堂，孙欣，2018.黑变红枣发酵酒加工主发酵影响因素及其控制研究［C］//中国食品科学技术学会.中国食品科学技术学会第十五届年会论文摘要集.［出版地不详］：［出版者不详］：307-308.

贾文婷，杨慧，吴宏，等，2016.红枣变温压差膨化干燥的响应面分析及工艺优化［J］.上海农业学报，32（5）：139-144.

贾琪，朱靖博，丁燕，等，2015.红枣酒发酵菌种的筛选研究［J］.食品工业，36（11）：49-51.

冀建军，王俊萍，丁兆忠，等，2015.生物发酵枣粉在肉牛育肥日粮中的应用研究［J］.中国草食动物科学，35（6）：77-78.

靳玉红，李志西，乔艳霞，等，2016.红枣乳酸发酵饮料的抗氧化活性［J］.西北农林科技大学学报（自然科学版），44（1）：199-205.

孔江龙，王元熠，陈国刚，2018.红枣粉喷雾干燥加工工艺优化［J］.食品工业科技，39（18）：162-169.

罗莹，2010.枣的保鲜与加工实用技术新编［M］.天津：天津科技翻译出版公司.

刘世军，王林，唐志书，等，2018.不同炮制方法对大枣中芦丁含量的影响［J］.陕西农业科学，64（3）：35-37.

刘文韬，刘子畅，周航，等，2020.冬枣核油的营养成分和抗氧化能力分析［J］.中国油脂，45（2）：141-144.

兰社益，曹雁平，1999.绿茶、红枣、桂圆、枸杞子复合茶饮料的生产工艺［J］.饮料工业，2（1）：42-43.

刘伟，高华，2000.红枣保健茶饮料的生产工艺技术［J］.食品科技（4）：49.

刘世军，高森，唐志书，等，2016.大枣多糖胶囊成型工艺研究［J］.中南药学，14（5）：497-500.

刘世军，王林，余沛，等，2017.大枣膳食纤维饼干的研制［J］.陕西农业科学，63（8）：6-8.

刘世军，王林，唐志书，等，2018.不同炮制方法对大枣中芦丁含量的影响［J］.陕西农业科学，64（3）：35-37.

刘世娟，刘崇万，徐振秋，2016.参枣超微粉咀嚼片的研制［J］.食品工业，37（8）：100-104.

李晨光，冯俊敏，康振奎，等，2014.红枣冰酒的研制及品质分析［J］.食品工程（4）：7-10.

李丹，王颉，2008.金丝小枣酒香气成分分析［J］.酿酒科技（6）：109-111.

李宏高，吴忠会，白文涛，等，2006.红枣醋饮料工艺研究［J］.食品科学，27（10）：645-648.

李玲，闫旭宇，2017.生姜红枣枸杞复合饮料的配方及工艺研究［J］.湘南学院学报，38（2）：30-34.

李其晔，鲁周民，2015.红枣饮品加工研究进展［J］.保鲜与加工，15（5）：57-61.

李桃花，梁蓉，唐俊瑜，等，2016.水果酵素对小鼠胃肠道消化功能的影响［J］.生物技术世界（3）：10-11.

李兴，赵江林，唐晓慧，等，2018.藜麦红枣复合饮料的研制［J］.食品研究与开发，39（18）：82-87.

卢艳，韩丽，钤莉妍，等，2016.阿胶枣对小鼠免疫调节作用的研究［J］.中国药物评价，33（5）：423-425.

马超，和法涛，葛邦国，等，2016.喷雾干燥枣粉工艺优化［J］.食品工业，37（10）：27-29.

马姝雯，许雪松，2012.无添加糖青枣果脯的工艺研究［J］.农产品加工（学刊）（11）：115-118，142.

玛丽娜，敖日格乐，2010.红枣醋发酵过程中酒精发酵条件的优化研究［J］.中国酿造（12）：27-29.

戚晨晨，张帆，沈艾彬，2015.红枣乳酸发酵饮料生产工艺研究［J］.食品工业，36（6）：89-92.

彭松，锁然，霍莉，等，2013.气相色谱法测定不同酒龄枣酒中甲醇含量［J］.食品工业科技（12）：54-56.

任晓宇，张少云，裴晓静，等，2018.红枣白兰地中香气成分的顶空固相微萃取条件优化［J］.食品工业科技，39（7）：249-254，291.

苏娜，2008.红枣发酵酒加工工艺研究［D］.杨凌：西北农林科技大学.

盛文军，2004.干制方法对红枣总黄酮含量的影响及其生物功能初探［D］.西安：陕西师范大学.

孙彩翼，位思清，李宁阳，等，2019.红枣枸杞紫糯小麦养生粥粉的开发［J］.食品工业，40（2）：1-4.

孙曙光，张新民，商显德，等，2012.真空冷冻干燥技术在金丝小枣冻干纯粉生产中的应用［J］.山东食品发酵（1）：38-40.

王毕妮，2011.红枣多酚的种类及抗氧化活性研究［D］.杨凌：西北农林科技大学.

王国强，位思清，李宁阳，等，2108.生姜红枣软糖的研制［J］.食品工业，39（12）：26-29.

王恒超，陈锦屏，符恒，等，2012.骏枣干制过程中几种营养物质的变化规律［J］.食品科学，33（15）：48-51.

王建军，武英耀，1997.红枣饴产品开发与加工技术的研究［J］.山西农业大学学报，17（1）：37-41.

王丽娜，张琴，2018.红枣山楂茶饮料工艺研究［J］.许昌学院学报，37（10）：47-53.

王立霞，2011.和田玉枣乳酸发酵饮料加工工艺研究［J］.农产品加工（6）：77-80.

王锐平，陈雪峰，王宁，等，2007.大枣口含片生产工艺的研究［J］.食品工业科技（1）：153-155.

王文静，2019.红枣粉对面团与镶品质特性的影响研究［D］.郑州：郑州轻工业大学.

王晓涧，2016.红枣饮料泡腾片的研制［D］.杨凌：西北农林科技大学.

王玉峰，李长敦，2011.A级绿色食品"华夏"脆冬枣加工规程［J］.中国果菜（11）：51.

王跃强，2018.红枣粉面包加工配方研究［J］.现代食品（18）：138-141.

王益慧，赵雯，李娜，等，2020.山药红枣功能性软糖的制作工艺研究［J］.江西农业学报，32（2）：120-124.

文怀兴，梁熠葆，许牡丹，等，2002.高Vc红枣真空干燥技术与设备的研究［J］.轻工机械（4）：31-33.

文怀兴，俞祖俊，史鹏涛，2015.大枣切片真空低温干燥技术及工艺的分析［J］.陕西科技大学学报（自然科学版），33（5）：141-145.

汪正翔，2011.广德蜜枣加工工艺［J］.现代农业科技（23）：355-356.

吴艳芳，2016.山西太谷壶瓶枣酒生产工艺的研究［D］.太谷：山西农业大学.

夏亚男，王颉，2014.红枣白兰地蒸馏过程不同馏分中风味物质的变化规律
　　［J］.食品科技，39（10）：116-120.

解彪，延志伟，崔德汶，等，2017.枣粉替代日粮中玉米对绵羊生长性能和瘤
　　胃发酵参数的影响［J］.中国畜牧杂志，53（3）：88-92.

许牡丹，杨艳艳，王俊华，等，2011.多菌种液态发酵红枣醋工艺研究［J］.
　　中国调品，36（12）：79-82.

许牡丹，杨雯，杨艳艳，2011.枣粉抗结块实验研究［J］.食品研究与开发，
　　32（12）：78-81.

许牡丹，刘红，肖文丽，等，2014.膨化米粉对枣粉冲调性的影响［J］.食品
　　科技，39（8）：153-156.

徐倩，姬华，赵明明，等，2019.红枣生姜复合饮料的研究［J］.保鲜与加工
　　（3）：116-121.

延志伟，2016.饲粮不同枣粉水平对晋岚绒山羊生产性能及血液理化指标的影
　　响［D］.太谷：山西农业大学.

杨平，2003.枣乡漫话［M］.北京：西苑出版社.

杨艳艳，2012.红枣果醋及其抗氧化性研究［D］.西安：陕西科技大学.

于静静，马涛，毕金峰，等，2010.冬枣变温压差膨化干燥预处理研究［J］.
　　食品与机械，26（5）：144-147.

袁亚娜，张平平，秦蕊，等，2013.红枣山楂果丹皮和果糕的制作及品质评价
　　［J］.食品科技，38（2）：107-111.

张宝善，陈锦屏，刘芸，2002.加工条件对红枣中芦丁含量变化的影响研究
　　［J］.食品科学，23（8）：175-177.

张宝善，陈锦屏，杨莉，等，2004.甲醇和杂醇油在红枣发酵酒中的变化及其
　　控制研究［J］.酿酒科技（8）：24-27.

张宝善，陈锦屏，李冬梅，2004.利用次等红枣生产果醋的工艺研究［J］.农
　　业工程学报，20（2）：213-216.

张德翱，张璐，段永涛，2003.高 Vc 红枣加工新方法［J］.陕西科技大学学
　　报，21（4）：47-49.

张海悦，李鹏，谯福星，等，2014.生姜红枣养胃保健膏配方优化及抑菌性能
　　研究［J］.食品研究与开发，35（1）：45-48.

张娜，雷芳，马娇，2017.蒸制对红枣主要活性成分的影响［J］.食品工业，38（1）：138-141.

张苹苹，李喜宏，杨莉杰，等，2018.灵武长枣面包的研制［J］.食品工业，39（6）：161-163.

张颖，2014.高膳食纤维红枣谷物早餐粉的制备研究［D］.无锡：江南大学.

张瑾，余彦国，王福厚，等，2018.大枣枸杞泡腾片固体饮料的研制［J］.当代工业研究（5）：166-167.

张井印，刘素稳，常学东，等，2013.山楂红枣袋泡茶的工艺优化［J］.食品研究与开发，34（11）：35-38.

张立华，王丹，宫文哲，等，2016.枣核木醋液化学成分分析及其抑菌活性［J］.食品科学，37（14）：123-127.

张卫卫，王新才，徐娟，等，2017.热风干燥与真空冷冻干燥对鲜冬枣脆片品质的影响［J］.农产品加工（12）：14-16.

张永清，2016.月饼枣泥馅配方的优化［J］.食品工业，37（9）：118-121.

赵楠，2013.红枣生姜复合饮料抗氧化性能研究［D］.杨凌：西北农林科技大学.

赵旭，张茹，吴昊轩，等，2014.益气养血营养枣片的研制［J］.食品工业，35（10）：155-157.

赵光远，陈美丽，许艳华，2016.红枣汁发酵过程中主要功效酶活性及相关代谢产物变化规律的研究［J］.食品科技，41（11）：63-67.

赵光远，梁晓童，陈美丽，等，2015.红枣酵素饮料的研制［J］.食品工业，36（9）：124-128.

赵忠熙，程惠玲，杨民，等，2014.黄河滩枣大枣多糖胶囊的制备及其质量考察［J］.中国生化药物杂志，34（8）：162-166.

周禹含，毕金峰，陈芹芹，等，2013.超微粉碎对枣粉品质的影响［J］.食品与发酵工业，39（10）：91-96.

周禹含，毕金峰，陈芹芹，等，2014.超微粉碎对冬枣粉芳香成分的影响［J］.食品工业科技，35（3）：52-58.

赵耀光，王留，2012，大枣多糖对蛋雏鸡生长性能和免疫功能的影响［J］.饲料研究（7）：79-80.

郑佩，林勤保，2006.枣汁浸提方法比较及对枣酒品质的影响［J］.酿酒科技（3）：24-27.

张江宁，丁卫英，张玲，等，2019.枣粉面包品质及质构特性研究［J］.农产品加工（15）：25-26，34.

张丽芝，2013.发酵枣酒中的甲醇和杂醇油控制［J］.酿酒科技（8）：36-39.

张远，计红芳，胡梁斌，等，2008.红枣山楂复合饮料的加工工艺［J］.食品与发酵工业，34（11）：108-110.

郑文悦，于晨，霍春燕，等，2019.黑米红枣复合营养面包的研制［J］.农产品加工（1）：1-3.

邹波，徐玉娟，肖更生，等，2019.不同酿酒酵母对骏枣果酒发酵特性的影响［J］.食品科学技术学报，37（2）：63-69.

第七篇
枣营养保健和药理作用知识篇

194 红枣含有人体必需的七大营养素

营养素是指食物中可给人体提供能量、构成机体和组织修复，以及具有生理调节功能的化学成分。人体必需的营养素有糖类、蛋白质、脂类、维生素、矿物质和水六大类。近年来，有营养学专家将膳食纤维也列为人体必需的营养素。因此，就有人体七大必需营养素的说法。

红枣中不仅富含上述七类主要营养素，其中糖分、矿质营养和活性物质（多糖及糖苷类、三萜类化合物、环磷酸腺苷、黄酮类化合物、多酚类化合物、生物碱类化合物等）含量丰富。据中国农业科学院分析中心测定，干枣中含糖 $55\% \sim 80\%$，磷 $0.09\% \sim 1.27\%$，钾 $0.61\% \sim 1.05\%$，钙 $0.03\% \sim 0.06\%$，镁 $0.03\% \sim 0.05\%$，粗蛋白约 2.92%，粗纤维约 2.41%，粗脂肪约 0.96%，维生素 C 约 $8.7\,mg \cdot 100\,g^{-1}$，维生素 B_1 约 $0.17\,mg \cdot 100\,g^{-1}$，同时含有维生素 A、维生素 B_2、维生素 P 等（李淑子等，1983）。中国居民膳食指南（2016 科普版）表列出，金丝小枣 100 g 可食部分含维生素 B_2 0.5 mg。

王蓉蓉等（2017）将采自山西省农业科学院果树研究所的梨枣、灰枣、木枣和相枣全红果、采自北京门头沟区的金丝小枣全红果和采自新疆哈密的哈密大枣全红果，经液氮冷冻后 $-80\,℃$ 贮藏，试验前 $4\,℃$ 解冻，干燥后用于 α - 生育酚和 β - 胡萝卜素含量分析；结果表明，6 种枣果均含有 α - 生育酚，其含量范围为 $0.118 \sim 0.843\,mg \cdot 100\,g^{-1}$ DW，其中哈密大枣的含量最高，显著高于其他品种；6 种枣果均含有 β - 胡萝卜素，其含量范围为 $0.164 \sim 0.608\,mg \cdot 100\,g^{-1}$ DW，其中哈密大枣中 β - 胡萝卜素含量也显著高于其余品种。

大量研究资料表明，大枣含有人体必需的七大营养素，特别是碳水化合物、矿质营养含量高，并含有丰富的活性物质。鲜枣中维生素 C 含量很高。

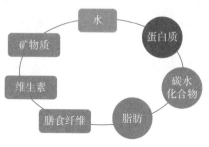

人体必需的七大营养素

195 成熟鲜枣可溶性固形物和总糖含量通常在什么范围

可溶性固形物是指液体或流体食品中所有溶解于水的化合物的总称，包括糖、酸、维生素、矿物质等。可溶性固形物通常主要是指可溶性糖类，所以常将测定水果可溶性固形物的折光仪称为测糖仪。

20 世纪 90 年代，山西省农业科学院果树研究所毕平等研究人员对于国家枣种植资源圃（山西太谷）的枣果实含糖量变化进行了广泛分析，研究认为取样树应大于 4 年，取样枝龄应为 3～6 年；结果表明，203 个品种鲜果总糖含量为 13 %～35.03 %，平均 24.93 %；可溶性固形物含量为 19.8 %～41.7 %，平均为 30.9 %（毕平等，1995）。

赵京芬等（2011）对北京地区 8 个枣品种果实主要营养成分分析表明，鲜枣可溶性固形物含量在 15 %～30 %，可溶性糖含量 15.4 %～26.6 %。马庆华等（2007）对产自沾化、黄骅的成熟鲜冬枣的可溶性固形物和总糖进行了测定分析；结果表明，年份之间差异很大，高的年份可溶性固形物含量为 25 %～30 %，总糖含量 19.51 %～24.72 %，而低的年份可溶性固形物含量 20 %～26.5 %，总糖含量 14.58 %～16.76 %。

我国枣品种繁多，产地和年份也影响枣的品质，特别是枣的可溶性固形物含量。生产中最便捷的检测品质的方法也是测定果实汁液中可溶性固形物含量，管理良好、充分成熟的鲜食枣品种，可溶性固形物含量一般都在 20 % 以上。

王存龙等（2012）参考《原产地域产品沾化冬枣》（GB 18846—2002）

中的要求，按可食率、可溶性固形物、总糖、总酸 4 个指标对鲜食冬枣进行了 k-Means 聚类分析，分为品质较差、品质一般和品质较好 3 类：品质较好，总糖 20.4 %，可溶性固形物 24 %，总酸 0.21 %，可食率 96.3 %；品质一般，总糖 16.21 %，可溶性固形物 20 %，总酸 0.19 %，可食率 96.3 %；品质较差，总糖 11.3 %，可溶性固形物 16. %，总酸 0.17 %，可食率 95.4 %。

196 红枣中可滴定酸含量通常在什么范围

可滴定酸是植物品质重要构成性状之一，是影响果实风味品质的重要因素。赵京芬等（2011）对北京地区 8 个枣品种果实营养成分分析表明，鲜枣总酸含量 0.21 %～0.35 %，固酸比 68.18～106.78。马庆华等（2007）对产自沾化、黄骅的鲜冬枣可滴定酸含量测定结果为 0.19 %～0.35 %。

王向红等（2002）采用电位滴定法对尖枣、骏枣等 10 个枣品种营养成分分析表明，干制枣含酸量范围为 1.15 %～2.03 %，平均含酸量为 1.56 %，其中婆婆枣含酸量为 2.03 %，金丝小枣含酸量为 1.15 %，阜平大枣随着等级的降低，含酸量增高。刘杰超等（2018）研究指出，以干重计算，哈密大枣的总酸含量为 1.5 %，哈密、阿克苏及和田产骏枣总酸含量均在 1 % 以上，若羌、阿克苏及喀什产灰枣，总酸含量在 0.57 %～0.73 %。康迎伟（2009）报道，保德油枣干制枣含酸量 1.87 %。

综上所述，鲜枣可滴定酸含量范围为 0.19 %～0.35 %，干制枣含酸量范围为 1.15 %～2.03 %，干制枣含酸量高的原因是，因水分降低使得含酸量相对增高。保德油枣、新疆哈密大枣、婆婆枣等是含酸量相对高的枣品种。

197 枣、酸枣、中间类型之间的糖酸含量及成分有何差异

枣和酸枣属于 2 个不同的种（刘孟军等，1994）。枣和酸枣的中间类型，是指果实大小及主要特征介于枣和酸枣之间的类型。

赵爱玲等（2016）选取了 1 个普通酸枣品种北京酸枣、北京老虎眼 2 个中间类型，以及赞皇大枣、新郑灰枣、山东梨枣和大荔蜂蜜枣 4 个枣品种，共 7 份种质的果实做试验材料，在山西省农业科学院果树研究所进行了试验研究；结果表明，不同种质类型间可溶性固形物含量差异达显著水平，从高到低依次为枣、中间类型和酸枣；不同种质类型间可滴定酸含

量差达极显著水平,从高到低依次为酸枣、中间类型和普通枣;果实不同发育期的可溶性固形物和可滴定酸含量都呈上升趋势;测定结果指出,酸枣成熟果实总糖含量 8.31 %,中间类型平均为 19.36 %,4 个大枣品种平均为 31.62 %,其中新郑灰枣最高为 39.37 %;3 种种质类型的果实都含有葡萄糖、果糖和蔗糖,酸枣中蔗糖含量相对最低为 2.5 %,中间类型 3 种糖中虽然蔗糖含量相对最低,但是较酸枣比例大幅提升为 22.22 %,大枣中 3 种糖中蔗糖所占比例最高为 52.77 %;从酸枣到大枣,糖的组分是由单糖积累型过渡到蔗糖积累型;可滴定酸从高到低依次为酸枣、中间类型和大枣;3 种种质类型的果实都含有柠檬酸、苹果酸、奎宁酸、琥珀酸、酒石酸、山楂酸、桦木酸、齐墩果酸、熊果酸、富马酸、马来酸和乙酸等十几种有机酸,主要有机酸种类是苹果酸、柠檬酸、奎宁酸、琥珀酸和酒石酸等。

归纳上述资料,大枣的总酸平均含量约为 0.59 %,以含苹果酸和奎宁酸为主,柠檬酸及琥珀酸含量也较高;酸枣的总酸含量为 2.23 %,是大枣平均含量的 3.78 倍,酸枣中的有机酸以柠檬酸为主,苹果酸、奎宁酸和琥珀酸含量也较高;中间类型的总酸平均含量为 1.99 %(北京老虎眼高达 2.6 %),北京酸枣以苹果酸为主,奎宁酸、柠檬酸和琥珀酸含量也较高,北京老虎眼以柠檬酸和苹果酸为主,酒石酸、奎宁酸和琥珀酸含量也很高。

酸枣中的有机酸以柠檬酸为主,苹果酸、奎宁酸含量也较高

198 红枣中的总糖包括单糖、双糖、低聚糖和多糖

糖是多羟基醛和多羟基酮以及它们的脱水缩合产物。红枣中总糖包括单糖、双糖、低聚糖和多糖,单糖主要为葡萄糖和果糖,双糖主要为蔗

糖。在糖类中，分子中含有游离醛基或酮基的单糖和含有游离醛基的二糖都具有还原性，称为还原糖。还原糖主要包括葡萄糖、果糖、半乳糖、乳糖、麦芽糖等。

低聚糖为由 2 个或 2 个以上（一般指 2～10 个）单糖单位以糖苷键相连形成的糖。低聚糖又可分为普通低聚糖（蔗糖、麦芽糖、海藻糖、环糊精等）和功能性低聚糖（低聚果糖、棉籽糖、水苏糖、异麦芽酮类、大豆低聚糖等）。功能性低聚糖可以刺激人体结肠内常驻益生菌菌群的生长和活性，是益生菌的食物，所以也叫益生元。彭艳芳（2003）以冬枣、金丝小枣、赞皇大枣等 8 个枣品种为试验材料，进行的全营养期糖类动态变化研究指出，枣果的各个发育阶段以果糖所占比例最大，其次是葡萄糖和半乳糖，鼠李糖和阿拉伯糖含量很低。赵子青等（2013）研究报道，将山西临县木枣水浸提液通过膜分离得到大枣粗低聚糖，再经 DEAE 纤维素、Sephadex G-15 凝胶柱层析进一步分离纯化，得到 3 种大枣低聚糖组分，并用高效液相色谱法测定平均分子量分别为 543 u、334 u、1 459 u（u 为原子质量单位）。

多糖至少由 10 个以上的单糖组成的聚合高分子碳水化合物，多糖无还原性。枣中所含多糖可分为酸性多糖和中性多糖（林勤保等，1998），枣多糖是重要的活性成分。多糖的酸水解单糖为鼠李糖、阿拉伯糖、果糖、葡萄糖、甘露糖和半乳糖，其中甘露糖、鼠李糖和阿拉伯糖在枣果半红期后才可以检测出，但含量低（彭艳芳，2003）。

199 干制枣总糖含量高且还原糖所占比例大

牛林茹（2015）等对采自山西交城县天骄红枣种质资源圃的灰枣、骏枣、壶瓶枣、板枣、金丝小枣、赞皇大枣和木枣 7 个品种，进行了总糖含量、总还原糖含量、主要单糖葡萄糖和果糖含量及组成比例的测定分析；结果表明，7 种干制红枣的总糖含量都在 70 % 以上；7 种红枣中还原糖占总糖比例因品种不同差异较大，为 44.9 %～74.4 %，其中木枣的还原糖所占比例最高；7 种红枣葡萄糖与果糖的比例不同，但差异不显著，均为 1：1 左右。

南海娟等（2014）分析测定指出，新疆红枣的总糖含量为 84.55 g·100 g^{-1}，明显高于新郑枣 75.1 g·100 g^{-1} 和灵宝枣 70.18 g·100 g^{-1}。李进伟等（2006）对金丝小枣等 5 种枣的含糖量测定表明，总糖含量 80.86 %～85.63 %，还原糖含量 57.61 %～77.93 %。王向红等（2002）等测定了尖枣、骏枣、龙枣、牙枣、婆婆枣、玲玲枣、三变红、金丝小枣和清涧木枣的总糖含量，范围为 72.1%～52.3%，还原糖的含量范围为 66.2%～46.9%。张颖等（2016）对采自 9 个地区、26 个栽培产地、42 个栽培品种的 49 批次枣样品进行了测定；结果显示上述大枣样品中（烘干制粉），蔗糖平均含量为 13.57%，葡萄糖平均含量为 20.18%，果糖平均含量为 14.34%；大枣不同栽培品种中，3 种糖类成分含量差异显著，其中以蔗糖为最，其含量最高可达 78.55%（新疆和田梨枣），壶瓶枣、骏枣为富含蔗糖的栽培品种，而在部分品种中蔗糖含量很低或未能检测到蔗糖；研究指出，产地为影响样品中 3 种糖类成分含量的重要因素，新疆产区大枣样品蔗糖平均含量（58.68%）远高于全国其他产区，而葡萄糖（12.4%）及果糖（8.9%）平均含量显著低于全国其他产区；相同栽培品种（如骏枣、梨枣），产自新疆产区的蔗糖含量显著高于其他产区；究其原因，可能与新疆自然地理条件下，日照充足、昼夜温差大易于蔗糖积累有关。

综合上述资料，干制枣含糖量测定结果与品种、生产地域关系密切，也与干制后大枣的水分含量直接相关。从上述测定结果看，干制枣总糖含量通常在 50% 以上，含量高者在 70% 左右；还原糖以果糖和葡萄糖为主，但是不同品种和产地的干制枣还原糖所占比例差别较大，大致占总糖含量的 45%～75%；壶瓶枣、骏枣为富含蔗糖的品种；新疆产区大枣样品中蔗糖平均含量远高于全国其他产区。

200 红枣中蛋白质含量比较丰富

李进伟等（2006）对金丝小枣等 5 种干制枣的分析表明，蛋白质含量为 4.75%～6.86%。南海娟等（2014）测定了灵宝大枣、新郑大枣和新疆大枣的蛋白质含量，分别为 2.67%、2.83% 和 4.18%。王向红等（2002）测定尖枣、骏枣、龙枣、牙枣、婆婆枣、玲玲枣、三变红、金丝小枣和清涧木枣的蛋白质含量为 4.04%～6.84%。刘杰超等（2018）以哈密大枣、骏枣（产自哈密、阿克苏及和田）、灰枣（产自若羌、阿克苏及喀什）典型生产区域及品种的 7 个新疆红枣样品为试验材料，测定的哈密大枣蛋白质含量为 6.42%，产自哈密、阿克苏、和田的骏枣蛋白质平均含量为 6.39%，产自若羌、阿克苏、喀什的灰枣蛋白质平均含量为 4.61%。关俊玲等（2002）分析测定了乐陵金丝小枣、天津静海郝庄金丝小枣等 10 个品种阴干枣的蛋白质含量为 2.4%～3.22%，均值为 2.86%，大枣含量一般高于小枣。王永刚等（2014）分析了甘肃靖远县成熟小口大枣自然风干枣经80℃干燥24 h后制粉，蛋白质含量为3.15%。

郭裕新等（2010）对鲜枣、干枣、乌枣和金丝蜜枣的蛋白质含量做了整理比较，列出鲜枣蛋白质含量为1.2 g·100 g⁻¹，干制枣2.8～3.3 g·100 g⁻¹，乌枣3.1 g·100 g⁻¹，金丝蜜枣1.3 g·100 g⁻¹。相对于谷物而言，大多数水果蛋白质含量都不高，而樱桃、番石榴、杏等水果，蛋白质含量相对较高，干果如核桃、榛子等，蛋白质含量比较丰富。干制枣属于水果干制品，与上述提到的几种水果相比，蛋白质含量也相对较高。

综合上述资料，干制枣蛋白质含量为2.4%～6.84%，不同枣样品含量差异较大。可见，不同品种、不同产地、不同栽培管理及分析测试方法等因素，直接影响到红枣的蛋白质含量测定结果。

201 红枣中氨基酸含量较高且齐全

贾雪峰等（2011）对阿克苏地区产的红枣（灰枣、葫芦枣、冬枣、骏枣和金昌1号）的氨基酸含量进行了分析；结果表明，5个品种的红枣样品总氨基酸含量范围为2.93%～4.9%，平均含量为4.23%，以灰枣含量最高，其中必需氨基酸占总氨基酸含量的平均值为40.47%。赵堂（2013）采用氨基酸自动分析仪测定了5个不同产地红枣中氨基酸的含量；结果表明，红枣样品中（烘干制粉）氨基酸总含量存在差异，依次为山东小枣（3.42%）>陕北滩枣（3.23%）>同心圆枣（2.86%）>灵武长枣（1.97%）>中宁圆枣（1.75%）；5个品种的氨基酸含量，均以脯氨酸含量最高，天门冬氨酸、谷氨酸等也是含量较高的氨基酸。刘杰超等（2018）分析测定了新疆产红枣的氨基酸含量；结果指出，以干重计算，产自哈密的哈密大枣总氨基酸含量为4.26%，产自哈密、阿克苏及和田的骏枣总氨基酸平均含量为3.89%，产自若羌、阿克苏及喀什的灰枣总氨基酸平均含量为3.13%。

丁胜华等（2016）测定了采自北京门头沟区全红金丝小枣（鲜枣）的总氨基酸含量为1 214.81 mg·100 g⁻¹，其中脯氨酸含量为951.71 mg·100 g⁻¹，天门冬氨酸含量为181.66 mg·100 g⁻¹；分析测定结果表明，脯氨酸和天门冬氨酸在枣果成熟过程中被大量合成，是成熟枣果中最主要的2种氨基酸，这与张艳红等（2008）在分析3种成熟枣果（若羌红枣、新郑红枣与哈密红枣）中氨基酸组成与含量结果类似，即脯氨酸含量最高，天门冬氨酸次之。李高燕（2017）对沾化冬枣、乐陵金丝小枣、新疆大枣和济南产"泉成红"枣的氨基酸含量进行了测定，以沾化冬枣氨基酸总含量和药用氨基酸含量最高，但是乐陵金丝小枣中人体必需氨基酸组成模式相对最好，氨基酸比值系数达 52.28，沾化冬枣为 36.35。

综合上述资料，干制红枣中氨基酸含量为 1.75 %～4.9 %；鲜枣因水分含量高，氨基酸含量比干制红枣要低一些。鲜食品种冬枣总氨基酸含量较高，金丝小枣鲜枣的总氨基酸含量约为 1.2 %。

202 脯氨酸和天门冬氨酸是枣中的优势氨基酸

枣中所含总氨基酸中脯氨酸（Pro）和天门冬氨酸（Asp）占很大比例，显著高于其他氨基酸的含量，为枣中的优势氨基酸（张艳红等，2008；赵堂，2013；丁胜华等，2016；李高燕等，2017；刘杰超等，2018）。陈杰等（2010）研究比较了枣花蜜和油菜花蜜中脯氨酸的含量，结果表明，枣花蜜中脯氨酸含量显著高于油菜花蜜。

脯氨酸是植物体内适应逆境胁迫的一种重要的渗透调节物质，以游离状态存在于植物细胞中，具有分子量低，水溶性高，在生理 pH 值范围内无静电荷等特点。脯氨酸是所有氨基酸中水溶性最强的一种氨基酸，具有较强的水合能力。在植物受害时，脯氨酸会与蛋白质相互作用形成疏水骨架，以此来稳定和保护生物大分子和细胞膜结构（陈吉宝等，2010；焦蓉等，2011）。由此可见，植物体内脯氨酸含量在一定程度上可反映植物的抗旱性和耐寒性，枣中含量较高的脯氨酸与枣树耐寒和耐旱的特性密切相关。

脯氨酸对维持人体皮肤和结缔组织健康成长非常重要，特别是组织创伤部位。脯氨酸和赖氨酸都是产生羟脯氨酸和羟赖氨酸所需要的，后两种氨基酸构建胶原蛋白，而胶原有助于愈合软骨，并给关节和脊椎提供缓冲。由于此原因，脯氨酸营养补充剂有治疗骨关节炎、软组织持续紧张及慢性背痛等疾病的功效。

天门冬氨酸又称天冬氨酸，是一种 α - 氨基酸，属于酸性氨基酸。天冬氨酸普遍作用于生物合成过程中，它是生物体内赖氨酸、苏氨酸、异亮氨酸、蛋氨酸等氨基酸及嘌呤、嘧啶碱基的合成前体。它可作为 K^+、Mg^{+2} 的载体向心肌输送电解质，从而改善心肌收缩功能，同时降低 O_2 消耗，在冠状动脉循环障碍缺氧时，对心肌有保护作用。天门冬氨酸参与鸟氨酸循环，促进 O_2 和 CO_2 生成尿素，降低血液中氮和 CO_2 的含量，增强肝脏功能，消除疲劳。

由上可见，红枣中所含总氨基酸中，脯氨酸和天门冬氨酸占很大比例，显著高于其他氨基酸的含量。因而，脯氨酸和天门冬氨酸为红枣中的优势氨基酸。

脯氨酸（Pro）　　　　天门冬氨酸（Asp）
脯氨酸和天门冬氨酸是枣中的优势氨基酸

203 红枣中脂肪含量在什么范围

王向红等（2002）测定了尖枣、骏枣、龙枣、牙枣、婆婆枣、玲玲枣、三变红、金丝小枣和清涧木枣等干制枣中的脂肪含量，范围为0.31％～0.92％。李进伟等（2006）测定金丝小枣等5个品种干制枣中的脂肪含量为0.37％～1.02％。刘杰超等（2018）以哈密大枣、骏枣（产自哈密、阿克苏、和田）、灰枣（产自若羌、阿克苏、喀什）典型生产区域及品种的7个新疆红枣样品为试验材料，测定的哈密大枣脂肪含量为1.36％，产自哈密、阿克苏、和田的骏枣脂肪平均含量为1.01％，产自若羌、阿克苏、喀什的灰枣脂肪平均含量为1.15％。

由上可见，不同品种、不同产地及栽培管理等因素，直接影响到红枣的脂肪含量。综合上述资料，干制红枣脂肪含量范围为0.31％～1.36％。

204 红枣中的膳食纤维含量丰富

膳食纤维被誉为人体"第七营养素"，与传统的六大类营养素并列。不溶性膳食纤维是一种既不能被人体消化吸收，又不能产生能量的多糖，在很长一段时间内被认为是无用的物质。但是随着营养科学研究的不断进步，膳食纤维的重要生理作用已经被人们所肯定。研究表明，红枣中膳食纤维含量较高（约为8％），且枣加工主要副产品枣渣中含有极为丰富的食物纤维，但在实际生产中，超过80％以上的枣渣被废弃，浪费严重（陶永霞等，2009）。

金英姿（2004）指出，膳食纤维在平衡膳食结构中扮演着不可或缺的角色，是人体健康所必需的物质。它可以调节人体血糖，防治糖尿病的发生，能增加人体的饱腹感，通过控制体重来预防肥胖或帮助肥胖人群有效减肥，还能降低血胆固醇，减少高血压和心脑血管疾病的发生概率，促进人体胆酸循环，对缓解便秘、改善胃肠道功能具有显著的辅助治疗作用。

根据膳食纤维是否能够在水中溶解，可将膳食纤维分为可溶性膳食纤维和不可溶性膳食纤维。可溶性膳食纤维来源于果胶、藻胶、魔芋等，包括果胶等亲水胶体物质和部分半纤维素；不可溶性膳食纤维来源于谷物、果蔬等食物中，包括纤维素、木质素和部分半纤维素。大枣中的膳食纤维主要集中在枣皮中。

李进伟等（2006）测定金丝小枣等 5 种枣的纤维素含量为 6.13%～8.9%。王向红等（2002）测定尖枣、骏枣、龙枣、牙枣、婆婆枣、玲玲枣、三变红、金丝小枣和清涧木枣 9 个枣品种自然干制样品的纤维素含量，范围为 4.45%～10.3%，以婆婆枣纤维素含量最高为 10.3%，其他在 4.45%～6.26%。刘杰超等（2018）以哈密大枣、骏枣（产自哈密、阿克苏、和田）、灰枣（产自若羌、阿克苏、喀什）典型生产区域及品种的 7 个新疆红枣样品为试验材料，测定的哈密大枣膳食纤维含量为 10.25%，产自哈密、阿克苏和田的骏枣膳食纤维平均含量为 9.91%，产自若羌、阿克苏、喀什的灰枣膳食纤维平均含量为 9.76%。

干制红枣纤维素含量较高，综合上述资料含量范围为 4.25%～10.33%。红枣中的膳食纤维主要集中在枣皮中，不同品种、不同产地及栽培管理等因素，直接影响红枣中纤维素含量。

205 鲜枣被誉为"活维生素 C 丸"

鲜枣是水果中维生素 C 含量高的水果之一，红枣含有丰富的维生素 C 主要是指鲜枣而言，所以不少资料称鲜枣为"活维生素 C 丸"。维生素 C 有抗坏血病的功能，故又称抗坏血酸，它是广泛存在于新鲜水果和蔬菜中的一种重要的维生素。维生素 C 有很强的促进胶原蛋白合成及抗氧化活性的作用，可参与组织细胞的氧化还原反应，影响体内多种物质的代谢（申志涛，2010）。

20 世纪 80 年代，山西省农业科学院果树研究所毕平等研究人员对 122 个品种的鲜枣维生素 C 含量进行了测定，含量为 166.47～808.83 mg·100 g^{-1}，平均为 412.06 mg·100 g^{-1}（郭裕新等，2010）。马庆华等（2007）测定了产自山东沾化和河北黄骅冬枣的维生素 C 含量为 323～346.2 mg·100 g^{-1} FW。赵晓（2009）以河北 3 个主栽枣品种（阜平大枣、金丝小枣和冬枣）为试验材料分析其维生素 C 含量，结果是 3 个品种的枣维生素 C 含量均在白熟前最高，分别为 687.09 mg·100 g^{-1} FW、522.82 mg·100 g^{-1} FW 和 406.71 mg·100 g^{-1} FW。侯倩（2012）对产自新疆阿克苏的赞皇大枣和河北献县的金丝小枣鲜枣维生素 C 进行了测定，结果分别为 706.57 mg·100 g^{-1} FW 和 1 203.45 mg·100 g^{-1} FW。王蓉蓉等（2017）将采自山西省农业科学院果树研究所的梨枣、灰枣、木枣和相枣全红果以及采自北京门头沟区的金丝小枣全红果和采自新疆哈密的哈密大枣全红果，经液氮冷冻后 -80℃贮藏，试验前 4℃解冻，用于维生素 C 含量分析，采用 HPLC 的方法测定；结果表明，维生素 C 含量范围为 206.43～401.46 mg·100 g^{-1} FW，其中哈密大枣的维生素 C 含量最高，为梨枣的 1.94 倍。梁丽雅等（2018，未发表）采用 2,6- 二氯靛酚滴定法，测定了采自山东乐陵的半红金丝小枣、金丝无核枣和圆铃大枣的维生素 C 含量，分别为 364.72 mg·100 g^{-1} FW、300.33 mg·100 g^{-1} FW 和 268.6 mg·100 g^{-1} FW，全红期的金丝小枣维生素 C 含量为 286.07 mg·100 g^{-1} FW。山东百枣枣产业技术研究院（2019，未发表）测定了全红乐陵金丝小枣、半红乐陵金丝小枣的维生素 C 含量，分别为 384 mg·100 g^{-1} FW 和 367 mg·100 g^{-1} FW；全红无核金丝小枣和半红无核金丝小枣维生素 C 含量，分别为 314 mg·100 g^{-1} FW 和 288 mg·100 g^{-1} FW；未熟长红青枣维生素 C 含量，为 320 mg·100 g^{-1} FW；半红圆铃枣和白熟期圆铃枣维生素 C 含量，分别为 326 mg·100 g^{-1} FW 和 383 mg·100 g^{-1} FW。

中国营养学会（2016）在《中国居民膳食指南（2016 科普版）》中列出了维生素 C 高的食物，其中枣（鲜）为 243 mg·100 g^{-1}。

鲜枣是维生素 C 含量很高的果品之一，被誉为活维生素 C 丸

由上述研究和资料可见，鲜枣确实是维生素 C 含量很高的果品之一。不同测定方法、不同地域、不同年份和不同品种的鲜枣，测定结果含量差异较大。但是随着采收后贮藏保鲜期的延长（无论冷藏或气调贮藏），新鲜度降低，鲜枣维生素 C 保存率明显降低。保鲜质量好，脆果率就高，维生素 C 保存率也高。因此，脆果率的高低可作为鲜枣贮藏过程中维生素 C 保存率的重要比照指标之一。

甘霖等（2002）对重庆嘉平大枣果实发育过程中维生素 C 变化进行了研究，结果指出，嘉平大枣果实发育过程中维生素 C 含量的变化规律，每年均呈低→高→低相同的趋势变化，果核完全硬化时达到最高值，完熟后期呈缓慢下降趋势。

206 干制枣中维生素 C 绝大部分已经损失

高梅秀等（2008）研究指出，与鲜枣相比干制枣的维生素 C 损失了 93％以上。有资料表明，目前市售干制枣的维生素 C 含量仅 1.5～50 mg·100 g^{-1}，且随着干制程度提高，含水率越低，维生素 C 损失越来越大，如陕西的晋枣、园枣、滩枣含水率为 21％～28％时，维生素 C 含量为 35～50 mg·100 g^{-1}（文怀兴等，2002）。王向红等（2002）测定了干制后尖枣、骏枣、龙枣、牙枣、婆婆枣、玲玲枣、三变红、金丝小枣和清涧木枣的维生素 C 含量为 9.3～18.6 mg·100 g^{-1}。

侯倩（2012）对产自新疆阿克苏的赞皇大枣和河北献县的金丝小枣，采用烘干法使得含水量达 25％时，干制枣的维生素 C 含量分别为 45.33 mg·100 g^{-1} 和 25.56 mg·100 g^{-1}。南海娟（2014）测定了干制后的灵宝大枣、新郑大枣和新疆大枣的维生素 C 含量，分别为 9.05 mg·100 g^{-1}、12.09 mg·100 g^{-1} 和 15.07 mg·100 g^{-1}。

综合上述资料，干制枣维生素 C 含量范围大致在 1.5～50 mg·100 g^{-1}，以 10～20 mg·100 g^{-1} 的测定结果居多，远远低于鲜枣的维生素 C 含量。所以泛泛宣传的红枣富含维生素 C 的说法并不确切，应为鲜枣富含维生素 C。

207 鲜枣、蜜枣和干枣中的维生素 C 含量相差较大

刘嘉芬等（2007）用采自山东省果树研究所近全红、果实大小中上的好果，采摘当天或次日测定还原性维生素 C 含量；蜜枣为自行加工产

品，原料相同枣园白熟期采摘；干制枣样品为同一枣园的全红枣自然晒干品，含水量约16%。采用2,6-二氯靛酚钠染料滴定法，共测定9个品种的蜜枣、7个品种的干制枣、14个品种的鲜枣中维生素C含量。分析测定表明，被测鲜枣维生素C含量范围为241.7～617 mg·100 g^{-1}，品种间差异较大。在检测的9个蜜枣产品中，维生素C含量多数超过100 mg·100 g^{-1}，相当于鲜枣全红果的1/3～1/2，即蜜枣加工过程中较好地保留了原料中的维生素C。在检测的7个干制枣品种中，有5个品种的维生素C含量平均为21.6 mg·100 g^{-1}（16.2～26.9 mg·100 g^{-1}），仅相当于全红鲜枣的5%～10%，但是酸枣和中阳大枣的干制枣样品维生素C含量较高，分别为74.7 mg·100 g^{-1}和71.4 mg·100 g^{-1}。

王谷媛（1984）对徽式蜜枣维生素C含量及保存率研究指出，由宣城团枣、宣城尖枣、马枣和秤砣枣加工的蜜枣，维生素C含量分别为241.38 mg·100 g^{-1}、285.78 mg·100 g^{-1}、390.54 mg·100 g^{-1}和372.14 mg·100 g^{-1}，与加工前鲜枣维生素C含量比较，保存率分别为70.79%、81.4%、63.31%和63.38%。

蜜枣比干制枣维生素C保存率高的原因可能有2个方面，一是加工蜜枣的原料为白熟期枣，维生素C含量较高；二是蜜枣加工过程中，通常添加了适量的柠檬酸，对维生素C有一定保护作用。

枣中维生素C含量从高到低依次为鲜枣、蜜枣、干枣

208 红枣中灰分含量范围

灰分是标示食品中无机成分总量的1项指标，包括水溶性灰分、水不溶性灰分和酸不溶性灰分3类。红枣中的灰分主要是水溶性灰分。王向红等（2002）按GB 5009.4分析测定了尖枣、骏枣等7个枣品种鲜枣总灰分含量，范围为1.53%～2.98%，平均含量为2.28%。贾雪峰等

（2011）以阿克苏地区生产的灰枣、骏枣等 5 个枣品种鲜枣为试验材料，测定的总灰分含量为 2.26 %～3.7 %，平均为 2.71 %。李高燕等（2017）测定了沾化冬枣、乐陵小枣、新疆大枣和泉城红 4 种枣鲜果灰分含量为 1.99 %～2.48 %，以乐陵金丝小枣含量最高。

由于综合分析的资料有限，鲜枣中灰分含量为 1.53 %～3.7 %。

209 红枣中钾、钙、镁、铁等主要矿物质含量范围

郭盛等（2016）选取我国目前栽培面积较大，或已形成商品规模的 27 个栽培产地的 31 个栽培品种，共计 37 批次样品，采用微波消解 -ICP-AES 法分析烘干制取的枣粉样品中 19 种无机元素的组成及含量；结果表明，不同产地及栽培品种烘干大枣样品中，常量元素的含量情况，一是钾含量各样品均较高，其平均值可达 1 101 mg·100 g^{-1}，其中山东菏泽产核桃纹样品钾含量最高为 2 481 mg·100 g^{-1}，最低为河南新郑产灰枣样品为 546 mg·100 g^{-1}；二是钙平均含量为 87 mg·100 g^{-1}，其中含量最高为河南新郑产鸡心枣样品 143 mg·100 g^{-1}，最低为新疆若羌产若羌大枣样品 49 mg·100 g^{-1}；三是镁平均含量为 48 mg·100 g^{-1}，其中含量最高为陕西彬县产晋枣样品 69 mg·100 g^{-1}，最低为河北赞皇产赞皇大枣样品 27 mg·100 g^{-1}；四是钠含量相对较低为 14 mg·100 g^{-1}，并且各样品间差异较大，最高者可达 63 mg·100 g^{-1}（新疆和田产骏枣样品），而山西稷山产板枣样品中却未检测到钠。微量元素的比较结果显示，铁和硼平均含量相对较高，平均值分别为 2.33 mg·100 g^{-1} 和 2.29 mg·100 g^{-1}，其次为锶 0.86 mg·100 g^{-1}、铝 0.78 mg·100 g^{-1} 和锌 0.62 mg·100 g^{-1}，锰、钼相对含量较低，其平均值分别为 0.28 mg·100 g^{-1} 和 0.27 mg·100 g^{-1}，钴和硒未检出；其中，铁含量相对较高的品种为山东茌平产圆铃枣样品 4.35 mg·100 g^{-1}，硼含量相对较高的品种为河南内黄产扁核酸枣样品 3.69 mg·100 g^{-1}，铝含量相对较高的为山西柳林产牙枣样品 2.28 mg·100 g^{-1}，锌含量相对较高的样品为安徽芜湖产菱枣样品 1.82 mg·100 g^{-1}。

王东东（2011）采用微波消解 - 火焰原子吸收法分析测定了新疆产 6 种枣的主要矿质营养含量，其中以钾含量最高，为 2 821.3～3 564.5 mg·100 g^{-1} DW；含量次高的依次为钠、镁、钙、铁、锌等，其中镁含量为 163.3～172.9 mg·100 g^{-1} DW，铁含量为 2.60～6.96 mg·100 g^{-1} DW，锌含量为 0.59～1.57 mg·100 g^{-1} DW。王永刚等（2014）采用乙炔火焰原子

分光光度法，测定了甘肃靖远县小口大枣干燥样品中矿质元素的含量；结果表明，矿质元素钾含量为 1 317 mg·100 g^{-1}，钙含量为 26 mg·100 g^{-1}，镁含量为 68.3 mg·100 g^{-1}，铁含量 4.07 mg·100 g^{-1}，锌含量 1.11 mg·100 g^{-1}，铜含量为 0.58 mg·100 g^{-1}，锰含量为 0.88 mg·100 g^{-1}。

王向红等（2002）采用 EDTA 滴定法测定钙；根据 GB/T 12393—1990 钼蓝比色法测定磷；GB/T 12286—1990 邻二氮菲比色法测定铁，分析测定了尖枣、骏枣、龙枣、牙枣、婆婆枣、玲玲枣、三变红、金丝小枣和清涧木枣自然干制枣中的灰分和主要矿质营养含量；结果表明，大量元素钙的含量为 21～86.2 mg·100 g^{-1}，平均含量为 49.1 mg·100 g^{-1}；磷的含量为 44.1～109.5 mg·100 g^{-1}，平均含量为 76.98 mg·100 g^{-1}；微量元素铁的含量为 2.69～9.97 mg·100 g^{-1}，平均含量为 6.22 mg·100 g^{-1}。邹玉龙等（2015）采用分光光度法、邻二氮菲为显色剂，对市售的 5 个批次的干制红枣样品分析表明，铁含量范围为 2.33～4.32 mg·100 g^{-1}。

李高燕等（2017）测定了沾化冬枣、乐陵小枣、新疆大枣和泉城红 4 种枣的矿物质含量，鲜果钾含量为 510～918 mg·100 g^{-1} FW，钙含量为 43.7～50.2 mg·100 g^{-1} FW，镁含量为 29.42～42.04 mg·100 g^{-1} FW，铁含量为 2.77～5.22 mg·100 g^{-1} FW。赵京芬等（2011）将采自北京丰台区长辛店镇太子峪生态园、各品种立地条件和栽培管理水平一致的郎家园枣、京枣 39、沧州金丝枣、孔府枣、长辛店白枣、杂杂枣、金芒果枣和冬枣进行鲜果测定，在所测的 5 种矿质元素中，鲜枣果实中大量元素钾含最多，达 88.6～340 mg·100 g^{-1} FW，镁含量在 12.2～19.8 mg·100 g^{-1} FW，钙含量在 6.5～18.42 mg·100 g^{-1} FW，微量元素铁含量在 0.58～1.63 mg·100 g^{-1} FW，锌含量在 0.39～0.97 mg·100 g^{-1} FW。

综合上述资料，枣果实中无论鲜枣还是干制枣，矿质元素均以钾含量最高，钙、镁含量次之。干制枣中钾的含量范围为 546～2481 mg·100 g^{-1}，占干重的含量可达 3564.5 mg·100 g^{-1} DW，干制枣中钙的含量为 21～143 mg·100 g^{-1}，镁的含量为 27～69 mg·100 g^{-1}，锌的含量为 1.11～1.82 mg·100 g^{-1}。

枣中铁的含量倍受人们的重视，上述研究报道的干制枣铁含量差异较大，从 2.33～9.97 mg·100 g^{-1}。周沛云等（2002）汇集了部分干制枣的矿物质含量，其中铁含量范围为 1.99～4.97 mg·100 g^{-1}；郭裕新（2010）列出的鲜枣、干制枣的铁含量分别为 0.5 mg·100 g^{-1} 和 1.6 mg·100 g^{-1}，

而邹玉龙等（2015）对市售的 5 个批次的红枣样品分析的铁含量范围为
2.33～4.32 mg·100 g^{-1}，王东东（2011）测定新疆产 6 种红枣冻干粉中铁
含量为 2.6～6.96 mg·100 g^{-1} DW。

由上述资料及分析表明，不同枣品种、不同产地及栽培管理等因素以
及分析测定方法等，直接影响矿质营养含量的测定值。

210 红枣中含有哪些主要活性成分

枣属于药食同源食物，除了人体需要的基本营养素外，还含有丰富的
活性成分，具有重要的医疗保健作用。

郭盛等（2009）采用硅胶柱层析及聚酰胺柱层析等色谱技术，分离并
纯化化合物，根据理化性质及波谱技术鉴定其结构，从大枣的水提取物
和乙醇提取物中分离得到 11 个化合物，分别鉴定为（2S,3S,4R,8E）-2-
［（2′R）-2′-羟基二十四烷酰胺］-8-十八烯-1,3,4-三醇；1-O-β-D-吡喃
葡萄糖-（2S,3S,4R,8E）-2-［（2′R）-2′-羟基二十四烷酰胺］-8-十八
烯-1,3,4-三醇；2α-羟基齐墩果酸；2α-羟基乌苏酸；3β,6β-豆甾
烷-4-烯-3,6-二醇；β-谷甾醇；胡萝卜苷；十七烷酸；木蜡酸；芦丁；
D-葡萄糖，其中前 2 个化合物为神经酰胺及脑苷脂类化合物。

郭盛等（2013）综述了枣属植物化学成分研究进展指出，从枣属植物
中发现或分离得到的化合物达 200 余种，其中多糖及糖苷类、核苷类化合
物苷（如 cAMP）、三萜酸类化合物、多酚类化合物和生物碱类化合物，是
枣果中最具特色和优势的 5 类功能性成分。

（1）多糖及糖苷类。枣属植物中的多糖类成分是一类非常重要的生物
活性物质，但现有研究多集中于大枣果肉多糖，其他成分研究相对较少。
大枣中的多糖大致可分为水溶性中性多糖和酸性多糖，其中酸性多糖又称
为大枣果胶，且现有研究以酸性多糖较多。

Okamura et al.（1981）对大枣果实中具有降压镇静的糖苷类成分进行
了研究，从中分离得到 5 个糖苷类化合物，分别为无刺枣苄苷Ⅰ和Ⅱ、无
刺枣催吐醇苷Ⅰ和Ⅱ，以及长春花苷。功能性多糖具有抗菌、抗病毒、抗
辐射、抗衰老、降血糖、降血压、降胆固醇、抗血凝等多种生理活性。

（2）核苷类化合物。枣属植物中的核苷类化合物主要存在于果实中。
环磷酸腺苷（cAMP）是枣果中重要的生物活性物质，是细胞内参与调节
物质代谢和生物学功能的重要物质，是生命信息传递的"第二信使"。在

体内 cAMP 可以促进心肌细胞的存活，增强心肌细胞抗损伤、抗缺血和抗缺氧能力；促进钙离子向心肌细胞内流动，增强磷酸化作用，促进兴奋—收缩偶联，提高心肌细胞收缩力，增加心血输出量；同时还可扩张外周血管，降低心脏射血阻抗，减轻心脏前后负荷，改善心功能。

（3）三萜类化合物。三萜类化合物是由数个异戊二烯去掉羟基后首尾相连构成的物质，大部分为 30 个碳原子，少部分为 27 个碳原子。药理学研究表明，齐墩果酸、熊果酸等五环三萜类化合物是大枣的主要活性成分。三萜类化合物具有抑菌、保肝、降脂、升高白细胞、增强机体免疫力等重要生理功能。许多研究也证明三萜类化合物具有抗癌活性（孙常松，2009；Yan，2010；Vahedi，2008）。枣属植物三萜类成分主要包括游离型的五环萜类和以达玛烷型三萜为主要苷原的三萜皂苷类（郭盛等，2013）。

（4）多酚类化合物。一般认为多酚类化合物是一个大家家族，包括黄酮类、酚酸类、丹宁等。多酚是指苯环上有多个酚羟基；黄酮是指两个具有酚羟基的苯环（A- 环与 B- 环）通过中央三碳原子相互联结而成的一系列化合物，其基本母核为 2- 苯基色原酮；类黄酮是黄酮的衍生物；黄酮类化合物是指存在于自然界的、具有 2- 苯基色原酮结构的化合物。

目前，越来越多科学研究证实，多酚类化合物是有益于人体健康的生物活性物质，有助于人体预防疾病，特别是老年性疾病。多酚的清除自由基功效及其抗氧化活性已广为人知。黄酮类化合物是一类存在于自然界的、具有 2- 苯基色原酮结构的化合物。它们分子中有一个酮式羰基，第一位上的氧原子具碱性，能与强酸成盐，其羟基衍生物多具黄色，故又称黄碱素或黄酮。黄酮类化合物在植物体中通常与糖结合成苷类，小部分以游离态（苷元）的形式存在。

枣中含有丰富的芦丁，芦丁有典型的黄酮类结构和紫外特征，在黄酮类家族中芦丁是比较典型的代表物质。芦丁具有降低毛细血管脆性，降低血管胆固醇、血脂、血糖含量和防止心脑血管疾病、治疗高血压和动脉硬化等疾病的功效。

（5）生物碱类化合物。枣属植物中富含生物碱类成分，主要分布于根皮、茎皮及种子部位。目前发现的生物碱类成分主要有环肽类生物碱和异喹啉类生物碱 2 大类（何峰等，2005；郭盛，2013）。

211 红枣中所含低聚糖及其功能

低聚糖又称为寡糖，是由2～10个单糖组成的糖类。低聚糖常常与蛋白质或脂类共价结合，以糖蛋白或糖脂的形式存在。低聚糖通常通过糖苷键将2～4个单糖连接而成小聚体。

低聚糖分为功能性低聚糖和普通低聚糖，其特点是：难以被胃肠消化吸收，甜度低，热量低，基本不增加血糖和血脂。一些功能性低聚糖，如低聚异麦芽糖、低聚果糖。低聚乳果糖有一定的甜味，是一种很好的功能性甜味剂，可在低能量食品中应用，如减肥食品、糖尿病患者食品、高血压病人食品。

彭艳芳等（2008）对采自河北沧县的冬枣和金丝小枣不同生育阶段果实中低聚糖和多糖含量进行了动态测定；结果表明，低聚糖出现的时期和低聚糖的种类，以及多糖的单糖组成和含量变化趋势，在品种间存在差异，在冬枣和金丝小枣的花和幼果中未检出低聚糖；金丝小枣在果实白熟期检测到大量的蔗糖，并随果实进一步成熟含量持续上升，冬枣则在白熟期前3周即可检测到大量的蔗糖，并随着枣果的成熟出现了三糖和四糖。

赵子青等（2013）将山西临县产木枣的热水浸提液（可溶性固形物含量为67.5%）通过膜分离得到大枣粗低聚糖，再经DEAE纤维素、Sephadex G-15凝胶柱层析进一步分离纯化，得到3种大枣低聚糖组分，并用高效液相色谱法测定平均分子量分别为543 u、334 u、1 459 u（u为原子质量单位）。

212 红枣中多糖提取测定及含量范围

多糖是由10个以上单糖分子组成的大分子化合物。粗多糖是指复合型杂多糖，主要有黏多糖、脂多糖、结合多糖（糖蛋白及黏蛋白）等。

林勤保等（1998）采用高效液相色谱分析了山西临县木枣中的糖分组成和含量；结果表明，低聚糖及多糖等含量为9.86%。陈宗礼等（2015）以陕西延川县产木枣为试验材料，采用正交试验设计，研究了超声波辅助提取枣多糖的优化工艺，并用筛选出的优化工艺，结合紫外-可见分光光度法，分析了25个品种、27个样品枣的多糖含量；结果表明，超声波辅助提取枣多糖的优化工艺为料液比1∶40（g·mL⁻¹），提取温度60℃，提取时间40 min，pH值为7；枣品种间多糖含量存在极显著差异，最高者与最低者相差达 2.38 倍；大木枣、狗头枣和晋枣是多糖含量较高的地方优良品种。

刘晓芳等（2011）采用苯酚 - 硫酸显色 - 分光光度法，测定了山西 8 个不同产地大枣中多糖的含量，含量为 0.66%～1.37%。范会平等（2016）采用水浸提和碱浸提 2 种方法，提取枣粉与枣渣中的大枣粗多糖，并比较了多糖得率、粗多糖纯度等指标；结果表明，就提取出的中性多糖而言，水提枣粉的提取率和多糖纯度分别为 4.45% 和 49.72%；水提枣渣的提取率为 4.24%，多糖纯度为 39.3%；碱提枣粉的提取率为 79.11%，多糖纯度为 28.28%；碱提枣渣的提取率为 45.53%，多糖纯度为 4.24%。可见，碱提取率远高于水提取率，但是碱提取的多糖纯度大大低于水提取的多糖纯度；枣粉无论采用水提取或碱提取，其提取率和多糖纯度均高于枣渣，特别是采用碱提取时这种差异更明显。

魏然（2014）以山东宁阳产圆铃大枣为原料，研究其多糖提取工艺指出，热水法提取圆铃大枣多糖条件为料液比 1∶20，提取温度 90℃，时间 5.3 h，多糖得率 5.27%；超声波法提取圆铃大枣多糖条件为料液比 1∶12，超声功率 360 W，提取温度 55℃，超声时间 40 min，多糖得率 4.93%。超声波提取具有温度低、提取时间短的优点，但多糖得率略低于热水提取法。

张颖等（2016）选取 30 个产地的大枣、酸枣、滇刺枣共计 49 批次样品（烘干制粉），分别采用硫酸 - 苯酚法、硫酸 - 咔唑法，对其可溶性多糖、葡萄糖、果糖及蔗糖进行了分析测定；结果表明，49 批次大枣样品中，中性多糖平均含量为 2.73%，酸性多糖平均含量为 1.67%，总多糖平均含量 4.4%。大枣不同栽培品种其总多糖含量存在较大差异，其中含量最高的达 6.72%（山东茌平圆铃枣），最低的仅为 2.68%（山西运城梨枣）；中性多糖含量最高的为 4.44%（安徽芜湖菱枣），含量最低的为 1.65%（新疆和田梨枣）；酸性多糖含量最高的为 3.42%（山东茌平圆铃大枣），含量最低的为 0.83%（山西运城梨枣）。除山东茌平圆铃枣外，总多糖含量高的品种还有河北沧县小枣（5.73%）、山东寿光圆铃枣（5.64%）、山东宁阳圆铃枣（5.51%）、沧县无核枣（5.39%）、赞皇大枣（5.27%）、宁夏中卫圆枣（5.08%）、行唐大枣（5.06%）、阜平大枣（4.98%）、稷山板枣（4.95%）、宁夏同心圆枣（4.76%）等。

彭艳芳等（2008）研究指出，多糖含量随枣果发育逐渐增加，其中金丝小枣的多糖含量在白熟期以前变化平稳，之后呈近直线上升趋势；冬枣的多糖含量则在整个枣果生育期中一直呈缓慢上升趋势；组成多糖的单糖种类和含量也均随枣果发育呈递增趋势，在枣果半红期以前只检测出果糖、葡萄糖和半乳糖，其中以果糖含量最高，半红期后又检测出了甘露糖、鼠李糖和阿拉伯糖，但含量很低。初乐等（2014）进行了红枣澄清汁加工的研究；结果指出，酶解处理果浆可提高红枣多糖含量，但是经澄清、超滤、吸附后红枣多糖含量明显降低。

虽然同一地区不同枣品种之间多糖含量的差异主要由遗传因素所致，同一品种不同产地之间多糖含量的差异主要由环境地理因素和栽培管理水平（如光、土、肥、水、温度、管理水平等）差异所致。但是，上述不同研究分析结果差异悬殊，也可能与提取方法、分析测定方法、纯度折算和表示方法等不同有一定关系。

213 红枣中多糖种类、结构及其生物活性

多糖是由 10 个以上单糖分子组成的大分子化合物，广泛存在于动物细胞膜、植物和微生物细胞壁中。

多糖是枣中重要的生物活性物质，早在 20 世纪 70 年代初期，日本学者从大枣中提取了 2 种类型的多糖，一种为中性多糖（JDP-N），一种为酸性多糖（JDP-A），并对其中的中性多糖进行了结构研究；结果显示，中性多糖由阿拉伯糖和半乳糖以 30：1 的比例组成，阿拉伯糖 1,5 链接为主，并且具有高度分支；酸性多糖由半乳糖醛酸、鼠李糖、阿拉伯糖、木糖和半乳糖组成（Tomoda et al.，1973）。Li et al.（2011）采用高效液相色谱法测定金丝小枣多糖的平均相对分子质量为 1.4×10^5 u，气相色谱法测定单糖组成为 L-鼠李糖、D-阿拉伯糖和 D-半乳糖，摩尔比为 1：2：8，多糖的主链为连接着（1→2）-L-吡喃鼠李糖残基和（1→2,4）-L-吡喃鼠李糖残基的（1→4）-D-吡喃半乳糖残基组成，侧链为连接在主链吡喃鼠李糖残基 O-4 位置上的阿拉伯呋喃糖残基和吡喃半乳糖残基组成。Zhao et al.（2006）采用高效液相色谱法测定冬枣多糖的分子量为 2×10^6 u，GC-MS 分析单糖组成为鼠李糖、阿拉伯糖、半乳糖和半乳糖醛酸，摩尔比为 2：1：1：10.5，酸水解、甲基化和核磁共振光谱分析主链为含有鼠李糖半乳糖醛酸聚糖的多聚半乳糖醛酸多糖，由 1,5 耦合的阿拉伯呋喃糖残基和 1,6 耦合的吡喃半乳糖残基组成的侧链连接到主链上鼠李糖残基的

O-4 位置。

Li et al.（2011）研究表明，金丝小枣多糖的抗氧化活性与其糖醛酸含量密切相关，糖醛酸含量越高的多糖，其抗氧化活性也越强。

大量药理和临床研究发现，多糖是一类天然免疫调节剂，特别是中草药多糖。早在 1969 年，《自然》首次发文阐述了香菇多糖的抗肿瘤作用，引起科学界对多糖特别是中草药多糖的关注。枣多糖是大枣中重要的生物活性物质之一，具有明显的抗补体活性和促进淋巴细胞增殖作用，对提高机体免疫力具有重要的作用（Zhao et al.，2006；Zhao et al.，2007）。

林勤保等（1998）以山西木枣为试验材料研究指出，枣的中性多糖为白色粉末，吸湿性很强，酸性多糖为浅黄色粉末，大枣多糖在 $10 \sim 120℃$ 范围内无明显的吸热或放热现象，热稳定性很好。大枣中性多糖的组成单糖为 L- 阿拉伯糖、D- 半乳糖和 D- 葡萄糖，酸性多糖的组成单糖为 L- 鼠李糖、L- 阿拉伯糖、D- 半乳糖、D- 甘露糖和 D- 半乳糖醛酸。赵智慧等（2010）对用水提醇沉法提取的金丝小枣粗多糖的性质进行了研究；结果表明，金丝小枣果肉含粗多糖 20.3%，其主成分为果胶多糖，组分最主要为半乳糖醛酸（62.62%），其次为半乳糖、阿拉伯糖和鼠李糖，还有少量的木糖和葡萄糖，其分子量主要分布在 2×10^6 Da 左右。王向红等（2014）采用柱前衍生高效液相色谱法，检测了 8 种枣水溶性多糖的单糖组成；结果表明，8 种枣多糖均由甘露糖、鼠李糖、半乳糖醛酸、葡萄糖、半乳糖和阿拉伯糖 6 种单糖组成，其单糖组成比例存在很大差异；其中，甘露糖在各多糖中含量均较低，半乳糖醛酸含量普遍较高，葡萄糖除了在赞皇大枣和金丝小枣 2 种枣中含量较低以外，在其余 6 个品种中含量较高。李进伟等（2006）对金丝小枣多糖生物活性的研究表明，与对照组相比，在 $30 \sim 200$ μg·mL^{-1} 剂量范围内，金丝小枣多糖显著地促进鼠脾淋巴细胞的增殖（$P < 0.01$），并且显示出明显的量效关系（$R^2 = 0.948\ 9$）；金丝小枣多糖也可促进腹腔巨噬细胞的增殖，在 $30 \sim 100$ μg·mL^{-1} 剂量范围内，与对照组相比差异显著（$P < 0.05$），金丝小枣多糖在体外有明显的抗补体活性。王娜等（2013）研究指出，大枣多糖具有良好的体外抗凝血活性，并且不同品种提取的大枣多糖抗凝血活性存在显著差异。南海娟等（2016）以灵宝大枣和新郑大枣为原料，研究 2 个枣品种提取的枣多糖的抗氧化活性；结果表明，在试验条件下，2 种枣多糖均具有一定的抗氧化活性，且随浓度增高而活性增加。赵其达吐等（2106）研究指出，大枣多糖食品具有

效缓解运动性疲劳的功能。苗明三等（2001）研究指出，大枣多糖可明显拮抗衰老所致小鼠胸腺及脾脏的萎缩。

高其品等（1993）综述指出，补体系统虽然在宿主免疫中具有重要的作用，但是过度激活可引发多种自身免疫性疾病。近年来，研究表明，从某些中药中纯化的多糖具有明显的抗补体作用，这些多糖大多数含有阿拉伯糖、半乳糖和半乳糖醛酸，分子量范围 6 000～500 000，它们的结构很复杂，多为具有聚鼠李半乳糖醛酸结构中心的酸性杂多糖和果胶类多糖，这些多糖的抗补体活性可能和整个大分子的结构有关，一旦发生降解活性就大大降低甚至消失。

由上述研究结果可见，红枣主要包含中性多糖和酸性多糖。枣多糖是枣中重要的生物活性物质之一，具有明显的抗补体活性，可促进淋巴细胞增殖，对提高机体免疫力具有重要的作用（Zhao，2006；Zhao，2007；Chi，2015）。

214 红枣中生物活性成分核苷类物质含量丰富

核苷类物质主要包括核苷、脱氧核苷、核苷修饰物、核苷衍生物等核苷相关的物质，是结构式中具有核苷或脱氧核苷基团的生物化学物质。枣中研究报道最多的核苷类物质是环磷酸腺苷，别名环磷腺苷、腺环磷，是一种白色结晶粉末的化学品。化学名称腺苷 -3′,5′- 环磷酸（cAMP），熔点 260℃。cAMP 的分子量为 329.2，溶于水，对酸、热都相当稳定（马志科等，2007）。

cAMP 是常用于治疗心源性休克、心肌炎、心肌梗死和心绞痛的辅助药物，对于改善风湿性心脏病引起的气急、胸闷等症状，也能发挥很好的功效，另外它对治疗急性白血病提高治疗功效，对老年性支气管炎也有一定的作用。

20 世纪 70 年代末，日本学者发现枣和含枣的中药方剂具有使白细胞内 cAMP 含量升高的作用（丁宗铁，1980）。之后首次报道了大枣中 cAMP 和 cGMP 的存在，并指出枣和酸枣成熟果肉的 cAMP 含量是当时已测高等植物中最高的（Cyong et al.，1980）。刘孟军等（1991）借助蛋白结合法对 14 种园艺植物、44 个枣品种、59 个酸枣品种和类型的 cAMP 含量进行了测定；结果表明，不同植物种类、类型或品种、同一植物不同组织及同一组织不同时期的 cAMP 含量存在很大差异；在所测植物材料中，鲜枣和鲜酸枣成熟果肉的 cAMP 含量最高，平均含量分别为 38.05 nmol · g^{-1} FW 和 23.87nmol · g^{-1} FW，其中山西木枣成熟鲜枣果肉 cAMP 含量高达 302.5 nmol · g^{-1}。郭盛等（2013）在枣属植物化学成分研究进展中指出，枣属植物果肉中富含环核苷酸类成分，其中尤以大枣果肉及滇刺枣果肉含量为高，其 cAMP 含量可达 100～500 nmol · g^{-1} FW，cGMP 含量可达 30～40 nmol · g^{-1} FW。

邰文等（2011）采用高压液相色谱法测定了采自山东、陕西和山西的红枣样品，方法是大枣采后先在 -20℃冷冻，再粉碎成粉末，精密称取大枣样品粉末 1 g，加水约 20 mL，超声提取 30 min，过滤，定容到 25 mL，过 0.45 μm 微孔滤膜进样，测得的 cAMP 含量为 3.78～8.78 mg · 100 g^{-1}。赵堂等（2011）采用索氏提取法提取、高压液相色谱法测定了宁夏枣（灵武长枣、同心圆枣和中宁圆枣）、山东枣（采自山东潍坊）、陕北滩枣（采自陕西榆林）的 cAMP 含量，所有样品均为 60℃下的烘干样品，测定结果 cAMP 含量为 13.95～33.57 mg · 100 g^{-1}，cAMP 含量以灵武长枣最高。任卫合等（2017）采用超声辅助提取 - 紫外分光光度法，测定了大荔冬枣、新疆大枣、陕北大枣中 cAMP 含量，结果为 27.84～30.22 mg · 100 g^{-1}。蒋劦博等（2013）基于超声波辅助提取、利用大孔吸附树脂除去大枣提取液中的干扰物质、采用超高效液相色谱，分析了新疆干制红枣的 cAMP 含量，结果为 21.24 mg · 100 g^{-1}，纯化率为 42.29 %。王永刚等（2014）采用高效液相色谱法测定了甘肃靖远县小口大枣中 cAMP 含量，结果为 13.88 mg · 100 g^{-1}。

王向红等（2005）以尖枣、骏枣等 10 个品种的成熟果自然风干枣为试验材料，经去核后真空干燥制得样品，采用高效液相色谱法测定枣果中的环核苷酸，测定结果为 cAMP 含量为 5.44～30.6 mg · 100 g^{-1} DW，cGMP 含量为 0.063～0.863 mg · 100 g^{-1} DW，其中骏枣中 cAMP 含量明显高于其他品种，金丝小枣的 cAMP 含量也较高，而铃铃枣中 cAMP 含量较低；三变红中 cGMP 含量较高，骏枣、龙枣、清涧木枣中 cGMP 含量较低；供试各品种枣果肉 cAMP 平均含量为 14.3 mg · 100 g^{-1} DW，cGMP 平均含量为 0.414 mg · 100 g^{-1} DW。

此外，Guo et al.（2010）还报道，大枣果肉中还含有尿苷、鸟苷、胞苷、腺嘌呤、鸟嘌呤、次黄嘧啶等核苷及碱基类成分。

综合上述资料，成熟鲜枣果肉的 cAMP 平均含量为 3.78～8.78 mg · 100 g^{-1}，干制枣和干燥样品果肉中 cAMP 的含量范围为 5.44～33.57 mg·100 g^{-1}，cGMP 含量范围是 0.063～0.863 mg·100 g^{-1}。说明枣中 cAMP 的含量高于 cGMP 含量。不同品种、不同产地及栽培管理等因素以及分析测定方法等，直接影响到 cAMP 和 cGMP 的含量和测定结果。

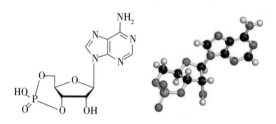

枣果中富含环磷酸腺苷（cAMP）

215 不同产地和品种枣中环磷酸腺苷含量有差异

韩利文等（2008）对产自山东沂水县的大雪枣与产自无棣县的金丝小枣鲜枣中 cAMP 含量进行了比较测定；结果表明，大雪枣 cAMP 含量为 3.5 mg·100 g^{-1} FW，金丝小枣为 3.6 mg·100 g^{-1} FW，结果基本相近；大雪枣干制枣中 cAMP 含量为 11.5 mg·100 g^{-1}，金丝小枣干制枣中为 13.6 mg·100 g^{-1}。

王蓉蓉等（2017）将采自山西省农业科学院果树研究所的梨枣、灰枣、木枣和相枣（均为全红果）、采自北京门头沟区的金丝小枣全红果和采自新疆哈密的哈密大枣全红果，经液氮冷冻后 -80℃贮藏，试验前 4℃解冻，用于 cAMP 和 cGMP 含量的分析，采用高压液相色谱法测定；结果表明，6 个枣品种的 cAMP 和 cGMP 含量分别存在显著差异，其中 cAMP 含量从高到低依次为哈密大枣、金丝小枣、相枣、木枣、梨枣和灰枣；cGMP 含量从高到低依次为金丝小枣、哈密大枣、相枣、梨枣、木枣和灰枣。张倩等（2008）采用高压液相色谱法测定了陕北大枣（产自陕西延安）和新疆大枣（产自新疆哈密）干制枣中 cAMP 的含量；结果表明，新疆大枣中 cAMP 的含量为 320 mg·100 g^{-1}，陕北大枣中 cAMP 的含量为 30.6 mg·100 g^{-1}。

综合上述及其他研究报道，新疆哈密大枣是 cAMP 含量相对较高的品种，金丝小枣的 cAMP 和 cGMP 的含量也较高。山西木枣鲜枣果肉中 cAMP 含量高达 302.5 nmol·g^{-1}（刘孟军等，1991），灵武长枣（任卫合等，2017)、骏枣（王向红等，2005)，都是试验条件下 cAMP 含量相对较高的枣品种。高娅等（2012)对 15 个枣品种所制得的枣粉中 cAMP 含量测定；结果表明，新疆阿克苏产骏枣（28.54 mg·100 g^{-1})、新疆和田产骏枣（26.9 mg·100 g^{-1})、新疆阿克苏产金昌一号（23.73 mg·100 g^{-1})、新疆和田产红枣（22.16 mg·100 g^{-1})，在供试 15 份样品中 cAMP 含量相对较高。王东东（2011)应用高分离度快速液相色谱法测定了新疆产 6 种红枣冻干粉中的 cAMP 含量，骏枣中含量最高，达到 204.3 mg·100 g^{-1}。彭彦芳（2008)测定了 27 个枣品种（包括 1 个酸枣品种) cAMP 含量，以湖南鸡蛋枣含量最高，其次为临泽大枣。

216 枣中的三萜类化合物大部分属于五环三萜类化合物

三萜类化合物是由数个异戊二烯去掉羟基后首尾相连构成的物质，大部分为 30 个碳原子，少部分含 27 个碳原子的萜类化合物，以游离形式或者与糖结合成苷或酯的形式存在，在母核上有多种不同的取代基，常见的有羟基、羧基、甲基、酮基、乙酰基和甲氧基等（苗利军，2006)。

五环三萜类化合物是一类广泛存在于天然植物中的三萜类化合物，大多具有抗肿瘤活性。其抗肿瘤作用机制主要为抑制肿瘤细胞增殖、诱导肿瘤细胞凋亡，抗血管生成和抗侵袭（孙常松等，2009；Kommera et al.，2011)。

在枣属植物中，五环三萜类化合物主要包括羽扇豆烷型、齐墩果烷型、美洲茶烷型和乌苏烷型（崔雪琴，2017；郭盛等，2016)。羽扇豆烷型的代表物为白桦脂酸（又称桦木酸)，C-3 位的香豆酰基团是羽扇豆烷型三萜酸抗肿瘤活性的功能基团（Lee et al.，2003)；齐墩果烷型的代表物为齐墩果酸；乌苏烷型的代表物为乌苏酸，也称熊果酸。

Guo et al.（2010)采用高压液相色谱 - 蒸发光散射 - 质谱联用分析方法，检测出枣中所含 11 种三萜酸，分别是美洲茶酸；坡模酮酸；麦珠子酸；马斯里酸，也称山楂酸；表美洲茶酸；白桦脂酸，也称桦木酸；齐墩果酸；熊果酸；白桦脂酮酸；齐墩果酸酮；熊果酮酸。高娅等（2012)采用高效液相色谱法，分别测定了 15 个采集地的干制枣所制枣粉中的三萜类化合物含量，色谱柱为 Shim-pack VP-ODS C18 柱（150 mm×4.6 mm，5 µm)，以甲醇 -0.2 % 磷酸水溶液（90∶10)为流动相，在波长 210 nm 处检测白桦脂酸、齐墩果酸和熊果酸；结果表明，在所测定的 15 份样品中，白桦脂酸含量为 $11.18\sim63.28$ mg·100 g^{-1}；熊果酸为 $5.67\sim37.39$ mg·100 g^{-1}，齐墩果酸含量为 $5.22\sim20.21$ mg·100 g^{-1}；所测 3 种三萜酸在各品种之间的基本趋势是白桦脂酸含量最高，其次为熊果酸，再次为齐墩果酸；采集地为河南郑州新郑红枣的白桦脂酸含量为 63.28 mg·100 g^{-1}，其次为陕西清涧滩枣（53.93 mg·100 g^{-1}）、陕西清涧狗头枣（52.9 mg·100 g^{-1}）；齐墩果酸含量高的品种有采集地为河南郑州的新郑红枣（20.21 mg·100 g^{-1}）、河北沧州金丝小枣（18.14 mg·100 g^{-1}）、陕西清涧狗头枣（15.43 mg·100 g^{-1}）和陕西清涧滩枣（14.9 mg·100 g^{-1}）等；熊果酸含量高的品种有河北沧州金丝小枣（37.42 mg·100 g^{-1}）、河南郑州新郑红枣（37.39 mg·100 g^{-1}）、山东滨州金丝小枣（30.24 mg·100 g^{-1}）等。

王东东（2011）分析测定了新疆 6 种红枣中齐墩果酸和熊果酸含量，齐墩果酸含量为 $18.25\sim55.89$ mg·100 g^{-1} DW，熊果酸含量为 $16.04\sim47.67$ mg·100 g^{-1} DW，两者均以骏枣含量最高，其次为圆脆红枣。

刘世军等（2017）研究建立一种采用高压液相色谱法测定大枣中齐墩果酸和白桦脂酸的方法，色谱柱为 Hyperil BDS C18（4.6 mm×250 mm，5 μm），甲醇：水（85：15）为流动相，检测波长为 210 nm，柱温 25℃；结果表明，该方法操作简单、准确、重复性好，并用该方法测定了采自陕西清涧 6 份大枣样品所制得的枣粉中齐墩果酸和白桦脂酸的含量，其中齐墩果酸含量为 $33\sim67$ mg·100 g^{-1}，白桦脂酸含量为 $8\sim25$ mg·100 g^{-1}。

王蓉蓉等（2017）将采自山西省农业科学院果树研究所的梨枣、灰枣、木枣和相枣全红果、采自北京门头沟区的金丝小枣全红果和采自疆哈密的哈密大枣全红果，经液氮冷冻后 -80℃贮藏，试验前 4℃解冻，干燥处理后用于三萜类化合物含量分析，采用高压液相色谱法测定；结果表明，6 种枣果均含有白桦脂酸、齐墩果酸和熊果酸；除梨枣中齐墩果酸的含量高于白桦脂酸含量外，其余枣果中三萜酸含量最高的组分为白桦脂酸，其含量为 $28.68\sim56.73$ mg·100 g^{-1} DW，其次为齐墩果酸，其含量为 $24.65\sim49.37$ mg·100 g^{-1} DW，熊果酸的含量最低，其含量为 $17.38\sim28.27$ mg·100 g^{-1} DW。

张向前等（2017）以 95% 乙醇为提取溶剂，采用索氏提取法分别提取陕西延川狗头枣和绥德木枣枣皮和果肉中的三萜类物质；结果表明，不同品种间总三萜含量差异较大，其中狗头枣枣皮三萜类物质的含量为 14.8 mg·100 g^{-1}，木枣果肉三萜类物质的含量为 13.6 mg·100 g^{-1}；并指出不同品种的红枣，各部位提取液对供试的不同自由基都有一定的清除效果，表现出较好的抗氧化活性，其浓度与抗氧化活性均呈显著正相关。彭艳芳（2008）对 27 个枣品种成熟果肉的测定表明，襄汾木枣和阜平大枣总三萜含量最高；内黄扁核酸中白桦脂酸含量最高；桐柏大枣、宣城尖枣齐墩果酸含量最高；圆铃大枣熊果酸含量最高。并指出内黄扁核酸是综合加工的最佳枣品种，阜平大枣以总三萜开发目标最佳。

综合上述资料，白桦脂酸、齐墩果酸和熊果酸是枣中所含的主要三萜酸。不同研究者由于选用品种、产地和分析方法等差异，含量测定结果差异较大。相对比较，采集地为河南郑州的新郑红枣、陕西清涧滩枣和狗头枣、金丝小枣、骏枣、圆红脆枣、内黄扁核酸、桐柏大枣、宣城尖枣、圆铃大枣等，白桦脂酸、齐墩果酸和熊果酸含量较高。

217 不同等级红枣对某些活性成分含量的影响

王向红等（2002）对 3 个等级阜平大枣中主要营养成分进行了分析比较研究，指出同一品种的枣，随着品质由优变劣，枣中糖分含量逐渐减少，有机酸、纤维素、果胶等含量逐渐增加；低级别的阜平大枣含有大量纤维素、果胶，丰富的钙、磷、铁，也是开发功能性食品的很好来源。王向红等（2005）对阜平大枣不同等级样品进行分析；结果表明，齐墩果酸和熊果酸的含量似乎与品质之间不存在明显相关性。高娅等（2012）通过对新疆若羌灰枣不同等级样品中白桦脂酸、齐墩果酸和熊果酸含量进行分析，其结论也是含量与等级之间不存在明显相关性。

耿武松等（2011）研究比较指出，总糖含量越高，芦丁的含量就相对较低，而芦丁含量较高的枣，口感较差。王向红等（2005）对不同级别的阜平大枣中 cAMP 和 cGMP 含量分析表明，从阜平 1 级大枣到阜平 3 级大枣（1 级最好，3 级最差），cAMP 平均含量逐渐降低，而 cGMP 平均含量却有所升高。因此，枣果等级与大枣中不同活性成分含量的相关关系，需要更多的研究结果加以确认。

218 黄酮类化合物是一大家族

黄酮类化合物主要是指母核为 2- 苯基色原酮的一类化合物，现泛指 2 个苯环（A 环与 B 环）通过中央 3 碳相互联结而成的一系列化合物，即以 C6-C3-C6 为基本碳架的一系列化合物。所含的全部黄酮类化合物称为总黄酮。

根据中央 3 碳的氧化程度、是否成环、B 环的联结位点等特点，可将黄酮类化合物分为黄酮类（代表化合物黄芩素和黄芩苷）；黄酮醇类（代表化合物槲皮素和芦丁）；二氢黄酮类（代表化合物陈皮素和甘草苷）；二氢黄酮醇类（代表化合物水飞蓟素及异水飞蓟素）；异黄酮类（代表化合物大豆素及葛根素）；二氢异黄酮类（代表化合物鱼藤酮）；查尔酮类（代表化合物异甘草素和补骨脂乙素）；橙酮类（代表化合物金鱼草素）；黄烷类（代表化合物儿茶素）；花色素类（代表化合物飞燕草素，矢车菊素），以及双黄酮类（代表化合物银杏黄素和异银杏黄素）。

黄卫珍（2018）研究了金丝小枣黄酮类化合物，鉴定出了 2 个山奈酚衍生物和 7 个槲皮素衍生物，其中槲皮素衍生物是乐陵金丝小枣中发现的主要黄酮类化合物。万德光（2007）指出，枣属植物中的黄酮主要分布于果实及叶中，除芦丁外大多为黄酮苷，如当药黄素、棘苷、6,8- 二 -C- 葡萄糖基 -2（S）- 柚皮素和 6,8- 二 -C- 葡萄糖基 -2（R）- 柚皮素。

部分黄酮类化合物的结构

219 红枣中黄酮类化合物的提取及测定方法

张宝善等（2003）进行了陕西佳县木枣鲜枣冻样中芦丁的提取和测定，采用热水提取和乙醇提取 2 种方式；用热水提取芦丁，加水量为原料重量的 17 倍，提取温度为 70℃，提取时间 60 min，相同浓度的乙醇和丙酮提取芦丁的效果优于甲醇，用乙醇提取芦丁，采用 75 % 的乙醇溶液，用量为原料重量的 16 倍，提取温度 75℃，提取时间 120 min。阎克里等（2009）用高压液相色谱法和分光光度法分别测定红枣在不同浓度的乙醇溶液浸提不同时间后，浸提液中芦丁和总黄酮的含量，比较两者之间的关系，确定可以使用高压液相色谱法测定红枣中芦丁的含量代替分光光度法测定红枣中总黄酮含量。

韩志萍（2006）对陕北红枣中总黄酮进行了提取方法的选择，得出提取率高低顺序为超声波提取法＞索氏提取法＞碱提酸沉法；具体方法为红枣 65℃ 热风烘干、粉碎，过 35 目筛，加入料液比为 1：30 的 60% 乙醇溶液，70℃ 下超声波"清洗"档提取 30 min，2 次抽滤，少量 95% 乙醇溶液洗涤滤渣后，减压浓缩，采用硝酸铝比色法在波长 510 nm 处测定其吸光度。郝凤霞等（2011）对 3 种宁夏产红枣的总黄酮分析表明，从总黄酮提取效率和提取时间综合考虑，选取提取方法由前到后分别为超声波提取法＞索氏提取法＞冷浸提取法。阎克里等（2009）研究指出，使用 50% 和 70% 乙醇为浸提液，在相同浸提时间下，对总黄酮、芦丁的提取量相差不多，从节约成本的角度考虑，使用 50% 乙醇为浸提溶剂较为合理。张艳红（2007）通过正交试验确定了提取红枣中总黄酮的超声波提取方案为 50% 乙醇、溶媒量为 35 倍，提取时间 100 min。王永刚等（2014）采用三氯化铝可见分光光度法测定了甘肃靖远县小口大枣的总黄酮含量。王蓉蓉等（2017）以全红鲜枣为试验材料，经液氮冷冻后 -80℃ 贮藏，试验前解冻，准确称取试样 6.0 g，置于 50 mL 离心管中，加 80% 甲醇水溶液 25 mL，常温超声辅助提取 30 min，4℃ 10 000 g 离心 10 min，收集上清液，滤渣重复提取 2 次，合并上清液定容；提取液用于总黄酮的测定，采用紫外分光光度计，以甲醇为对照，测定在 510 nm 波长处的吸光值。

耿武松等（2011）以市场购买的干制红枣为试验材料，用高压液相色谱法测定大枣中芦丁的含量；将红枣用剪刀剪成一定的小块，取约 5 g，精密称量，置具塞锥形瓶中，加入 50% 乙醇 40 mL，称定重量，充分振摇后，超声波处理（功率 250 W，频率 59 kHz）30 min，冷却，精密称定，用 50% 乙醇补足损失的重量，浸提 24 h，过滤，取续滤液适量，经有机滤膜过滤器（0.45 μm）滤过，制得试样；高压液相色谱条件为流动相为乙腈 -0.4% 醋酸水溶液（20：80），柱温为室温，流速 1 mL·min^{-1}，检测波长为 360 nm，进样量 10 μL，用外标法定量。李环（2017）采用高效液相色谱法测定大枣中芦丁的含量，使 MACHEREY-NAGEL（MN）NUCLEODUR 100-5C18 柱（BATCH2064），流动相为乙腈 -0.05% 磷酸（0.15：0.85），流速为 1 mL·min^{-1}，波长为 257nm，柱温为 40℃，经检测，芦丁的线性范围为 0.0505 5～0.404 4 μg，相关系数为 r=0.998 7，加样回收率为 97.06%，而且能够避开枣中糖类成分对测量结果的干扰。

　　王东东（2011）通过对树脂吸附总黄酮影响因素的考察，得出 D101 型树脂分离纯化红枣总黄酮的最佳工艺条件：上样液质量浓度为 0.403 mg·mL^{-1}，上样液 pH 值为 3，吸附流速为 3 BV·h^{-1}，上样液体积为 4 倍树脂体积，树脂的径高比为 1∶8，洗脱剂用 80% 的乙醇，洗脱流速为 2 BV·h^{-1}，洗脱剂的用量为 6 倍的树脂体积；以最佳条件对红枣总黄酮进行分离纯化，以验证工艺条件的可靠性，结果得到红枣提取物中总黄酮的质量分数 9.5%。

　　由上述资料可见，测定黄酮类化合物的浸提溶剂多数采用 50%～70% 的乙醇或甲醇溶液，应用超声波辅助提取法，具有省时、高效、节能的特点。比色法（510 nm 处测定吸光值）常用于测定总黄酮含量，高压液相色谱法多用于测定芦丁含量。

220 红枣中黄酮类化合物含量丰富

　　阎克里等（2009）采用 50% 和 70% 的乙醇为提取液，提取 24 h，用分光光度法测定 510 nm 处吸光度，比较计算市售干制枣的总黄酮含量平均为 232 mg·100 g^{-1}；用高压液相色谱法测得的干制红枣芦丁平均含量为 7.236 mg·100 g^{-1}。韩志萍（2006）对全红期采集的陕北不同产地红枣总黄酮含量测定结果，含量在 297.2～764.6 mg·100 g^{-1}。张艳红（2007）测定了新疆若羌红枣、哈密大枣的总黄酮含量，结果分别为 454.2 mg·100 g^{-1} 和 396.24 mg·100 g^{-1}。王永刚等（2014）测定了甘肃靖远县小口大枣的总黄酮含量，结果为水溶性总黄酮 8.1 mg·100 g^{-1}，醇溶性黄酮 452.8 mg·100 g^{-1}。王蓉蓉等（2017）将采自山西省农业科学院果树研究所的梨枣、灰枣、木枣和相枣全红果，采自北京门头沟区的金丝小枣全红果和采自新疆哈密的哈密大枣全红果，经液氮冷冻后 -80℃贮藏，测定前 4℃解冻，采用比色法测定总黄酮含量；结果表明，6 种速冻鲜枣中总黄酮含量范围为 246.72～661.37 mg RE·100 g^{-1} FW（RE，Retinol Equivalent 的缩写，视黄醇当量），品种间存在显著差异，含量从高到低依次为木枣、梨枣、相枣、金丝小枣、灰枣和哈密大枣。

　　耿武松等（2011）对购自亳州市中药材交易中心的 8 个红枣样品，采用高压液相色谱法分析测定了芦丁含量，含量为 8.1～28.82 mg·100 g^{-1}，其中以陕北圆红枣芦丁含量最高。李环（2017）采用优化高效液相色谱法测定了枣中芦丁的含量，平均含量为 6.6 mg·100 g^{-1}。王东东等（2010）

采用反式高压液相色谱法（RP-HPLC）测定了新疆产 6 种红枣中芦丁的含量为 2.82～9.51 mg·100 g^{-1}，以圆脆红枣含量最高，骏枣、和田红枣和阿克苏灰枣次之，小鸡心蜜枣含量最低。蒲云峰（2019）研究指出，产自新疆的骏枣中，总黄酮包括游离态和结合态 2 种类型，不同部位的游离态及结合态总黄酮含量也存在显著差异，其中果皮中游离态和结合态总黄酮含量均最高，分别为 1.49 mg RE·g^{-1} DW 和 3.64 mg RE·g^{-1} DW，果肉中游离态总黄酮含量为 1.02 mg RE·g^{-1} DW，果核中为 0.84 mg RE·g^{-1} DW。

由上述资料可见，红枣总黄酮含量多用比色法测定，含量为 246～765 mg·100 g^{-1}；芦丁含量采用高压液相色谱法测定，含量为 2.82～28.82 mg·100 g^{-1}。可见，不同品种和产地红枣中总黄酮含量远大于芦丁含量。

221 红枣中所含主要多酚类化合物及其生理作用

多酚类化合物是指具有多个酚羟基结构的一类化合物，它能够清除人体内过剩的活性自由基，具有很强的抗氧化作用。多酚类化合物一方面可通过抑制氧化酶，减少自由基的生成，以提高其抗氧化作用；另一方面通过灭活自由基，保护抗氧化酶，还能提高体内抗氧化酶的活性进而增强抗氧化作用。许多研究报道表明，大枣含有多酚类物质，并具有很高的抗氧化活性（Wang et al.，2013；Zhang et al.，2010；Xue et al.，2009；Dai et al.，2012）。

郝会芳（2005）利用 BPCL-L 发光分析仪和紫外可见分光光度计，测定了金丝小枣各组织多酚粗提物的体外抗氧化活性；结果表明，不同采摘期所得不同部位多酚粗提物对羟自由基、亚硝酸根、DPPH 自由基及亚油酸的脂质过氧化，均具有抑制作用，同时对由羟基自由基引起的 DNA 损伤也具有较好的保护作用。郝婕等（2008）对金丝小枣多酚提取物的生理功效进行了研究；结果表明，用酒石酸铁法测定枣皮中多酚含量为 1 250 mg·100 g^{-1} FW，枣核中多酚含量为 980 mg·100 g^{-1} FW，并以小鼠为试验动物，研究了枣皮、枣核中多酚提取物的抗炎、抗凝血、耐缺氧作用及对组织超氧化物歧化酶和丙二醛的影响，结果表明，枣皮、枣核多酚提取物对小鼠抗炎、抗凝血、耐缺氧作用明显，并能显著提高小鼠体内超氧化物歧化酶活性，降低丙二醛的含量。

韩沫等（2012）以河北沧州金丝小枣为试验材料，分 5 批采摘（7 月

31 日至 9 月 18 日），研究了从青枣到成熟果（鲜枣）不同部位多酚物质体外清除 NO^{-2}、DPPH 自由基和羟基自由基的能力；结果表明，采摘初期的试样，枣皮、枣肉及枣核 3 个部位的清除能力相当，并且清除能力较弱，随着果实成熟，清除羟基自由基能力逐渐增强；白熟期的枣皮及枣核多酚物质清除羟基自由基的能力相当，并且强于枣肉多酚物质的清除能力，而在果实全红期枣肉多酚物质清除羟基自由基的能力明显强于枣皮及枣核。

王蓉蓉等（2017）将采自山西省农业科学院果树研究所的梨枣、灰枣、木枣和相枣全红果，采自北京门头沟区的金丝小枣全红果和采自新疆哈密的哈密大枣全红果，经液氮冷冻后 -80℃ 贮藏，测定前 4℃ 解冻，检测出了儿茶素、香草酸、咖啡酸、丁香酸、表儿茶素等，其中儿茶素、表儿茶素、香草酸含量较高，平均含量分别为 8.45 mg·100 g^{-1} FW，4.76 mg·100 g^{-1} FW 和 3.36 mg·100 g^{-1} FW。王毕妮（2011）对哈密大枣、木枣、狗头枣、金丝小枣和滩枣进行了分析测定，除了哈密大枣未检出没食子酸外，5 种枣中所含的酚类化合物有没食子酸、原儿茶酸、咖啡酸、对香豆酸等。蒲云峰（2019）分析测定了新疆骏枣中的多酚类物质，主要包含绿原酸、对羟基苯甲酸、芦丁、p- 香豆酸、儿茶素、原儿茶酸等。

王毕妮等（2011）研究了经过冷冻贮藏的陕西佳县红枣中不同部位多酚及黄酮类物质的含量；结果表明，红枣 3 个部位（枣肉、枣核和枣皮）的甲醇提取液均具一定的抗氧化活性，也有清除 DPPH 自由基和羟基自由基的能力，并呈剂量效应关系；枣皮提取液的总抗氧化活性和清除自由基能力均高于枣肉和枣核，可能与其高的总酚和总黄酮含量有关。邹曼（2019）进行了圆铃枣主要抗氧化成分鉴定及抗氧化特性研究；结果指出，采用超声波乙醇溶液加温提取、经树脂纯化后的粗多酚中，含有没食子酸、原儿茶酸、儿茶素、绿原酸、阿魏酸和芦丁 6 种物质。

综上所述，枣皮、枣肉及枣核中均含有多酚类物质，并具有较强的抗氧化活性。主要酚类物质包含儿茶素、原儿茶酸、香草酸、对香豆酸、咖啡酸、鞣花酸、丁香酸、没食子酸、芦丁和槲皮素等。体外试验也表明，红枣所含酚类物质有清除 NO^{2-}、DPPH 自由基和羟基自由基的能力。

222　红枣中多酚类化合物的含量及其部位差异

王蓉蓉等（2017）将采自山西农业科学院果树研究所的梨枣、灰枣、木枣和相枣全红果以及采自北京门头沟区的金丝小枣全红果和采自新疆哈密的哈密大枣全红果，经液氮冷冻后 -80℃贮藏，试验前4℃解冻，采用比色法测定总酚含量；结果表明，6 种枣果总酚含量从高到低的顺序，依次为木枣、哈密大枣、相枣、金丝小枣、梨枣和灰枣，其含量为 397.46～630.15 mg GAE·100 g^{-1} FW（EAE，Gallic Acid Equivalent，没食子酸当量）。郝会芳（2005）分析比较了金丝小枣、阜平大枣、赞皇大枣的枣皮、枣肉和枣核中多酚物质的含量差异，同时对不同采摘期金丝小枣的枣皮、枣肉、枣核中的多酚类物质粗提物，进行了体外抗氧化能力测定；结果表明，在枣核和果肉中，尽管金丝小枣、赞皇大枣、阜平大枣的多酚含量存在差异，但均为采收初期多酚含量最高，随果实成熟多酚含量逐渐降低；在整个生长周期中，金丝小枣的枣皮中的多酚平均含量远远高于枣肉，而枣核中的多酚含量居于枣皮中和枣肉之间；赞皇大枣枣核的平均多酚含量最高，为 88.88 mg·mL^{-1}，而枣肉中的平均多酚含量仅为 1.53 mg·mL^{-1}，枣皮平均多酚含量居中 42.34 mg·mL^{-1}；阜平大枣枣核及枣肉的平均多酚含量与赞皇大枣相当，枣皮的平均多酚含量居中为 20.63 mg·mL^{-1}；不同枣品种相同部位的多酚含量存在很大差异，枣皮中赞皇大枣的多酚含量最高，依次是金丝小枣、阜平大枣；枣肉中金丝小枣多酚含量最高，依次是阜平大枣、赞皇大枣；枣核中赞皇大枣含量最高，而阜平大枣的含量居中，金丝小枣含量最低。

王毕妮等（2011）以陕西佳县红枣作为试验材料；研究指出，枣果皮中总酚含量为 1 002.5 mg GAE·100 g^{-1} FW，总黄酮含量为 224.7 mg·100 g^{-1} FW（以芦丁计）；果肉中总酚含量为 801.5 mg GAE·100 g^{-1} FW，总黄酮含量为 90.5 mg·100 g^{-1} FW（以芦丁计）；果核中总酚含量为 293.3 mg GAE·100 g^{-1} FW，总黄酮含量为 99.4 mg·100 g^{-1} FW（以芦丁计）。王东东（2011）分析测定了新疆骏枣、阿克苏灰枣等6种红枣种总多酚含量，范围为 1 077.026～1 477.7 mg·100 g^{-1} DW，以哈密五堡大枣中总多酚含量最高。郝婕等（2014）以采自河北沧州白熟期金丝小枣为试验材料，从枣皮和枣核中提取多酚类物质，测定结果为枣皮中总多酚含量 1 250 mg·100 g^{-1} FW，枣核中总多酚含量为 980 mg·100 g^{-1} FW；依次经过不同 pH 值梯度萃取、薄层层析、聚酰胺柱层析、高压液相色谱分离纯化后，含量有一定程度降低，其中枣皮中多酚类物质主要为间苯三酚和邻苯二酚，分别为 175 mg·100 g^{-1} FW 和 154 mg·100 g^{-1} FW，枣核中间苯三酚含量为 269 mg·100 g^{-1} FW。王毕妮（2011）对哈密大枣、木枣、狗头枣、金丝小枣和滩枣进行了测定分析，尽管咖啡酸是几乎所有红枣样品中含量较高的组分，但是其含量变化很大，范围在 0.35～2.68 mg·100 g^{-1} DW；研究也表明，全红期采摘的佳县红枣冷冻样品，富含对羟基苯甲酸、肉桂酸、绿原酸和对香豆酸；对羟基苯甲酸是枣肉和枣核中的主要酚酸，甚至是整个红枣中存在的主要酚酸，分别占枣肉、枣核和整枣总酚酸含量的 51.7 %、47.7 % 和 25 %，而对香豆酸、肉桂酸和绿原酸大量存在于枣皮中。蒲云峰（2019）研究指出，骏枣中不同部位的游离态总酚和结合态总酚含量存在显著差异，果皮中游离态总酚和结合态总酚含量最高，其中游离态总酚为 1335 mg GAE·100 g^{-1} DW，结合态总酚为 303 mg GAE·100 g^{-1} DW；其次为果肉游离态总酚为 1 054 mg GAE·100 g^{-1} DW，而枣核游离态总酚仅为 814 mg GAE·100 g^{-1} DW。

综合上述研究结果，可初步得出如下结论：大枣中的多酚包括游离态多酚和结合态多酚；鲜枣和干制枣中，枣皮中酚类物质含量相对于果肉和果核含量更高；成熟初期采摘的果实总酚含量高于成熟后期；木枣、哈密大枣是多酚物质含量相对较高的枣品种。

223 不同枣品种中香气成分种类和含量有明显差异

张富县等（2018）选取山东乐陵产金丝小枣、河北太行山产骏枣和新疆若羌产灰枣 3 个品种作为试验材料，通过热脱附方式吸附挥发物质后，经 GC-MS 分析鉴定香气成分，以香比强值为指标，采用主成分分析研究 3 种红枣样品共有挥发物香气差异；结果表明，金丝小枣中共分析出 65 种挥发物，其中 54 种是香气成分；灰枣中共分析出 48 种挥发物，其中有 39 种香气成分；骏枣中共分析出 41 种挥发成分，其中有 36 种属香气成分；通过对 3 个枣品种香比强值的对比，金丝小枣的香气强度最强。王永刚等（2014）研究指出，采自甘肃靖远县的小口大枣中，采用 GC-MS 技术从小口大枣萃取物中得到 25 个可识别峰，香气成分包括醇类 3 种，醛类 2 种，酮类 2 种，酸类物质 8 种和酯类物质 7 种，共 22 种；与油枣、木枣和团枣香气物质比较，小口大枣中含有丁酸乙酯、癸酸甲酯和己酸乙酯 3 种酯类物质，相对含量分别为 0.86 %、1.04 % 和 0.46 %。

由上述研究结果可见，由于不同研究者采用的分析方法和工艺不同，所测得的挥发性物质数量差异明显。即使是同一测定者不同枣品种结果差异也很明显，金丝小枣的香气成分种类明显多于骏枣和灰枣。研究表明，金丝小枣的香气种类丰富，骏枣与灰枣也具有其独特香气成分，小口大枣也有其香气特点。

224 金丝小枣及冬枣生长与成熟过程中主要活性成分及其变化

丁胜华等（2017）将金丝小枣生长发育过程人为划定了 6 个不同生长与成熟期（S1～S6），从北京门头沟区王龙口村枣园每隔 15～18 天采摘 1 次金丝小枣，首次采摘的 S1 期为 6 月下旬，S3 期为果核变硬期，S4 期为顶红期，S5 和 S6 分别为半红期和全红期；通过高效液相色谱法测定分析枣果在不同生长与成熟期维生素 C、酚类物质、环核苷酸、三萜酸、α-生育酚和 β-胡萝卜素，采用分光光度计法测定总酚、总黄酮含量以及枣果抗氧化活性，现对主要研究测定结果归纳摘录如下。

（1）金丝小枣生长成熟期间，枣果中维生素 C 含量经历了快速积累与缓慢降解 2 个过程。S1～S2 期，枣果中维生素 C 含量从 330.71 mg·100 g^{-1} FW，显著跃升至 605.52 mg·100 g^{-1} FW，此后，S2～S6 期，枣果中的维生素 C 含量呈现逐渐降解的趋势，其中 S6 期枣果含量为 380.26 mg·100 g^{-1} FW，但是仍显著高于 S1 期枣果的维生素 C 含量。

（2）金丝小枣生长成熟期间，枣果中检测到的酚类物质包括儿茶素、香草酸、咖啡酸、丁香酸、表儿茶素等，儿茶素和表儿茶素在整个枣果成熟过程中代谢非常活跃；儿茶素、咖啡酸、丁香酸含量均以 S1 期枣果最高，香草酸含量则以 S3 期枣果最高，总酚含量随着枣果的生长成熟呈现下降的趋势。

（3）金丝小枣生长成熟期间，枣果中芦丁的含量范围为 14.97～3.24 mg·100 g^{-1} FW，S1 期最高 14.97 mg·100 g^{-1} FW，S6 期最低为 3.24 mg·100 g^{-1} FW，含量随着枣果的生长成熟呈现明显的下降趋势。

（4）采自 6 个生长成熟期的金丝小枣，均含白桦脂酸、齐墩果酸和熊果酸，各生长成熟期的枣果均以白桦脂酸含量最高，齐墩果酸次之，熊果酸最低。其中白桦脂酸、齐墩果酸含量在 S3 期时最高，到 S6 期含量分别下降了 43.97％和 31.56％；而熊果酸含量以 S4 期枣果中最高。

（5）随着枣果的生长成熟，其 cAMP 与 cGMP 含量均呈现上升的趋势，在 S6 期达到最大值，含量分别为 13.09 mg·100 g^{-1} DW 和 15.02 mg·100 g^{-1} DW。

（6）随着金丝小枣枣果的生长成熟，α - 生育酚和 β - 胡萝卜素含量均呈现下降的趋势。从 S1～S6 期，β - 胡萝卜素含量从 6.531 mg·100 g⁻¹ DW 降至 0.1641 mg·100 g⁻¹ DW。

（7）随着枣果的生长成熟，体外试验的铁离子还原 - 抗氧化能力法（FRAP）、清除 DPPH 自由基以及 ABTS 自由基的能力均呈下降趋势，其抗氧化能力下降是其抗氧化活性物质变化的体现。

彭艳芳（2008）以金丝小枣和冬枣为试验材料，进行了不同成熟进程部分生物活性成分含量变化的研究；结果表明，总三萜、总皂苷含量均随果实成熟而增加；白桦脂酸、齐墩果酸和熊果酸在白熟期含量高于全红期；冬枣和金丝小枣的总黄酮、芦丁含量变化均呈倒 "V" 字形；冬枣全红期总三萜、总膳食纤维、水不溶性膳食纤维和 cAMP 含量均为最高，白熟期总黄酮和水溶性膳食纤维（多糖）含量最高；金丝小枣全红期总三萜含量最高，总黄酮、芦丁、总膳食纤维、水溶性膳食纤维、水不溶性膳食纤维和 cAMP 含量均为白熟期最高。

以冬枣和金丝小枣为例，枣果在生长成熟期间，主要活性成分发生动态变化，并且不同品种或同一品种在不同的研究中变化规律不尽相同。并不是随着枣的成熟度增高所有活性成分含量就增高，对于金丝小枣而言，维生素 C、总酚、黄酮类物质、白桦脂酸、齐墩果酸和熊果酸、α - 生育酚和 β - 胡萝卜素含量及抗氧化物活性，全红期均比半红期前有所降低；对 cAMP 含量、总三萜含量及白桦脂酸、齐墩果酸和熊果酸含量在哪个时期最高，报道结果不一致，有研究认为是白熟期或白熟期前，也有认为是全红期，有待进一步研究确定。可见，如果以枣中某些活性营养指标评价，白熟期采收要比成熟期或成熟后期采收为好。

225 新疆主要枣产地和枣品种营养成分存在差异

任彦荣等（2016）对新疆阿克苏、若羌、喀什、哈密、和田 5 个产地 36 个红枣样品的 14 种无机元素含量进行了分析，表明无机元素组成和含量与生产地域相关。张萍等（2011）通过对新疆南疆环塔里木盆地 6 个栽植区域灰枣的糖、酸、维生素、矿质元素、黄酮类物质、蛋白质、纤维素等营养品质指标进行分析，发现不同产地灰枣的营养品质存在明显差异。刘杰超等（2018）以哈密大枣（产自哈密）、骏枣（产自哈密、阿克苏、和田）、灰枣（产自若羌、阿克苏、喀什）典型生产区域及品种的

7份红枣样品为试验材料，对其中的营养与功能性成分进行全面比较分析；结果表明，不同生态区域、不同品种新疆红枣的营养品质存在较大差异，但对于不同的营养指标，其影响程度也存在差异，品种是影响新疆红枣糖、酸、氨基酸含量的主要因素，总糖及还原糖含量以灰枣最高，其次为骏枣，哈密大枣最低；而总酸和氨基酸含量以哈密大枣为最高，因此哈密大枣口感较酸，骏枣次之，灰枣酸度最低；骏枣的钙、铁、锌、锰、镁的含量平均值均高于灰枣，阿克苏及和田均可作为优质骏枣种植区；产地对新疆红枣蛋白质、脂肪、维生素、矿质元素、总酚、总黄酮含量的影响较大，和田骏枣中钙、铁、镁的含量均明显高于其他新疆红枣，可作为补钙、补铁的重要来源；哈密骏枣的总酚含量较高，若羌灰枣、哈密大枣的总黄酮含量较高，可作为提取多酚和黄酮类物质或生产功能性红枣产品的优质原料。苏彩霞等（2019）对河南新郑、新疆托克逊县、新疆若羌县、新疆温宿县的灰枣进行营养成分测定，发现不同产地灰枣的营养成分有差异，气候环境差异越大，营养成分差异也越显著；所测灰枣的品质指标中，维生素含量新疆3个县的与河南新郑的差异不显著；糖分含量新疆3个县的显著高于河南新郑的；矿物质钾含量新疆3个县的显著高于河南新郑的；氨基酸含量河南新郑的显著高于新疆3个县的；所测营养成分含量在新疆3个县间表现相近，差异不显著。

由上述资料可见，品种是影响新疆红枣糖、酸、氨基酸含量的主要因素，灰枣的总糖及还原糖含量高于骏枣和哈密大枣，而总酸含量低于后2个品种，哈密骏枣的总酚含量较高，若羌灰枣、哈密大枣的总黄酮含量较高；种植区域对矿质营养含量有显著影响，和田骏枣中钙、铁、镁的含量均明显高于供试的其他新疆红枣。

226 枣核功效和所含主要活性成分及其提取

枣核由内果皮硬化发育而来，由核喙、核体、核膜3个部分构成，核内有种子0～2枚，因品种特性或受精情况而出现种子退化现象，因此，品种间含种仁率不尽相同。王依等（2013）收集新疆生产的圆脆枣、赞皇大枣、赞新大枣、灰枣、骏枣、壶瓶枣和梨枣7个品种进行了研究；结果表明，果核重0.24～1.25 g，平均重0.635 g，以灰枣果核重量最轻0.24 g，梨枣果核最重1.25 g；赞新大枣核和骏枣核无种仁，其余品种种仁重0.01～0.07 g，种仁数目均为1个。何业华等（1997）研究了采自中南林学院枣树种质圃内的 18 个枣品种，枣核大小、形状主要受果实大小和形状的影响，在一定程度上可根据果实的形状和大小推测核形及其大小。供试品种的平均核重为 0.42 g，其中骏枣、梨枣、壶瓶枣和灰枣较重，分别为 0.8 g、0.6 g、0.8 g、0.58 g，无核小枣、中南优 16、猪笼枣较轻，分别为 0.048 g、0.23 g、0.31 g；平均核果比（核重占果重的百分比）为 5.01 %，其中酸枣最高为 15.38 %，薄皮枣 12.45 %，而骏枣、金丝小枣、灰枣、壶瓶枣分别为 4.04 %、4.39 %、3.94 % 和 3.7 %。

田梦琪（2019）以陕西佳县红枣枣核为研究对象，运用硅胶柱色谱、CHP20P 和聚酰胺大孔吸附树脂、葡聚糖凝胶（Sephadex LH-20）等柱层析技术，从枣核的乙醇提取物中分离得到 20 个化合物，根据化合物理化性质结合现代波谱技术和 TLC 薄层色谱以及高压液相色谱分析，鉴定了其中 19 个化合物的结构。

王娜等（2009）研究报道，枣核中含有的芦丁具有抗氧化活性。杨保求等（2013）以新疆阿拉尔产红枣枣核为原料，研究了枣核中总黄酮的提取工艺；研究指出，由于枣核质地坚硬，主要由纤维素、半纤维素和木质素等构成，给总黄酮的提取带来困难，因此，研究采用纤维素酶对枣核进行了预处理；结果表明，枣核中总黄酮提取的最佳工艺条件，采用 60 % 乙醇溶液作为提取液，纤维素酶用量 1.5 %，酶解温度为 55 ℃，酶解时间为 90 min，酶解 pH 值为 5，总黄酮提取量为 487.8 mg·100 g^{-1}；纤维素酶在枣核总黄酮提取过程中发挥了重要作用，与未添加酶相比，枣核中总黄酮提取量增加了 24.3 %。范艳丽等（2017）采用宁夏盛康源红枣酒业生物科技有限公司提供的红枣核，清洗干燥粉碎后进行总黄酮提取，确定的红枣核总黄酮最佳提取工艺条件为料液比 1∶70，乙醇浓度 40 %，浸提温度 80 ℃，浸提时间 4 h，提取次数 3 次，在此条件下黄酮提取率为 1664 mg·100 g^{-1}。张志国（2006）采用乙醇提取法、超声波辅助提取河南新郑冬枣枣核中的黄酮类物质，乙醇提取工艺参数为乙醇浓度 60 %，料液比 1∶20，提取温度 80 ℃，取时间 2 h，提取次数 2 次，枣核中类黄酮提取量为 1 321.75 mg·100 g^{-1}；超声波辅助提取工艺参数为乙醇浓度 60 %、料液比 1∶20，温度 80 ℃，超声波功率 250 W，提取时间 60 min，提取次数 2 次，枣核中类黄酮提取量为 1 344.81 mg·100 g^{-1}，可见，超声波辅助提取工艺具有省时、提取效率高的特点；由于冬枣无核仁，所测冬枣核干粉中脂肪含量仅 0.38 %，所以在黄酮类物质提取时不需要脱脂处理。李蕊蕊等（2018）用紫外分光光度法，分别对新疆阿拉尔 60 个红枣品种枣核中总黄酮和总酚含量进行了测定；结果表明，在所测定的 60 个样品枣核中，不同品种枣核中总酚含量均高于总黄酮的含量，总酚最高的是鲁枣 8 号为 7 724 mg·100 g^{-1}，含量最少的是三棱枣 1 809 mg·100 g^{-1}；总黄酮含量最高的是临猗辣椒枣 1 025 mg·100 g^{-1}，含量最少的是双仁枣 181 mg·100 g^{-1}。

郝会芳等（2007）以金丝小枣枣核为原料，研究了枣核多酚的提取条件；结果表明，试验因素对枣核多酚提取效果的影响程度从高到低依次为，料液比＞pH 值＞浸提温度＞浸提时间；确定的适宜提取条件为料液比 1∶30，pH 值 3，80 % 乙醇、浸提温度 50℃、浸提时间 12 h，枣核中多酚含量约为 977 mg·100 g^{-1}。刘杰超等（2013）将去除枣肉经自然晾晒干燥后的新郑灰枣枣核，采用超临界二氧化碳萃取其中的多酚；结果表明，最佳提取工艺条件为萃取时间 2.5 h，萃取压力 35 MPa，萃取温度 50℃，萃取次数 2 次，在此条件下枣核中多酚提取率可达 441.57 mg·100 g^{-1}；研究也表明，枣核多酚提取物对 DPPH 自由基具有较强的清除作用。焦高中等（2014）研究表明，采用超临界 CO_2 萃取的枣核多酚提取物，对蛋白质非酶糖化反应中间产物 Amadori 和终产物 AGEs 的形成均具有较强的抑制作用，并呈明显的量效关系。

许牡丹等（2011）进行了枣核中总皂苷提取工艺的研究；结果表明，将购于西北农贸市场的木枣，取核烘干制粉，总皂苷提取的最佳工艺条件为提取温度 70℃，料液比 1∶15，乙醇体积分数 70 %，提取时间 2 h，此时木枣枣核粉中总皂苷的提取率为 0.91 %。

张仁堂等（2021）对采自山东乐陵百枣园的贡枣、晋枣、骨头枣、北樱枣、秤砣枣、敦煌大枣、滩枣、鸡心枣 8 个品种的枣，去除枣肉，得到枣核，烘干粉碎，将提取的枣核油利用色谱 - 质谱联用技术进行脂肪酸组成与含量进行分析；结果表明，8 种枣核油共检出 24 种脂肪酸，主要为棕榈酸、亚油酸、油酸、硬脂酸、棕榈油酸，其中秤砣枣核油不饱和脂肪酸含量高达 84.55 %，不同品种枣核油中脂肪酸含量和组成不尽相同。刘文韬等（2020）研究指出，将新鲜冬枣除去果皮和果肉，将冬枣核放在 40℃的烘箱内避光干燥 72 h，将干燥冬枣核用打碎机粉碎至粉末状，按照 GB 5009.6—2016，采用索氏抽提法提取冬枣核中的油脂，将提取溶液在 45℃下旋蒸得到冬枣核油，经计算，冬枣核含油量为 6.7 %；对冬枣核油的脂肪酸组成和营养成分进行分析测定表明，冬枣核油含有 11 种脂肪酸，不饱和脂肪酸含量为 74.79 %，其中油酸与亚油酸的含量较均衡，分别为 39.34 % 和 33.74 %；冬枣核油中含有 14 种不皂化物，其中含有在普通植物油中不常见的 γ- 谷甾醇，占总不皂化物的 53.11 %；冬枣核油中共检出 3 种生育酚和 2 种生育三烯酚，其中 γ- 生育酚含量（106.34 mg·kg^{-1}）最高，其次为 α- 生育酚（31.48 mg·kg^{-1}）；冬枣核油中非极性成分抗氧化能力高于极性成分，其清除 DPPH 自由基和 ABTS 自由基的能力分别为 114.95 mg TE·kg^{-1} 和 207.8 mg TE·kg^{-1}（TE 为 Trolox Equiralent 的缩写，表示 Trolox 当量）。

中医认为，枣核烧灰研末具有解毒、敛疮作用，可用于臁疮，牙疳。《普济方》是明初编修的一部大型医学方书，其中描述："枣核治内外臁疮，用北枣核烧灰，干敷之。"清代《不药良方》描述："枣核治走马牙疳，陈年南枣核烧灰研末撒之。"

综上所述，枣核中含有多酚类物质、黄酮类物质、皂苷、脂肪酸等活性成分。古籍中记载枣核有一定的药用价值，研究挖掘其新的功用，以进一步提高大枣的综合利用率。

227 红枣中 5- 羟甲基糠醛的功效及测定方法

5- 羟甲基糠醛（5-HMF）是葡萄糖、果糖等糖类成分与蛋白质或氨基酸在一定温度、湿度和弱酸条件下，发生麦拉德反应，脱水产生的醛类化合物（耿放等，2005）。

5-HMF 具有抗氧化、改善血液流变学、清除人体自由基、补益肝肾等对人体有益的作用（丁霞等，2008）。也有研究报道指出，5-HMF 有一定程度的毒副作用，对眼睛、黏膜、皮肤有刺激性，过量食用会引起中毒，造成动物横纹肌麻痹和内脏损害（Somoza et al.，2005；热孜万古丽·阿不力木等，2016）。5-HMF 作为一种生物活性物质，是药品和食品中存在较为广泛的共性成分，在发挥生物活性作用的同时，也存在安全性隐患，且不良反应的显现与其浓度含量相关（关贵彬等，2018）。因此，欧盟、食品法典委员会及一些国家对食品中的 5-HMF 含量制定了最高限量，如已对蜂蜜、果酱、果汁等中的 5-HMF 含量制定了最高限量（Baltac，2016；Truzzi，2012）。

分析测定结果显示，随着大枣及其制品的果皮色泽、果肉色泽加深，

5-HMF 含量具有显著增高的趋势；在大枣上的这种现象，与牛膝、山茱萸等中药由于色泽加深随之产生的 5-HMF 升高的现象相一致（刘振丽等，2009；于莉等，2015）。

孙欣等（2019）在高温高湿条件下对红枣进行湿热处理，并对红枣和黑变枣颜色、成分及香气进行了比较研究；结果表明，红枣黑变后颜色变为黑褐色，并且 0～12 h 变化明显；含水量先增加后降低；黑变 24 h 后组织状态变软，总酸含量增加，蔗糖降低，果糖、葡萄糖等还原糖增加；多糖、总酚、5-HMF、三萜酸、氨基酸等功能成分增加，但黄酮和 cAMP 减少；与原红枣相比，黑变枣果实的香气成分丰富，产生焦糖气味的 2-乙酰呋喃，糠醛及其衍生物增加明显，说明黑变枣在某些方面有更高的营养价值。蒲云峰（2019）研究指出，骏枣 5-HMF 形成与干燥温度和时间高度相关，在 60℃下热风干燥 48 h 的骏枣，5-HMF 约为 0.22 mg·100 g^{-1} DW。

吴翠等（2016）建立了枣中 5-HMF 的高效液相色谱含量测定方法，具体色谱条件为 ODS 色谱（4.6 mm×150 mm，5 μm），流动相为甲醇-水（10∶90，V/V），检测波长 284 nm，流速 1.0 mL·min^{-1}，柱温 35℃，进样量 10 μL；采用 8 批枣和 5 批枣制品的试验材料，分别来自河北、新疆、山西、山东和北京等地；分析测定结果表明，枣制品中 5-HMF 含量为 3.324～39.71 mg·100 g^{-1}，枣中为 0.052～6.631 mg·100 g^{-1}。可见枣制品中 5-HMF 的含量明显高于枣中的含量，随着枣色泽逐渐加深，5-HMF 的含量显著升高。

综上所述，由于 5-HMF 的形成是在烘、蒸等加热过程中，由糖分与其他成分产生麦拉德反应造成，因此，枣制品中 5-HMF 的含量明显高于枣中的含量。过量食用 5-HMF 对人体健康有害，近年来开展了许多药品和食品中 5-HMF 含量的测定以及加工炮制方法对 5-HMF 含量影响的研究，未来将会制定枣及其制品中 5-HMF 的限量标准。

228 红枣具有明显的抗氧化和清除自由基作用

Wang 等（2012）研究表明，红枣多糖具有很强的抗氧化活性，服用红枣多糖后的小鼠体内乳酸脱氢酶（LDH）、谷草转氨酶（AST）、丙二醛（MDA）和谷丙转氨酶（ALT）含量明显降低。Li et al.（2011）研究指出，金丝小枣多糖的抗氧化活性与其糖醛酸含量密切相关，糖醛酸含量越高的多糖，其抗氧化活性也越强。

王东东（2011）对新疆产红枣抗氧化试验研究表明，红枣的水提取物具有良好的抗氧化活性。王毕妮（2011）在对红枣多酚的种类及抗氧化活性研究中指出，新鲜红枣 3 个部位（枣肉、枣核和枣皮）的甲醇提取液均具一定的抗氧化能力，也有清除 DPPH 自由基和羟基自由基的能力。枣皮中总酚含量和总黄酮含量均较枣肉和枣核高，且具有最强的总抗氧化能力和清除 DPPH 自由基和羟基自由基的能力；各部分酚酸的抗氧化活性均与其总酚含量相关，枣肉和枣皮中糖苷键合态和甲醇不溶性键合态酚酸部分的总酚含量最高，其清除自由基能力也最高，表现出最强的抗氧化活性；红枣经干制后，其酚类化合物组成和抗氧化活性变化很大，干制后红枣中酚酸类化合物含量显著下降，总黄酮含量变化不明显，而原花青素含量显著升高；红枣的抗氧化活性与酚酸类化合物有很大关系，经热风干制和自然干制的红枣抗氧化活性间无显著性差异，但热风干制红枣中酚酸类化合物含量显著低于自然干制的红枣。

霍文兰等（2006）对陕北红枣总黄酮的抗氧化性试验研究表明，对油脂具有较好的抗氧化作用，过氧化值（POV）可达 150；对羟自由基也具有明显的清除作用，当红枣总黄酮浓度为 50 $\mu g \cdot mL^{-1}$ 时，羟基自由基清除率可达 50 %。张志国等（2007）将红枣核以 60 % 乙醇提取后，经 AB-8 大孔吸附树脂吸附分离，研究了红枣核中类黄酮对 DPPH 自由基的清除活性；结果表明，红枣核中类黄酮对 DPPH 自由基有很强的清除作用，IC50 为 6.5 $\mu g/mL$，清除 DPPH 自由基能力随着浓度的增加而增加。

南海娟等（2016）以灵宝大枣和新郑大枣为原料，从对 DPPH 自由基的清除能力、总还原力、对羟基自由基的清除能力和对超氧阴离子的清除能力 4 个方面研究了 2 种大枣的抗氧化活性；结果表明，在试验条件下，2 种枣多糖均具有一定的抗氧化活性，且随浓度的升高而增大；在试验浓度范围内，灵宝大枣多糖对 DPPH 自由基和超氧阴离子自由基的清除率高于新郑大枣，新郑大枣多糖的总还原力和对羟基自由基的清除率高于灵宝大枣。

展锐等（2017）对大枣多糖抗氧化及抗炎活性的研究指出，大枣多糖具有较强的抗氧化活性，对 DPPH 自由基、ABTS 自由基、羟基自由基的半抑制浓度（IC50）分别为 0.9 $mg \cdot mL^{-1}$、2.8 $mg \cdot mL^{-1}$、1.1 $mg \cdot mL^{-1}$；总还原力为 1 时，对应的维生素 C 和大枣多糖浓度分别为 0.08 $mg \cdot mL^{-1}$ 和 2.95 $mg \cdot mL^{-1}$；高剂量的大枣多糖能够显著降低 RAW264.7 细胞中炎

症因子如环氧合酶 -2（COX-2）、肿瘤坏死因子 - α（TNF- α）、白细胞介素 -1 β（IL-1 β）和白细胞介素 -6（IL-6）的含量，表明大枣多糖具有较强的抗炎活性。

由上述资料可知，红枣具有明显的抗氧化和清除自由基作用，其中总酚尤其是酚酸类化合物，对抗氧化活性起很大的作用，大枣多糖也具有较强的抗氧化活性。

229 红枣具有预防及抗肿瘤作用

迄今，科学工作者对人们食用的诸多瓜果蔬菜进行的防癌抗癌作用进行了大量研究，其中番木瓜、苦瓜、红枣、山楂、猕猴桃、大蒜等在防癌方面更受到重视（邢诒善，1995）。

国内外学者研究发现，大枣提取物（比如环磷酸腺苷、皂苷、大枣多糖等）表现出较好抗肿瘤活性（Xu et al.，2014；Periasamy et al.，2015；Hung et al.，2012；Huang et al.，2012）。张仙土等（2012）以荷瘤 BALB/c 裸鼠为试验对象，采用 $0.05\ g \cdot kg^{-1}$、$0.15\ g \cdot kg^{-1}$、$0.25\ g \cdot kg^{-1}$ 的大枣多糖，每日分别给予腹腔注射，以注射生理盐水作对照组；结果指出，大枣多糖浓度越高，抑瘤率越高，大枣多糖对 S-180 瘤细胞具有一定的杀伤作用。朱虎虎等（2012）以新疆哈密大枣提取的不同浓度的浓缩汁对荷瘤小鼠灌胃研究；结果表明，哈密大枣对荷瘤小鼠体内肿瘤细胞的增殖有明显的抑制作用。李晋等（2014）研究了红枣多糖抑制肝癌细胞的作用机制，即通过阻止增殖的肝癌细胞突破限制点进入 S 期，抑制肝癌细胞增殖，通过调节凋亡关键基因表达诱导肝癌细胞的凋亡。刘晓连等（2012）体外研究发现，红枣多糖对多种癌细胞具有杀伤作用，其中对 3 种癌细胞（肝癌、胃癌和鼻咽癌）的抑制效果较好，其 IC50 值分别为 $198\ mg \cdot L^{-1}$、$178\ mg \cdot L^{-1}$、$167\ mg \cdot L^{-1}$。Hung et al.（2012）研究表明，红枣多糖对黑色素瘤和骨髓瘤具有一定的杀伤作用，并且具有浓度依赖性。

五环三萜类化合物大多具有抗肿瘤活性，作用机制主要是抑制肿瘤细胞增殖，在诱导肿瘤细胞凋亡、迁移、阻滞细胞周期、抗血管生成等多种途径中发挥作用（方山舟等，2019；孙常松等，2009；Kommera et al.，2011；Yang et al.，2018）。

Guo et al.（2010）分析测定表明，大枣中含有包括白桦脂酸、齐墩果酸和熊果酸在内的 10 余种三萜类化合物。大枣中所含的三萜类化合物是抗肿瘤的主要成分（Kommera et al.，2011；Hung et al.，2012；Plastina et al.，2012），齐墩果酸、熊果酸及白桦脂酸等可抑制癌细胞的增殖，促进癌细胞凋亡（Yan et al.，2010；He et al.，2007；Vahedi et al.，2008）。临床研究也表明，服用大枣可减轻恶性肿瘤患者因放疗和化疗而引起的不良症状（Kalidoss et al.，2011）。

230 红枣具有镇静催眠作用

甘麦大枣汤是《金匮要略》中治疗脏躁症状的代表方剂。罩文才等（1994）研究表明，甘麦大枣汤能延长戊巴比妥钠诱导小鼠的睡眠时间，增加入睡动物数，明显抑制小鼠的自主活动及苯丙胺诱发的活动。李俊等（2003）研究指出，甘麦大枣汤及加入不同药物后的各种制剂，均能延长戊巴比妥钠诱导小鼠的睡眠时间，其中以加枳实、竹茹疗效最好，与其他中药组比较，均有统计学意义。

黄酮类化合物是大枣的化学成分之一，自从大枣中发现芦丁、当药黄素和棘苷外，Okamura et al.（1981）还分离出了 6,8- 二葡萄糖基 -2（S）- 柑橘素和 6,8- 二葡萄糖基 -2（R）- 柑橘素。Han et al.（1987）分离得到 3 种酰化黄酮苷（Acylatedflavuone-C-glycoside Ⅰ、Ⅱ、Ⅲ）。牛继伟（2008）从大枣水煎液中分离得到 12 个化合物，鉴定出了包括槲皮素在内的 8 个化合物，上述这些黄酮类化合物，可延长戊巴比妥干预睡眠时间起到镇静作用。此外，Han et al.（1987）还从大枣果实中分离得到 1 种吡咯烷型生物碱 Daechualkaloid-A。万德光（2007）在《中药品种品质与药效》中记载，大枣果实含有无刺枣碱 A，生物碱可以延长环己烯巴比妥干预小鼠睡眠时间，起到镇静作用。

231 红枣具有降血脂和降血糖作用

盛文军等（2008）利用红枣总黄酮提取物，对小鼠高血脂形成过程进行干预；选取健康 ICR 小鼠雌雄各 25 只，分为 5 组，每组 10 只，雌雄各半，一组设为空白对照组，饲喂基础饲料，一组为阴性对照组，饲喂高脂饲料，其余 3 组设为剂量组，饲喂高脂饲料，并每日腹腔注射纯化后的红枣黄酮粗品水溶液，3 组剂量分别是 0.125 mL、0.25 mL、0.5 mL，以上各组自由饮水，饲喂 28 天后，禁食 12 h，眼眶采血测定血液学相关指标；结果表明，采用中、高剂量红枣总黄酮，通过有效抑制血清甘油三酯和总胆固醇升高，同时促进高密度脂蛋白水平，从而降低动脉硬化指数。张清安等（2004）采用不同浓度红枣汁对小鼠进行试验，研究其对血脂水平的影响；结果表明，红枣汁组小鼠的血清甘油三酯（TC）、总胆固醇（IA）和动脉硬化指数（ASI），均不同程度低于高脂模型组，而高密度脂蛋白（HDL）极显著高于高脂模型组，揭示红枣汁确实具有显著降血脂作用。张雅利等（2004）进行了上述类似的试验研究，研究了红枣汁对正常小鼠及高脂饲料致高脂血症小鼠血脂水平的影响；结果表明，红枣汁对后者的高脂血症有显著的改善作用，可降低高脂血症小鼠的血清总胆固醇、血清甘油三酯、血清低密度脂蛋白，对于预防动脉粥样硬化有一定作用。

商常等（2007）、曹莽（2008）、杜芳玲等（2008）、罗依扎·瓦哈甫等（2012）研究表明，红枣多糖可降低小鼠血糖水平，维持体内血糖平衡。

232 红枣具有护肝和抗疲劳作用

给小鼠饲喂金丝小枣水提取物，比对照极显著地降低了丙二醛，提高了 SOD 和 GSH-PX 抗氧化酶的活性；提前饲喂金丝小枣水提取物，显著降低了由酒精诱导的 IL-6 和 TNF-a，并降低了肝中核因子（NF-kB p65）和总的一氧化氮合成酶（iNOS）活性；研究结果表明，具有抗氧化活性的金丝小枣水提取物，可以被用来预防和治疗酒精导致的肝损伤和炎症（Liu et al.，2017）。苗明三等（2011）研究了大枣多糖对四氯化碳所致大、小鼠肝损伤模型的保护作用，采用第 1、第 4、第 7 天灌服 0.2 % 四氯化碳花生油液造小鼠肝损伤模型，并在第 1、第 5 天大鼠皮下注射 25 % 四氯化碳花生油液造大鼠肝损伤模型；采集大、小鼠眼眶血，测血清丙氨酸氨基转移酶（ALT）水平，取大鼠、小鼠肝脏作病理切片观察肝脏的病理变化；结果表明，给小鼠灌服 0.2 % 四氯化碳或大鼠皮下注射 25 % 四氯化碳，可成功建立肝损伤模型；大剂量（400 mg·kg^{-1}）、小剂量（200 mg·kg^{-1}）大枣多糖均可显著降低小鼠及大鼠肝损伤模型血清 ALT 水平，显著改善大鼠、小鼠肝脏病理变化。大枣多糖对乙硫氨酸及扑热息痛所致小鼠肝损伤也有保护作用（苗明三等，2010）。

杨生海（2011）研究了大枣渣多糖对四氯化碳肝损伤小鼠转氨酶、肝脏形态学的影响，观察其肝保护作用；方法是采用四氯化碳制备小鼠急性肝损伤模型，同时给予不同剂量的大枣渣多糖干预，测定小鼠血清谷草转氨酶（GOT）和血清谷丙转氨酶（GPT）水平，取肝脏组织做苏木精 - 伊红染色（HE 染色），常规光学显微镜观察；结果表明，大枣渣多糖对四氯化碳肝损伤模型小鼠血清 GOT、GPT 水平有降低作用，能改善肝损小鼠肝脏组织的形态学变化，说明大枣多糖对小鼠急性四氯化碳肝损伤有保护作用。

张钟等（2006）研究也表明，大枣多糖对四氯化碳所致小鼠急性肝损伤具有保护作用，并且具有抗疲劳作用。曹莽（2008）、杜芳玲（2008）、池爱平等（2007）研究表明，红枣多糖具有抗疲劳活性，研究中发现红枣多糖可以减少小鼠血液中乳酸的堆积，提高其肌糖原和肝糖原含量，继而提高小鼠的运动能力。

由上述研究可见，枣多糖或枣渣多糖，对四氯化碳所致大鼠、小鼠肝损伤有保护作用，并具有抗疲劳作用。动物试验表明，红枣水提取物，可以预防和治疗酒精导致的肝损伤和炎症。

233 酸枣营养价值和药用价值很高

酸枣我国古时称棘，有多种地方名称，如角针（山东）、圪针（陕北、晋西北）、硬枣（河南）、山枣树（河南）。酸枣原产中国华北，盛产于太行山一带，中南各地也有分布，常生长于向阳、干燥山坡、丘陵、岗地和平原。

王向红等（2002）研究分析指出，枣和酸枣的各种营养成分差异显著，枣中总糖、还原糖、果糖含量高于酸枣；而酸枣中纤维素、酸度及维生素 C 含量明显高于红枣，果胶、蛋白质、矿物质中钙、磷、铁含量微高于红枣。郭裕新等（2010）在《中国枣》中引用了王淮洲对北京产酸枣半栽培种老虎眼、莲蓬子、算盘珠、甜酸枣的维生素 C 分析数据，含量为 $420 \sim 830 \, \text{mg} \cdot 100 \, \text{g}^{-1}$；河北农业大学曲泽洲等分析野生酸枣维生素 C 含量为 $830 \sim 1\,170 \, \text{mg} \cdot 100 \, \text{g}^{-1}$，比多数栽培种高 1 倍左右。彭彦芳（2008）分析测定了 26 个枣和 1 个酸枣品种的 cAMP 含量，酸枣中 cAMP 含量最低。

郭盛等（2012）用去除果核的干燥酸枣果肉做原料，利用色谱方法进行化学成分分离，根据理化性质和波谱数据鉴定出 14 个化合物，分别为大枣皂苷Ⅰ、大枣皂苷Ⅱ、苹果酸、苹果酸乙酯、水杨酸、豆甾醇 -3-O-β-D-葡萄糖苷、胡萝卜苷、D-葡萄糖、芦丁、二十二烷酸、硬脂酸、棕榈酸、油酸和棕榈油酸。

酸枣除了具有很高营养价值外，也具有药用价值，所以也包含在"既是食品又是药品"的名单中。中医典籍《神农本草经》中记载，酸枣可以"安五脏，轻身延年"。

秋季采收成熟的红软酸枣果实，除去果肉，晒干，碾破枣核，取出种子，即为酸枣仁，生用或炒用。酸枣仁（枣仁）是一味常用中药材，具有养心，安神，敛汗的作用，常用于神经衰弱、失眠、多梦和盗汗的治疗。耿欣等（2016）对酸枣仁的主要化学成分和药理作用的研究进展进行综述，酸枣仁味甘，性平，有宁心安神、敛汗、生津、养肝的功能，其化学成分主要包括皂苷、黄酮、生物碱及脂肪酸等，酸枣仁总皂苷是起镇静催眠作用的主要活性物质，酸枣仁油也有良好的镇静催眠作用，黄酮有较好的抗焦虑和抗抑郁作用。

据统计，我国年产酸枣仁 5 000 多吨，单价 100～260 元·kg^{-1}，主要为药用，也用作直播酸枣嫁接枣品种，年产值 5 亿元左右（李新岗，2015）。

酸枣仁简称枣仁，属于中药中的安神药

234 红枣"补血"作用的物质基础

张雅利等（2005）指出，红枣可治疗贫血，使动物的红细胞、血红蛋白等血液成分均有不同程度的增加；红枣补血作用的物质基础，是多糖、环腺苷酸、维生素、包括铁在内的多种无机盐等多种活性成分综合作用的结果；红枣的补血功用，可能主要是由于红枣中的多糖成分影响造血系统、促进造血的结果；大量药理和临床实验研究表明，多糖类化合物是一种免疫调节剂，能激活免疫细胞，提高机体的免疫功能；红枣中所含的 cAMP 和 cGMP，能使白细胞内 cAMP/cGMP 比值提高，cAMP 能阻止血小板内血栓素 A2 的形成，减少血小板的聚集，具有明显的抗血栓形成作用；红枣能发挥补血作用和其含有丰富的微量、宏量元素是分不开的，尤其是铁含量相对较高。

杨庆等（2017）研究了红枣提取物对缺铁性贫血大鼠的保护作用；结果表明，红枣提取物对缺铁性贫血大鼠血红蛋白浓度（HGB）、红细胞比容（HCT）、红细胞（RBC）及血小板（PLT）等血液学指标均有明显改善作用；红枣提取物可明显升高缺铁性贫血大鼠血清铁含量、铁饱和度及肝脏中铁含量，并且明显降低血清未饱和铁结合力，从现代药理学角度证实了红枣的养血、生血作用；红细胞是氧的载体，它的重要成分是血红蛋白，铁是血红蛋白中必不可少的部分，参与氧的转运、交换和组织呼吸过程，同时铁是一种重要的诱导金属，它所构成的调控体系，除了调节铁自身的平衡代谢，还参与调控血红素与血红蛋白合成中的某些过程，影响血细胞的分化、增生、成熟与功能。

然而，多年来对红枣富含铁及其补血效果的宣传时有失真。现代营养学分析发现，红枣的铁含量并不很高，文献报道的含量范围从每百克含几毫克至几十毫克，但以小于 $10 \text{ mg} \cdot 100 \text{ g}^{-1}$ 的报道为多数。虽然在植物性食物里，红枣算是含铁量较高的食材，但比起其他高含铁食材［比如蕨菜（干）$283.7 \text{ mg} \cdot 100 \text{ g}^{-1}$、黑木耳 $97.4 \text{ mg} \cdot 100 \text{ g}^{-1}$、干紫菜 $54.9 \text{ mg} \cdot 100 \text{ g}^{-1}$、脱水菠菜 $25.9 \text{ mg} \cdot 100 \text{ g}^{-1}$、鸭血 $35.7 \text{ mg} \cdot 100 \text{ g}^{-1}$ 等］，枣的含铁量要低很多，并且植物性铁是非血红素铁（Fe^{3+}），吸收率很低，而且植物食物中的植酸、草酸、磷酸和膳食纤维等会妨碍铁的吸收，所以植物性铁的吸收利用率远不及动物性铁（如红肉、动物内脏、动物血中的铁），从这个角度看，红枣补铁补血的效果也比较有限。

中医认为，红枣味甘性温，具有补中益气、养血安神、健脾益胃等功能，滋补功效比较全面。中医"补血补气"的概念与西医"补铁补血"的概念不同，传统中医认为红枣有补血补气的功效，更看重的是红枣丰富的营养、整体补益的效果。一些经典的中医食疗配方已经证实了红枣确实具有滋养、调补的养生作用，比如红枣加银耳有滋阴补气的作用，红枣加黑木耳有补血养颜的功效等。

对于中医来讲，红枣有"补血"功能，却又不只作补血之用。因此，对于轻度贫血的女性来说，补充红枣有一定的补血作用，但出于治疗目的的话，红枣补铁远远不够，缺铁性贫血通过红枣补血更不现实。

235 红枣常作为中药的药引子

中药与药引配伍，是传统中药方剂临床使用中很重要的组成部分。药引，又称引药，主要起"引药归经、增强疗效"的作用，同时还兼具调和、制约或矫味等功效。《辞海》中解释为："处方中选用某种药物以导诸药达到病所，称之为引经药，俗称'药引子'。"

许多中药方子里都有 3 种常用的药，分别是生姜、红枣和甘草，这是用姜、枣和甘草做药引子，属于中医方剂中的引经药或佐使药。

上述 3 位药引子均为既是食品又是药品的药食同源食物，红枣既具有补气养血、调理脾胃的功效，作为药引子可以调和诸药，缓解药的烈性，并可引导中药走向脾胃经。常用药引子一般都是同药一起煎服，因为在熬药过程中，枣皮会影响枣中药效成分的渗出，不利于药物之间相互作用，一般需要把红枣拨开，同其他药物一起煎煮。如果采用"姜枣引"，常规调配法是生姜 2～3 片，大枣 3～5 枚。

然而在临床使用中，仅将甘草 3 g、生姜 3 片、红枣 3 枚作为药引而被泛泛使用，这种使用方法忽略了这 3 味药的药用价值和配伍意义。王政等（2016）指出，《伤寒论》113 方中，生姜、大枣和甘草这 3 味药应用频次较多，其中生姜使用 37 方次，大枣使用 40 方次，甘草使用 70 方次，3 种药联合使用 30 方次，占原书全方数的近 1/3；并对《伤寒论》中生姜、大枣、甘草的性味配伍、功效配伍、用量配伍进行了总结，阐明了《伤寒论》中生姜、大枣和甘草的配伍应用是诠释经方的体现之一，为后世医家临床应用树立了典范。叶亮等（2009）指出，从中医学历代典籍中搜集899 首含有大枣的方剂，利用关联规则的数据挖掘方法，得到与大枣配伍相关的频繁项集，发现大枣与甘草—生姜、甘草—人参、甘草—当归3 组中药配伍有显著关联性，与仲景方中大枣的配伍情况有明显对应关系，后世大枣方显然在此基础上衍变而成；在仲景方中，大枣常与生姜合用以和营卫；常与人参、甘草相伍以补中养营；常与当归、甘草相伍以养血通脉，治血虚寒凝等证。

红枣、甘草和生姜是中药中常用的药引子

注：红枣（左）；甘草（中）；生姜（右）。

236 目前枣保健食品的功能主要集中在增强免疫力和改善睡眠上

在我国，"功能食品"与"保健食品"同属一个概念。食品安全国家标准《保健食品》（GB 16740—2014）阐述："声称并具有特定保健功能或者以补充维生素、矿物质为目的的食品。即适用于特定人群食用，具有调节机体功能，不以治疗疾病为目的，并且对人体不产生任何急性、亚急性或慢性危害的食品。"可见，保健食品的用途主要用于特定人群调节机体功能；其原料特点是富含活性成分，在规定的用量下无毒副作用；其标签标识可以宣称特定保健功能，不得声称对疾病的预防和治疗功能。

目前市场流通的大枣保健食品（国食健字号和卫食健字号）的配方，多数以复合原材料的形式加工而成。不同的枣保健食品常以1～5种原材料组合，复配的原料常有阿胶、黄芪、人参、西洋参、沙棘籽油、酸枣仁、百合、灵芝、蜂乳、枸杞、薏仁、莲子、乌鸡、桑葚等。

有资料显示，目前我国已经注册批准的保健食品功能分布不均衡，部分功能过于集中，其中增强免疫力功能占32.13%，缓解体力疲劳约占12.66%，辅助降血脂9.36%，抗氧化占5.43%；枣不同保健食品常常包含以下1～2项保健功能：如缓解体力疲劳、辅助降血糖、提高缺氧耐受力、辅助降血脂、改善营养性贫血、改善睡眠和增强免疫力等，但是绝大多数产品的保健功能为增强免疫力和改善睡眠（王蕾等，2018）。

红枣经特殊工艺和配伍加工的制品，在某些方面有一定的保健功能，但是毕竟是保健食品而不是药物，所以不能代替药物进行疾病治疗。任何形式的专家讲座和推销人员的鼓动，说保健食品可以治疗疾病的宣传，都是虚假宣传，不要轻易相信。

为了进一步普及保健食品知识，促进全社会科学认识保健食品，提升广大消费者理性消费意识及自我保护意识，构建社会各方共同参与的科普宣传网络，2019年5月国家市场监管总局办公厅发布了《开展保健食品"五进"专项科普活动的通知》。"五进"是指专项科普活动进社区、进乡村、进网络、进校园、进商超。

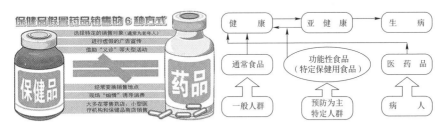

保健食品不是药物，所以不能代替药物进行疾病治疗

注：保健品不等于药品（左）；功能性食品的定位（右）。

237 枣皮坚硬食用时应剔除

枣皮中红色素含量较高，牟建楼等（2012）以枣皮为原料，进行枣皮红色素的提取；结果表明，最适宜氢氧化钠浓度为1.62%，固液比为1∶30，微波功率为450 W，提取时间为4 min，此时提取混合液的吸光度为1.170。

虽然枣皮中总酚含量和总黄酮含量一般较枣肉和枣核高，且具有最强的总抗氧化能力和清除DPPH自由基和羟基自由基的能力（王毕妮，2011）。但是，无论鲜枣还是干制枣，枣皮的质地都比较硬，这是因为枣皮中纤维素含量很高（李进伟等，2006）。因此，枣吃多了容易刺激胃黏膜，引起胃疼或肠胃胀气。所以，食用鲜枣时一定要细嚼慢咽，对消化不良的人，无论是干制枣还是鲜枣，最好蒸熟或煮熟食用。有些枣品种（如圆铃大枣）即便蒸煮熟，枣皮较厚且难以咽下，吃时可将枣皮剔除。

同时食枣时应注意，一次以食用大果型鲜枣（如冬枣）不超过10个，或食用大果型干制枣（如骏枣、赞皇大枣、壶瓶枣等）3～5个、小果型干制枣（如金丝小枣等）8～10个为宜。

238 苦味明显的枣品种及其苦味成分

某些产地的一些枣品种，吃起来略带苦味，特别是干制后苦味更加明显，如新疆哈密大枣、山西稷山板枣、陕西蒲城直社枣和阎良相枣等，这是品种本身的特性，是在长期发育过程中形成的遗传特性，属于品种特色。

魏利清（2011）研究指出，哈密大枣干制枣的苦味、辣味和焦煳味互相呈显著的正相关；其苦辣味的产生受干制条件、糖酸比、可溶性蛋白质、β-葡萄糖苷酶等的综合影响。姜雪等（2016）以新疆主栽品种哈密大枣、骏枣和灰枣为研究对象，采用45℃热泵烘干52 h、自然晒干30天、阴干30天3种干制条件，研究了3个品种枣干制前后苦味的变化；结果表明，3个品种枣干制前苦味评分均较低，干制后苦味较干制前均明显增加；45℃烘干的枣稍有苦味，但苦味分值均明显小于自然干制枣；干制后哈密大枣的苦味最为突出，自然阴干30天枣苦味分值最高；骏枣干制后的苦味小于哈密大枣但大于灰枣，自然晒干30天枣苦味分值高于其他干制工艺；灰枣干制后的苦味评分明显低于其他2个品种枣，45℃烘干52 h时有少许苦味，自然晒干30天稍苦；综合评定3种枣干制后苦味大小依次为哈密大枣＞骏枣＞灰枣；研究还指出，枣果苦味差异与枣果中苦味氨基酸组成有密切关系，3个品种枣在干制后苦味氨基酸总含量较鲜样中均有所增加，苦味评分和红枣中苦味氨基酸总和之间呈显著正相关，相关系数为0.785，哈密大枣中苦味氨基酸含量与骏枣中苦味氨基酸含量无显著性差异，哈密大枣与灰枣、骏枣与灰枣之间均存在显著性差异。张上隆等（2007）指出，天冬酰胺、丝氨酸、精氨酸、赖氨酸和苏氨酸超过一定浓度时，会呈现苦味。

蒲云峰（2019）研究指出，新疆产骏枣中某些内源性植物化学素可能是其重要的苦味物质，如原儿茶酸、绿原酸、对羟基苯甲酸、芦丁、槲皮素及其糖苷化合物、山奈酚-葡萄糖-鼠李糖苷、根皮素-3′,5′-二葡萄糖苷、皂苷类化合物等；分析表明，骏枣和骏优2号的总酚含量分别为11.94 mg GAE·g^{-1} DW和11.84 mg GAE·g^{-1} DW，而灰枣总酚含量为7.96 mg GAE·g^{-1} DW，骏枣总酚含量比灰枣高，干制后苦味比灰枣明显，说明多酚类物质可能是骏枣中的主要苦味物质；研究也指出，干制后在室温下贮藏12个月的骏枣，苦味较贮藏初期明显增加，其中原因之一可能与某些游离多酚含量增加有关，儿茶素由原来的1.86 μg GAE·g^{-1} DW增加到了 78.93 μg GAE·g⁻¹ DW。

蒲云峰（2019）研究发现，饱满骏枣几乎无苦味，而皱缩骏枣苦味非常明显，皱缩枣的可滴定酸、总酚和总黄酮远高于饱满枣的可滴定酸、总酚和总黄酮，而总糖仅有 451.37 mg·g⁻¹ DW，远低于饱满枣（725.99 mg·g⁻¹ DW）；由此可知，皱缩枣总糖含量低，掩盖作用弱，苦味物质含量高，所以表现苦味重。

需要提出的是，如果红枣在贮运过程中发生霉变，也会造成红枣发苦，霉变发苦的红枣当然不可食用。其他非品种原因产生的苦味，都要引起注重，查明是否由其他添加物或贮藏时间太久造成。

239 红枣发酵酒苦味来源及其成分分析

李安平等（2013）以河南中秋酥脆枣、山东冬枣、河北金丝小枣、新疆哈密大枣和河南新郑红枣为试验材料，进行红枣酒酿制，研究枣品种、枣的不同部位、干制条件、酵母添加量等对红枣果酒苦味的影响，并采用气质联用仪器对果酒中的苦味成分进行了分析；结果表明，红枣果皮、果核和果肉 3 个部位中，果皮是影响红枣果酒苦味的主要因素，在可能的条件下去除枣皮发酵，能获得口感更纯正的红枣果酒；以中秋酥脆枣和金丝小枣为原料酿造的果酒苦味显著高于哈密大枣；电热烘干温度超过 80℃、干燥至最终产品含水率为 5％ 左右的原料，显著增加了红枣果酒的苦味；酵母添加量对红枣果酒苦味没有显著性影响。

红枣酒中的苦味物质主要由含量较高的杂醇类物质（如苯乙醇、异戊醇等）引起，含量较少的酮类、酚类和醛类物质等，也会影响红枣果酒的苦味；此外，红枣果酒中所含的多种氨基酸及其盐类，也可能会对红枣果酒的苦味产生影响（杨国军，2003）。

240 干制红枣中一般含有自身形成的苯甲酸

苏敏等（2017）研究采用高效液相色谱法、二极管阵列检测器，建立了定性和定量测定红枣中苯甲酸的检测方法。并对全国 3 个主产区共 122 批干制红枣样品苯甲酸含量进行了检测，天然苯甲酸含量（以干基计）最高值为 154 mg·kg⁻¹，有 75 份样品天然苯甲酸含量 11 ~ 60 mg·kg⁻¹，占 61.5％，并涵盖所有采样品种；有 6 份样品含量≤10 mg·kg⁻¹，占 4.9％，主要为新疆若羌灰枣；有 10 份样品含量＞120 mg·kg⁻¹，占 8.2％，主要为新疆骏枣和赞皇大枣。由此基本得出干制红枣中天然苯甲酸的本底值范围。黄岛平等（2016）研究发现，在43批不同产地不同品种红枣及其制品中，有23批红枣检出苯甲酸，含量9.5～118 mg·kg^{-1}，并经质谱定性确证。

苏敏等（2017）研究也指出，红枣中天然苯甲酸含量受不同品种影响较大，骏枣（产自新疆阿克苏、新疆和田及河北石家庄）和赞皇大枣（产自河北赞皇）2个品种中，天然苯甲酸含量普遍较高且范围较宽，为40～150 mg·kg^{-1}；阜平枣和新疆小圆枣中天然苯甲酸含量普遍较低且范围较窄，为10～40 mg·kg^{-1}；其余枣中的含量为10～90 mg·kg^{-1}；分析结果显示，阿克苏灰枣较若羌灰枣天然苯甲酸含量略高，和田骏枣和阿克苏骏枣则区别不大，说明红枣中天然苯甲酸含量受地域影响不显著；成熟红枣中天然苯甲酸含量比较稳定，随贮藏时间变化不明显。

李媛等（2016）就陕西售卖的8种枣（陕西延川狗头枣、陕西清涧狗头枣、陕西佳县滩枣、陕西大荔冬枣、陕西彬县晋枣，新疆和田玉枣、新疆阿克苏骏枣、新疆若羌灰枣），按照GB/T 23495—2009食品中苯甲酸、山梨酸和糖精钠的高效液相色谱法进行了检测；结果表明，红枣苯甲酸的含量与红枣的成熟度有很大的关系，成熟度越高，红枣中苯甲酸的含量越高；在供试的8类样品中，陕西大荔冬枣、陕西佳县滩枣、陕西彬县晋枣中没有检测出天然苯甲酸，其他5类样品中天然苯甲酸含量范围为24～87 mg·kg^{-1}。陈红（2018）研究指出，鲜枣的干燥温度可明显影响干制枣中的苯甲酸含量，干燥温度越高样品中苯甲酸含量越高。

兰文中等（2015，2016）研究指出，在枣生长前期检不出苯甲酸，随着果实成熟度的增加，枣中明显检测出苯甲酸，并且含量逐步增加。在分析干制枣中苯甲酸含量数据推断指出，枣中苯甲酸的形成是在枣的生长期内次级代谢过程中苯丙氨酸解氨酶催化生成反式肉桂酸，再经CoA依赖型非氧化途径生成苯甲酸的前体物——苯丙酰CoA，最终生成苯甲酸；苯丙酰CoA在枣中含量较高，生成苯甲酸的过程比较缓慢，但温度的升高可明显加快这一过程。

巩志国等（2017）研究总结指出，红枣中含有内源性苯甲酸，随着果实成熟而逐渐增加；而成熟采摘后的红枣中天然苯甲酸的含量随时间变化不明显；调查分析的122批主产区干制红枣中天然苯甲酸的含量（以干基计），普遍小于150 mg·kg^{-1}，结果可为红枣中苯甲酸限量要求的制订提供参考依据。孙屏等（2014）通过对新疆哈密、阿克苏、和田3个地区所产大枣的分析研究确认，红枣中含有天然苯甲酸。

综上所述，红枣中含有天然苯甲酸，产地、品种及干制温度等影响红枣中苯甲酸含量。红枣多数样品天然苯甲酸含量 $10 \sim 60 \ mg \cdot kg^{-1}$，最高值可达 $150 \ mg \cdot kg^{-1}$ 以上。

241 日常食用红枣不存在苯甲酸摄入安全风险问题

苯甲酸，也称安息香酸。未离解的苯甲酸具有抗菌活性。在酸性环境中，苯甲酸对大肠杆菌、单增李斯特菌、曲霉、青霉菌等多种引起食品腐败的微生物有显著的抑制效果，被作为防腐剂广泛用于食品的保藏。根据我国发布实施的国家标准《食品添加剂使用标准》（GB 2760—2014），苯甲酸及其钠盐可作为防腐剂用于果酱、蜜饯凉果、浓缩果汁（浆）、果汁（浆）饮料等，但在新鲜水果和干果上不可使用。

不少研究者（孙屏等，2014；李媛等，2016；苏敏等，2017；巩志国等，2017）研究已经确认，红枣中含有天然苯甲酸。除少数样品未检出外，报道的含量在 $10 \sim 150 \ mg \cdot kg^{-1}$，通常低于 $100 \ mg \cdot kg^{-1}$，极少超过 $150 \ mg \cdot kg^{-1}$，而多数在 $11 \sim 60 \ mg \cdot kg^{-1}$。聂继云等（2015）参照农药残留慢性膳食摄入风险评估方法，进行了红枣中苯甲酸及其膳食暴露评估的研究；结果表明，干制红枣的苯甲酸慢性膳食摄入风险（％ADI）均远小于100％，通常不足50％，甚至低于10％。上述初步评估研究表明，干制红枣虽然含有一定量自身合成的苯甲酸，但其苯甲酸含量水平在安全范围内，不会危及消费者健康，其风险完全可接受。但是研究者同时也指出，对红枣中苯甲酸的慢性膳食摄入风险进行了初步的评估，尚无概率评估和双份饭研究数据，并且样品量较少，评估结果仅供参考。

郑晓冬等（2015）研究建立了一种水溶液直接浸提结合高效液相色谱法检测红枣中苯甲酸的方法。采用剪切-均质-超声相结合的方式提取红枣中的苯甲酸，流动相以甲醇：水（含0.15％乙酸铵）=5：95时，苯甲酸出峰峰型最佳，保留时间合适，分析速度快，灵敏度高，测定下限为 $1.5 \ mg \cdot kg^{-1}$，可满足红枣中苯甲酸的检测需求。

242 富硒食品及富硒枣开发

富硒食品，是指富含微量元素硒的食品。一般分为天然富硒食品（又称植物活性硒食品）和外源富硒食品（也称人工有机硒食品）。一些食品中本身含硒较高，如海产品、猪肉、动物肝脏器官、眼球、大蒜、人参、黑芝麻、食用菌等。动物性食品与植物性食品相比，前者含硒量通常高于后者。刘杰超等（2018）选择了灰枣、骏枣和哈密大枣 3 个品种，在新疆不同生态区域的 7 个样品测定了硒含量，结果均未检测到硒（<0.01 mg·kg^{-1}）。

硒是人体必需的微量元素，在人体内和维生素 E 协同，能够保护细胞膜，防止不饱和脂肪酸氧化，参与合成人体内多种含硒酶和含硒蛋白，是谷胱甘肽过氧化物酶（GSH-Px）的组成成分，其活性关键是硒代半胱氨酸。微量硒具有防癌及保护肝脏的作用。

动物和植物含硒量与地区土壤中含硒含量有重大关系。生长在富硒土壤中的产品含硒量高，生长在贫硒地区的植物产品含硒量就很低。目前市场上主要的富硒食品可以分为 4 类：其一，富硒保健康食品；其二，硒酵母营养强化剂；其三，天然植物活性硒（主要是从富含硒土壤中生长出来的农作物食品），我国富硒地区主要有湖北恩施、广西永福、江苏宜兴、湖南桃源、贵州开阳、江西丰城、陕西紫阳、湖南新田、青海平安、四川万源等；其四，外源富硒食品（施用富硒肥等栽培管理方式，获得富硒食品），常见外源硒富硒食品有富硒大米、富硒鸡蛋、富硒蘑菇、富硒茶叶、富硒麦芽、富硒红枣、富硒水果等。

通过叶面喷施等外源性加硒法，可以明显提高枣果中硒含量（杨若明等，2001；龙再俊等，2018）。王清华等（2019）于沾化冬枣果实膨大期，在其叶面一次性喷施不同含硒量（0、25 mg·L^{-1}、50 mg·L^{-1}、100 mg·L^{-1}、200 mg·L^{-1}）的亚硒酸钠溶液；结果表明，当硒的处理浓度≥50 mg·L^{-1}时，冬枣果实中硒的总含量快速增加；随着喷硒浓度的升高，果实中硒的有机化比率呈先增大后减小的变化趋势，各喷硒处理中，以硒含量≥50 mg·L^{-1}的喷硒处理的有机化程度最高。不同施硒量对冬枣果实品质的作用效果也不尽相同，硒含量为 50 mg·L^{-1} 的喷硒处理，对果实品质的改善效果最佳，此处理的冬枣果实可溶性固形物、可溶性糖、维生素 C、总黄酮的含量和糖酸比均达到了最高值，较对照分别提高了 17.06 %、22.66 %、12.25 %、29.17 % 和 34.34 %；然而，叶面施硒对冬枣果实中可滴定酸和总三萜酸的含量均无显著影响；综合分析认为，在果实膨大期一次性叶面喷施含硒量为 50 mg·L^{-1} 的亚硒酸钠溶液，是生产富硒冬枣的较佳措施。韩昌烨等（2018）选择大田栽培 8 年的灵武长枣植株为试验材料，分别喷施不同浓度的种植用有机硒肥、有机富硒液体肥、硒之源 3 种硒肥，研究喷施不同硒肥对灵武长枣营养生长、果实品质以及果实硒含量的影响；结果表明，叶面喷施种植用有机硒肥可促进灵武长枣营养生长，提高果实品质及硒含量，并且在喷施浓度为 3.6 mL·L^{-1} 处理效果最佳；喷施有机富硒液体肥可提高果实有机酸及硒含量，但果实维生素 C 含量略有降低；喷施硒之源对灵武长枣营养生长及果实品质的影响不显著，但能显著提高果实硒含量；喷施浓度为 3.6 mL·L^{-1} 种植用有机硒肥能显著促进灵武长枣的生长，提高果实硒含量。

硒作为人体必需的微量元素，硒缺乏会出现不同的生理和病理反应，但是过度摄入硒也会产生硒中毒。中华人民共和国国家标准《食品中硒限量卫生标准》（GB 13105—1991）规定的食品中硒限量卫生指标，水果中（以 Se 计）≤0.05 mg·kg^{-1}。食品安全国家标准《食品中硒的测定》（GB 5009.93—2010）规定，食品中硒的 2 种测定方法分别是氢化物原子荧光光谱法和荧光法。

243 糖尿病患者吃枣应谨慎把握

对于糖尿病人来说，在膳食方面重要的是在控制总能量摄入的前提下，做到食物多样，均衡营养。因此，糖尿病人不可偏激，对于每种自然的食物，不可吃得过多，也不要一点都不吃。

鲜枣的水分含量高，含有丰富的维生素 C，但是糖分含量也较高，如果糖尿病患者平常血糖控制的比较平稳，可以将鲜枣作为一种鲜果品尝一两个，既能满足口腹之欲，血糖也不会明显升高，但是切忌多食。而干枣水分低、含糖量高，虽然对人体有诸多的优点，但糖尿病人摄入一般会使血糖升高，所以应根据个人血糖高低情况谨慎把握，最好不要食用。总之，每天总能量的控制是非常必要的。

244 不适宜食用红枣者和不适宜食用时期

高文彦（2015）在《大国医全书》中对宜食用枣者和忌枣者进行了阐述，主要内容如下。

（1）宜食用枣者。胃虚食少，脾虚便溏，气血不足，营养不良，心慌失眠，神经衰弱，妇女癥症，贫血头晕，白细胞减少，血小板减少者；慢性肝病、肝硬化患者；心血管疾病患者；过敏性疾病患者（包括过敏性紫癜、支气管哮喘、荨麻疹、过敏性鼻炎、过敏性湿疹、过敏性血管炎等），可以调整免疫功能紊乱；各种癌症患者，尤其是肿瘤患者放疗、化疗而致骨髓抑制的不良反应者。

（2）不宜食用枣者。痰浊偏盛、腹部胀满者，这样的人常表现为舌苔厚腻、口甜或口中发腻、食欲不振，平时常感觉胃部胀满，严重者会伴有头晕、恶心、呕吐、眼睑及面部浮肿等症状，这是因为大枣的滋腻之性容易助湿，使得痰湿停留在体内难以清除，进而加重上述不适；肥胖病者；急性肝炎湿热内盛者；小儿疳积和寄生虫患儿；齿病疼痛者。

此外，爱上火的人不宜多食枣，因为这类人体质偏热，经常出现便秘、口臭、咽喉牙龈肿痛等上火症状，而大枣性味甘温，偏于温补，若大量食用，犹如火上浇油；感冒初期患者也不宜食枣，因为入侵人体的风寒或风热之邪正盛，若此时食用大枣，其黏腻的性质常常会导致邪气滞留，造成"闭门留寇"的后果，使得体内的病邪难以驱除，不利于恢复；糖尿病患者切忌多食。

由上所述，食用红枣有讲究，必须做到科学食用红枣。一般而言，对于适宜食用红枣的人群，每日食用量应当控制在 50 g 以内。金丝小枣等小枣类型的干制枣，平均单果重 2～3 g，灰枣等中等果型的干制枣，平均果重 7～8 g，新疆和田骏枣平均果重 15 g 左右，食用枣时可以此作为食用量计算参考。

245 红枣食品营养标签上的能量值是如何得出的

正如电动机要耗电，汽车要耗燃油一样，人体的日常活动也要消耗热量。热量除了给人在从事运动、日常工作和生活所需要的能量外，也提供人体生命活动所需要的能量。而减肥人士可以通过运动来消耗脂肪，可以达到加速消耗卡路里以达到瘦身的效果。

根据《预包装食品营养标签通则》（GB 28050—2011）规定，能量、蛋白质、脂肪、碳水化合物和钠是营养成分表（也称食品营养标签）必须标识的 5 项内容。

计算营养素含量和能量值有 3 种方法：直接测量法、测量成分计算法和根据配方计算法。在食品生产中，对于蛋白质、脂肪和碳水化合物，可以通过抽样测定取平均值，而能量大多数情况是根据营养成分的测定平均值加以换算。能量以国际单位焦耳或千焦耳表示（可简写为 J 或 kJ）。有些资料上则以千卡（kcal）表示，也有称大卡或卡路里的。例如某公司生产的阿胶味枣片营养成分表标注每 100 g 产品：含能量（热量）1 487 kJ，蛋白质 3.2 g，脂肪 5.3 g，碳水化合物 72.5 g，钠 119 mg。所含能量（热量）1 487 kJ，是通过测出的营养成分平均含量换算得到的。

246 红枣及其制品上的营养素参考值（NRV）是什么意思

营养素参考值（Nutrient Reference Values，NRV）是 "中国食品标签营养素参考值" 的简称，是专用于食品标签比较食品营养成分含量多少的参考标准，是消费者选择食品时的一种营养参照尺度。NRV 主要依据我国居民膳食营养素每日推荐摄入量（RNI）和适宜摄入量（AI）而制定。

《预包装食品营养标签通则》（GB 28050—2011）规定，能量的 NRV 8 400 kJ，蛋白质的 NRV 60 g，脂肪的 NRV≤60 g，碳水化合物的 NRV 300 g，钠的 NRV 2 000 mg。国家标准对预包装食品成分标注要求为实际值不超过标注值的 120 %。

红枣及其制品碳水化合物含量一般较高，因此每百克产品含能量通常也较高。下图是生产商生产的真空冷冻干燥枣片和梨片，冻干枣片营养成分表标注为每 100 g 含能量 1 563 kJ，蛋白质 5.8 g，脂肪 0 g，碳水化合物 86.1 g，钠 35 mg，营养素参考值（NRV）分别为 19 %、10 %、0、29 % 和 2 %。冻干梨片营养成分表标注为每 100 g 含能量 540 kJ，蛋白质 1 g，脂肪 4.2 g，碳水化合物 21.6 g，钠 44 mg，营养素参考值（NRV）分别为 6 %、2 %、7 %、7 % 和 2 %。

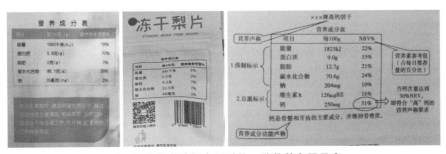

NRV 是消费者选择食品时的一种营养参照尺度

注：某企业冻干枣片和冻干梨片营养成分表（左、中）；营养成分表含义解析（右）。

247 蒸制或湿热处理枣可使某些活性成分增加

张娜等（2016）研究报道，骏枣鲜枣经过常压和高压蒸制后，其总酚、总黄酮、原花青素含量均下降，但总三萜含量是先上升再下降；常压蒸制和高压蒸制分别为 10 min 和 20 min 时，总三萜含量最高；干制骏枣经常压蒸制后，其总酚、总黄酮、原花青素含量均有所增加，且在蒸制时间 30 min 内，随蒸制时间的延长呈上升趋势，但总三萜含量是先上升后下降，蒸制 10 min 时含量最高；干制枣经高压蒸制后，其主要活性成分含量均呈上升趋势，在蒸制 20～30 min，高压蒸制的总黄酮含量、总三萜含量、原花青素含量，均较常压蒸制的高。干枣和鲜枣在蒸制一定适宜时间后，总三萜含量均显著增加（郭盛等，2012）。

张娜等（2017）以新疆主栽红枣品种骏枣为原料，分别对全红鲜骏枣和干制骏枣进行普通蒸锅蒸制处理，分别采用普通蒸锅蒸制 10 min、20 min 和 30 min，测定蒸制不同时间后红枣中 cAMP、cGMP、总黄酮、总酚、原花青素和总三萜的含量，研究蒸制对红枣中主要活性成分含量的影响；结果表明，鲜枣经蒸制后，其总酚、总黄酮和原花青素含量均显著下降；cAMP、cGMP 和总三萜含量随蒸制时间延长先增加再下降，蒸制 10 min 和蒸制 20 min，cAMP、cGMP 和总三萜含量均有显著增加；蒸制 10 min，总三萜含量最高，由蒸制前的 29.912 mg·g^{-1} 增加到 41.190 mg·g^{-1}；蒸制 20 min，cAMP 和 cGMP 含量均最高，cAMP 含量高达 542.118 μg·g^{-1}，是蒸制前的 2.63 倍，cGMP 含量高达 294.615 μg·g^{-1}，是蒸制前的 2.02 倍；干制枣经蒸制一定时间后，其 cAMP、总酚、原花素和总三萜含量均有显著增加，蒸制 10 min，总酚和总三萜含量最高；蒸制 20 min，cAMP 含量最高，由蒸制前的 155.730 μg·g^{-1} 增加到 299.961 μg·g^{-1}，但 cGMP 和总黄酮含量经蒸制后无显著变化。刘世军等（2018）采用"三蒸三制"法炮制红枣，对照枣 cAMP 含量为 2.26 mg·100 g^{-1}，而经过"三蒸三制"法炮制红枣，cAMP 含量为 11.48 mg·100 g^{-1}。

"三蒸三制"是指取洁净大枣适量，至锅内隔水蒸制 0.5 h，取出放凉，重复 3 次，取出，干燥即可。

孙欣等（2019）选取外形完好、无虫伤的大枣，清洗后按料：水 =1：5，室温复水 1 h（复水后枣含水量为 21 % 左右），取出沥水 10 min，表面用厨房用纸擦干，透明包装袋中密封包装，放入恒温恒湿培养箱中，设定温度 80℃，湿度为 80%，热处理时间为 96 h；结果表明，湿热处理可使红枣颜色加深变为黑褐色，并且 0～12 h 变化明显，24 h 后组织状态变软，总酸含量增加，蔗糖降低，果糖、葡萄糖等还原糖增加，多糖、总酚、五羟甲基糠醛（5-HMF）、三萜酸、氨基酸等功能成分增加，但黄酮和 cAMP 减少。

综上所述，红枣经过适宜时间的蒸制处理或湿热处理，其某些活性成分含量有明显增加。因此，对红枣原料可进行一定时间的蒸制处理，以提高红枣产品的某些活性成分含量；干制枣可直接进行蒸制加工，蒸制后不仅提高了枣中某些活性成分含量，其风味也更加香甜，口感更好，蒸制软化的枣皮容易分离去除。

红枣蒸制后口感和一些成分会发生有益变化

248 甘麦大枣汤及其现代临床配伍应用

甘麦大枣汤出自汉代名医张仲景原著、经后人整理编纂的《金匮要略方论》"妇人杂病脉证并治"篇，是古今中医普遍习用的经方名方。书中曰："妇人脏躁，喜悲伤，欲哭，象如神灵所作，数欠伸，甘麦大枣汤主之。"

甘麦大枣汤方："甘草三两，小麦一升，大枣十枚。以水六升，煮取三升，温分三服。亦补脾气。"此方中的计量单位是汉时的计量单位。

王欣（2004）研究阐述，现代对《伤寒论》度量的认识以柯雪帆氏为代表，他根据古代货币文物嘉量间接核算和古衡器和量器直接核算，得出的结论为东汉时的一斤约合现在的 250 g，一两约合现在的 15.6 g。并指出《伤寒论》的精髓关键在于药物比例，而非个别用量。

至于甘麦大枣汤原方中是小麦还是浮小麦，说法不一。李春晓等（2012）指出小麦和浮小麦是 2 种具有不同性味、归经和功效的中药，小麦以养心补脾为长，更符合甘麦大枣汤所治脏躁之症的病机，选择小麦比浮小麦更为适合。

脏躁者，乃脏阴不足，有干燥躁动之象，多由心虚肝郁所致，表现为神志失常的各种症状，甘麦大枣汤正是主治方剂。该方遵循《灵枢·五味》中"心病者，宜食麦"、《素问·脏气法时论》中"肝苦急，急食甘以缓之"的原则制方，以浮小麦为君药，取其甘平之性，补心养肝，安神除烦；甘草为臣药，补养心气，和中缓急；大枣益气和中，润燥缓急，为佐药。该方药味虽简，疗效显著。清代综合性医书《顾松园医镜》中描述："此方以甘润之剂，调补脾胃为主，以脾胃为生化气血之源也。血充则燥止，而病自除矣。"临床上历经 2 000 余年，治疗脏躁依然以此为主方。

关于甘麦大枣汤的方证，已故经方名家金寿山教授认为其方证主要是"紧张"二字，包括精神情绪紧张和肌肉紧张拘挛 2 个方面（赵桂芳等，2015）。何汝湛（2013）在所著的《金匮要略探究》中指出，甘麦大枣汤的方证主要是精神症状，如悲伤欲哭、频频欠伸、神疲乏力等。日本汉方学家矢数道明（1983）在《临床应用汉方处方解说》中认为，本方方证为容易疲乏，呵欠频作，两侧腹直肌挛急，右侧腹肌尤甚，脑神经系统急迫。赵桂芳等（2015）认为，本方方证重点在于原文所述之症"喜悲伤欲哭"，甚则"闻木声而惊，心惕惕如人将捕之"，凡临床遇到此等症状，运用本方多效如桴鼓。李薇薇等（2017）在中医辨证论治思想指导下，于临床上用本方，将 2 首或 2 首以上方药或经方相合为用，用于治疗频发性室性早搏、低血压病、窦性心动过缓、抑郁症、围绝经期综合征、小儿夜啼等证，疗效显著。

李玲（2016）报道了用甘麦大枣汤治疗神经症 50 例，治疗实践表明，神经症（又称为神经官能症）的发生，通常和不良社会因素密切相关，发病基础为不健康的素质以及人格特性，患者主要症状表现为植物神经功能紊乱，心脏、胃肠神经功能紊乱，经过详细检查未发现能够解释的躯体疾病，在发病和病情变化中精神因素的影响非常大；因为本病属于心因性疾病，治疗应该以精神治疗为主，辅助药物治疗的方法对症治疗；甘麦大枣汤为滋养安神剂，具有养心安神、和中缓解之功效，常用于脏躁、睡眠不安、言行失常、精神恍惚等病症，治疗效果显著。

甘麦大枣汤药物既是食品，亦为药品，取材容易，经济实惠，服用方便，值得进一步深化对该方及其应用配伍的认知，不断总结古今医家的应用规律，扩大其在临床上的应用范围。李叶（2015）在《老偏方——老祖宗留下来的灵丹妙药》中对红枣的本草养生秘方列举了红枣小麦饮，组成为红枣10枚，浮小麦30 g，甘草9 g，洗净，水煎服。适合于女性心悸失眠、面色萎黄、神疲乏力的辅助治疗。

249 《奇效良方》中的健脾暖胃容颜不老方

"一斤生姜半斤枣，二两白盐三两草，丁香、沉香各半两，四两茴香一处捣，煎也好，泡也好，修合此药胜如宝，每日清晨饮一杯，一世容颜长不老。"

释译：该方出自明朝太医董宿编撰的《奇效良方》一书，又称容颜不老方。药物组成：生姜一斤，大枣半斤，白盐二两，甘草三两，丁香、沉香各半两，茴香四两；研为细末混匀备用；使用方法：每日清晨取药末10～15 g，以水煎服或沸水泡服。方中特别说明是每日清晨服用。

网上也有将该方剂总结成生姜500 g，大枣250 g，茴香120 g，甘草90 g，食盐60 g，丁香、沉香各15 g。共研为细末混匀。每日清晨取药末10～15 g，以水煎服，或用沸水冲泡饮用。如果沉香太贵，可用降香替代。

方药解说：要容颜不老，首先需使人身的营卫调和，营卫调和，才有充沛的气血不断的灌注营养，充沛的气血不断的灌注营养，才能延缓衰老，常葆青春。

方中生姜性微温而味辛，功能健脾胃，散风寒。《神农本草经》中说："久服去臭气，通神明"，因而古人有"不撤姜食"之语；大枣性平味甘，功能补脾胃，益气血。《名医别录》上说："补中益气，坚志强力，除烦闷，疗心下悬，除肠澼"；生姜和大枣配合，最能生发脾胃之气，是调和营卫的上乘药品，作为方中主药；茴香，性温味辛，入胃、肾、膀胱经，具有开胃进食、理气散寒等功效；甘草，性温味甘，专补脾胃而调营卫，补脾益气、清热解毒、调和诸药；沉香，芳香理气，温暖脾肾，与生姜大枣配合，健脾开胃增进饮食；丁香，性温味辛，入胃、脾、肾经，与沉香共具温中暖肾的功效；食盐，味咸，能入肾滋阴降火，增进食欲，在此主要作为引经药使用。

以上诸药合在一起使用，能使脾健胃运，饮食中的精华可以得到充分消化吸收，日常生活中消耗的气血可以得到大量补充，这样营卫就不会匮乏，容貌当然也不易衰老。

虽然上述方剂所用的药物药性较平和，不难服用，但温药（茴香、丁香、生姜）量较大时，容易上火。因而，本药方适宜中老年人肾脾阳虚、形寒喜暖、腰膝酸痛、精力衰减、食少便溏者服用；凡有内热者皆当禁服。长期服用者，应请中医师诊查后根据个人情况酌情用量。

250 含枣的古方在治疗牲畜病上的应用

张伟（1999）报道了利用古方葶苈大枣泻肺汤加减治疗牲畜病数例。指出葶苈大枣泻肺汤是汉代名医张仲景《金匮要略》中用来治疗肺痈的良方，被移用到兽医临床中，通过适当的加味，治愈几种畜病，疗效颇佳。

（1）治疗马肺水肿。葶苈子 50 g，大枣 60 g，每日 1 剂，水煎灌服。用此方治疗马肺水肿 3 例，均服药 3 剂而痊愈。

（2）治疗马充血性心力衰竭。葶苈子 80 g，大枣、枳实各 60 g，每日 1 剂，水煎灌服。剂量须用足，否则效果不甚理想。用此方治疗马充血性心力衰竭 2 例，3 剂后症状减轻，6 剂后基本痊愈。

（3）治疗马渗出性胸膜炎。葶苈子 50 g，大枣 50 g，每日 1 剂，水煎灌服。胸腔积液较多、呼吸困难时，加甘遂末 30 g；若胸腔积液减少或消失后减量或停用。用此方治疗马渗出性胸膜炎 3 例，服药 3 剂后，渗出物明显减少，服药 5 剂后，胸腔渗出物完全消失。

【参考文献】

毕平，来发茂，1995. 枣果实的含糖量变化 ［J］. 果树科学（3）：173-175.

曹犇，2008. 木枣多糖抗小鼠运动疲劳的实验研究 ［J］. 食品科学，29（9）：571-574.

陈贻金，1991. 中国枣树学概论 ［M］. 北京：中国科学技术出版社.

陈吉宝，赵丽英，景蕊莲，等，2010. 植物脯氨酸合成酶基因工程研究进展 ［J］. 生物技术通报（2）：8-10，23.

陈红，2018. 鲜枣加热干制过程中苯甲酸、山梨酸、糖精钠、安赛蜜的变化研究 ［J］. 现代农业科技（6）：228-229.

陈杰，杨玉杉，胡月婷，等，2010. 油菜蜜和枣花蜜中脯氨酸含量的测定

［J］.中国蜂业，61（10）：11-13.

陈宗礼，张向前，刘世鹏，等，2015.枣多糖提取工艺优化及陕北二十五个品种枣多糖含量分析［J］.北方园艺（17）：110-114.

池爱平，陈锦屏，熊正英，2007.木枣多糖抗疲劳组分对力竭游泳小鼠糖代谢的影响［J］.中国运动医学杂志，26（4）：411-415.

初乐，刘雪梅，赵岩，等，2014.红枣多糖在加工过程中的变化研究［J］.中国果菜，34（12）：17-20.

崔雪琴，2017.红枣和枣叶中化学成分分析及生物活性研究［D］.西安：西北大学.

杜芳玲，刘彩莲，2008.大枣粗多糖对运动小鼠血液某些生化指标的影响［J］.吉林体育学院学报，24（6）：54-55.

丁胜华，王蓉蓉，张菊华，等，2017.金丝小枣在生长与成熟过程中活性成分及抗氧化活性变化规律研究［J］.食品工业科技，38（3）：74-79.

丁胜华，王蓉蓉，李高阳，等，2016.金丝小枣在生长成熟过程中理化特性的变化规律［J］.现代食品科技，32（9）：47-55.

董宿，2005.奇效良方［M］.方贤，续补.田代华，张晓杰，阿永，点校.天津：天津科学技术出版社.

范会平，王娜，王栋梁，等，2016.枣粉、枣渣中大枣粗多糖含量的比较［J］.江西农业学报，28（5）：70-74.

范艳丽，张博，李梓溢，等，2017.红枣核总黄酮的提取工艺及抗氧化活性研究［J］.食品研究与开发，28（3）：95-100.

方山舟，向润清，范译丹，等，2019.五环三萜类化合物抗肿瘤活性的研究进展［J］.云南中医中药杂志，40（4）：83-87.

甘霖，谢永红，吴正琴，等，2002.嘉平大枣果实发育过程中维生素C的变化及其相关性研究［J］.果树学报（4）：240-242.

高梅秀，田小卫，刘涛，2008.不同品种鲜枣自然干燥试验的研究［J］.天津农学院学报（1）：8-9.

高其品，姜瑞芝，1993.抗补体活性多糖［J］.天然产物研究与开发（1）：73-80.

高文彦，2015.大国医全书［M］.北京：中医古籍出版社.

高娅，杨洁，杨迎春，等，2012.不同品种红枣中三萜酸及环核苷酸的测定［J］.中成药，34（10）：1961-1965.

郜文，丁兆毅，徐菲，等，2011. HPLC 法测定大枣环磷酸腺苷（c-AMP）的含量［J］. 首都医科大学学报，32（3）：375-378.

耿欣，李廷利，2016. 酸枣仁主要化学成分及药理作用研究进展［J］. 中医药学报，44（5）：84-86.

耿武松，王雨朦，史学礼，2011. 不同来源大枣中有效成分芦丁含量的比较研究［J］. 现代中药研究与实践，25（6）：69-71.

耿放，王喜军，2005. 5- 羟甲基 -2- 糠醛（5-HMF）在中药复方中的研究现状及相关药效探讨［J］. 中药基础研究，7（6）：52-56.

巩志国，苏敏，宋姣，等，2017. 红枣中天然苯甲酸的溯源分析及本底调查［J］. 食品科技，42（9）：290-293.

关俊玲，李明润，高向耘，等，2002. 不同产地大枣化学成分的含量分析［J］. 天津药学，14（3）：82-83.

关贵彬，张瑜，刘迪，等，2018. 中药与食品中共性成分 5- 羟甲基 -2- 糠醛的生物活性及其安全性研究进展［J］. 中国药师，21（8）：1456-1459.

郭裕新，单公华，2010. 中国枣［M］. 北京：中国林业出版社.

郭盛，段金廒，钱大玮，等，2012. 大枣加工过程中化学成分变化及不同加工规格大枣药用品质比较研究［C］// 中国自然资源学会天然药物资源专业委员会 . 2012 海峡两岸暨 CSNR 全国第 10 届中药及天然药物资源学术研讨会议论文集 .［出版地不详］：［出版者不详］.

郭盛，段金廒，严辉，等，2016. 采用微波消解 -ICP-AES 法分析不同产地大枣中无机元素的组成及其含量［J］. 食品工业科技，37（1）：302-308，314.

郭盛，唐于平，段金廒，等，2009. 大枣的化学成分［J］. 中国天然药物，7（2）：115-118.

郭盛，段金廒，钱大玮，等，2013. 枣属植物化学成分研究进展［J］. 国际药学研究杂志，40（6）：702-710.

郭盛，段金廒，赵金龙，等，2012. 酸枣果肉资源化学成分研究［J］. 中草药，43（10）：1905-1909.

何峰，潘勤，闵知大，2005. 枣属植物化学成分研究进展［J］. 国外医药（植物药分册）（1）：1-5.

何汝湛，等，2013. 金匮要略探究［M］. 北京：科学出版社.

何业华，胡芳名，谢碧霞，等，1997. 枣树果核变化规律的研究［J］. 经济林研究，15（3）：1-5.

韩昌烨，赵丽，曹兵，等，2018.喷施硒肥对灵武长枣营养生长和果实品质的影响［J］.西北林学院学报，33（6）：106-112，117.

韩利文，刘可春，党立，等，2008.大雪枣与金丝小枣中环磷酸腺苷的含量比较［J］.中华中医药学刊（5）：1021-1022.

韩志萍，2006.陕北红枣中总黄酮的提取及含量比较［J］.食品科学（12）：560-562.

韩沫，郝会芳，2012.枣果多酚物质体外抗氧化作用研究［J］.安徽农业科学，40（30）：14964-14966，14975.

郝会芳，王艳辉，苗笑阳，等，2007.枣核中多酚物质提取条件的初步研究［J］.华北农学报（S2）：48-52.

郝凤霞，杨敏丽，杨彦忠，2011.宁夏红枣中总黄酮含量的比较［J］.湖北农业科学，50（6）：1272-1274.

郝婕，王艳辉，董全皋，2008.金丝小枣多酚提取物的生理功效研究［J］.中国食品学报，8（5）：22-27.

郝婕，韩沫，王艳辉，等，2014.金丝小枣中多酚类物质的体外抗氧化活性研究［J］.中国食品学报，14（1）：33-38.

侯倩，2012.干制与贮藏方法对枣果品质的影响［D］.保定：河北农业大学.

霍文兰，刘步明，曹艳萍，2006.陕北红枣总黄酮提取及其抗氧化性研究［J］.食品科技（10）：45-47.

黄岛平，江思华，林葵，等，2016.HPLC法同时测定红枣及其制品中3种防腐剂［J］.食品研究与开发，37（12）：129-134.

金英姿，2004.膳食纤维的功能及其在食品中的应用研究［J］.新疆石油教育学院学报（2）：16-17.

贾雪峰，杨永军，贺玉凤，等，2011.阿克苏红枣营养成分分析及评价［J］.现代食品科技，27（7）：847-849.

贾波，李冀，2014.方剂学：第九版［M］.北京：中国中医药出版社.

姜雪，李焕荣，王威，等，2016.新疆红枣中氨基酸与枣苦味相关性分析［J］.食品科技，41（7）：87-91.

蒋劢博，王强，李建贵，等，2014.响应面法优化红枣中环磷酸腺苷（cAMP）超声提取工艺［J］.中国食品学报，14（1）：114-120.

焦高中，张春岭，刘杰超，等，2014.枣核多酚提取物对体外蛋白质非酶糖化的抑制作用［J］.中国食品添加剂（6）：71-76.

焦蓉，刘好宝，刘贯山，等，2011. 论脯氨酸累积与植物抗渗透胁迫 [J]. 中国农学通报，27（7）：216-221.

康迎伟，2009. 保德油枣及其栽培管理技术 [J]. 农业技术与装备（6）：36-37.

兰文忠，张彦昊，黄艳红，2015. 山东省庆云县红枣中苯甲酸含量的研究 [J]. 山东食品发酵（4）：6-8.

兰文忠，张彦昊，黄艳红，等，2016. 枣中苯甲酸形成机理的初步研究 [J]. 中国果菜，36（4）：10-12.

李春晓，曹珊，张业，等，2012. 议甘麦大枣汤中"小麦"的选择 [J]. 中医学报，27（8）：993-994.

刘世军，王林，唐志书，等，2018. 不同炮制方法对大枣中环磷酸腺苷含量的影响 [J]. 吉林中医药，38（6）：703-705.

刘世军，吴三同，唐志书，等，2017. HPLC 法测定大枣中齐墩果酸、白桦脂酸含量 [J]. 西部中医药，30（2）：23-24.

刘杰超，刘慧，吕真真，等，2018. 不同新疆红枣营养成分比较分析 [J]. 中国食物与营养，24（4）：31-35.

刘杰超，张春岭，刘慧，等，2013. 超临界 CO_2 萃取枣核多酚工艺优化及其生物活性 [J]. 食品科学，34（22）：64-69.

刘晓芳，刘养清，韩雪，等，2011. 不同产地大枣中多糖的含量测定 [J]. 中国现代中药，13（8）：28-30.

刘孟军，王永蕙，1991. 枣和酸枣等 14 种园艺植物 cAMP 含量的研究 [J]. 河北农业大学学报（4）：20-23.

刘孟军，诚静容，1994. 枣和酸枣的分类学研究 [J]. 河北农业大学学报（4）：1-10.

李高燕，孙昭倩，郭庆梅，等，2017. 4 种大枣的营养成分分析 [J]. 山东科学，30（3）：33-39.

李环，2017. 用优化高压液相色谱法测定大枣中芦丁含量 [J]. 当代医药论丛，15（3）：1-2.

李晋，徐尚福，殷国海，2014. 红枣多糖对人肝癌 HepG2 细胞的抑制作用 [J]. 贵州医药，38（6）：506-508.

李进伟，丁霄霖，2006. 超声波提取金丝小枣多糖的工艺研究 [J]. 林产化学与工业（3）：73-76.

李进伟，丁霄霖，2006. 金丝小枣多糖的生物活性 [J]. 食品与生物技术学报

（5）：103-106.

李安平，丁彦鹏，陈建华，等，2013.红枣果酒苦味来源及成分分析［J］.中国食品学报，13（7）：236-241.

李玲，2016.甘麦大枣汤治疗神经症50例［J］.大家健康（学术版），10（5）：117-118.

李俊，袁灿兴，林秀凤，等，2003.甘麦大枣汤及其不同加味对小鼠镇静催眠作用的比较［J］.上海中医药杂志（8）：6-8.

李薇薇，夏征，姬卫国，等，2017.《金匮要略》甘麦大枣汤现代临床配伍应用［J］.河南中医，37（6）：943-945.

李蕊蕊，周新萍，魏亮，等，2018.不同品种枣核中黄酮及多酚含量的差异性分析［J］.塔里木大学学报，30（1）：1-7.

李新岗，2015.中国枣产业［M］.北京：中国林业出版社.

李媛，李晓，刘娟娟，等，2016.红枣中苯甲酸含量的分析研究［J］.农产品加工（5）：43-45.

李淑子，张本，1983.大枣的化学和药理研究概况［J］.中草药，14（10）：39-43.

李叶，2015.老偏方——老祖宗留下来的灵丹妙药［M］.北京：北京联合出版公司.

刘晓连，李亚蕾，罗瑞明，等，2012.长枣多糖中抗肿瘤多糖的筛选研究［J］.安徽农业科学，40（29）：14461-14463，14472.

刘振丽，宋志前，王淳，等，2009.泛糖程度不同的牛膝中5-羟甲基糠醛含量测定［J］.中国中药杂志，34（3）：298-300.

刘嘉芬，高丽，单公华，等，2007.鲜枣、蜜枣和干枣中的还原性维生素C含量［J］.落叶果树（2）：9-10.

林勤保，高大维，于淑娟，等，1998.大枣多糖的单糖组成的高效液相色谱法研究［J］.郑州粮食学院学报（3）：59-62，84.

龙再俊，阿斯艳木·达吾提，袁新琳，等，2018.叶面喷施硒产品生产富硒红枣试验［J］.农村科技（8）：14-15.

罗依扎·瓦哈甫，骆新，谢飞，等，2012.红枣多糖对小鼠血糖及血清胰岛素水平影响的初步研究［J］.食品工业科技，33（22）：369-371.

苗利军，2006.枣果中三萜酸等功能性成分分析［D］.保定：河北农业大学.

马志科，昝林森，王倩，等，1997.乳中环腺苷酸提取方法研究［J］.西北农业大学学报，25（5）：29-31.

苗明三，苗艳艳，魏荣锐，2011.大枣多糖对 CCl_4 所致大、小鼠肝损伤模型的保护作用［J］.中华中医药杂志，26（9）：1997-2000.

苗明三，魏荣锐，2010.大枣多糖对乙硫氨酸及扑热息痛所致小鼠肝损伤模型的保护作用［J］.中华中医药杂志（8）：1290-1292.

苗明三，盛家河，2001.大枣多糖对衰老模型小鼠胸腺、脾脏和脑组织影响的形态计量学观察［J］.中药药理与临床，17（5）：18.

马庆华，续九如，姚立新，等，2007.不同产地冬枣果实品质差异的研究［J］.河北农业大学学报（2）：57-60.

南海娟，李全亮，张浩，等，2016.2 种枣多糖的抗氧化活性比较［J］.现代农业科技（12）：287-288，290.

牛林茹，李涛，冯俊敏，等，2015.7 种大品类红枣中可溶性糖含量及组成成分分析［J］.山西农业科学，43（1）：10-13.

南海娟，马汉军，杨永慧，2014.3 种枣果中主要营养成分和元素比较［J］.食品与发酵工业，40（5）：161-165.

聂继云，李静，徐国峰，等，2015.红枣中的苯甲酸及其膳食暴露评估［J］.农产品质量与安全（3）：47-49.

彭艳芳，2003.枣果营养成分分析与冬枣货架期保鲜研究［D］.保定：河北农业大学.

彭艳芳，李洁，赵仁邦，等，2008.金丝小枣和冬枣果实发育过程中低聚糖和多糖含量的动态研究［J］.果树学报（6）：846-850.

彭艳芳，2008.枣主要活性成分分析及枣蜡提取工艺研究［D］.保定：河北农业大学.

蒲云峰，2019.骏枣苦味物质鉴定及形成机理研究［D］.杭州：浙江大学.

任卫合，王丽萍，郭鹏辉，2017.三种不同大枣中环磷酸腺苷的提取与含量的比较［J］.甘肃科技纵横，46（6）：21-23.

任彦荣，邓朝芳，蒲昌玖，等，2016.新疆红枣无机元素地域分布相关性及主成分分析［J］.食品工业科技，37（18）：169-172，196.

热孜万古丽·阿不力木，李秀娟，李凤，2016.葡萄干中羟甲基糠醛物质分析［J］.食品安全导刊（33）：116.

商常发，赵芝刚，顾有方，等，2007.大枣多糖对大鼠血清钙和葡萄糖水平的影响［J］.中国中医药科技，14（2）：102-103.

申志涛，2010.维生素 C 的抗氧化行为及其相关性质的理论研究［D］.曲阜：曲阜师范大学.

矢数道明，1983.临床应用汉方处方解说［M］.李文瑞，译.北京：人民卫生出版社.

苏彩霞，刘晓红，闫超，等，2019.不同产地的灰枣营养成分分析［J］.落叶果树，51（3）：8-10.

苏敏，巩志国，宋姣，等，2017.干制红枣中天然苯甲酸的测定及本底分析［J］.中国食品添加剂（3）：152-156.

孙欣，张承明，时川，等，2019.红枣黑变前后感官特性及功能和香气成分的比较［J］.中国食物与营养，25（1）：72-75.

孙屏，吕岳文，刘超，等，2014.新疆红枣中天然苯甲酸含量的调查研究［J］.新疆农业科学，51（2）：235-240.

孙常松，李玛琳，2009.五环三萜类化合物抗肿瘤活性及其机制研究进展［J］.中国民族民间医药，18（12）：14-15.

盛文军，张盛贵，韩舜愈，等，2008.红枣黄酮粗品对小鼠血脂指标的影响［J］.农产品加工（10）：73-74，76.

陶永霞，周建中，武运，等，2009.酶碱法提取枣渣可溶性膳食纤维的工艺研究［J］.食品科学，30（20）：118-121.

田梦琪，2019.枣核中化学成分的研究［D］.西安：西北大学.

文怀兴，梁熠葆，许牡丹，等，2002.高 Vc 红枣真空干燥技术与设备的研究［J］.轻工机械（4）：31-33.

万德光，2007.中药品种品质与药效［M］.上海：上海科学技术出版社.

王欣，2004.伤寒论升斗斤两换算关系初探［C］//中华中医药学会学术部，北京中医药学会.2004 年全国中药研究暨中药房管理学术研讨会论文汇编.［出版地不详］：［出版者不详］.

王永刚，马燕林，刘晓风，等，2014.小口大枣营养成分分析与评价［J］.现代食品科技，30（10）：237-244.

王东东，2011.新疆红枣化学成分与抗氧化活性的研究［D］.乌鲁木齐：新疆医科大学.

王东东，侯旭杰，田树革，2010.RP-HPLC 法测定新疆 6 种红枣中芦丁的含量［J］.新疆医科大学学报，33（8）：894-896.

王蓉蓉，丁胜华，胡小松，等，2017.不同品种枣果活性成分及抗氧化特性比

较 [J]．中国食品学报，17（9）：271-277.

王向红，崔同，刘孟军，等，2002.不同品种枣的营养成分分析 [J]，营养学报，24（2）：206-208.

王向红，桑亚新，崔同，等，2005.高效液相色谱法测定枣果中的环核苷酸 [J]．中国食品学报，5（3）：108-112.

王向红，吉爽爽，生庆海，等，2014.柱前衍生高效液相色谱法检测 8 种枣水溶性多糖的单糖组成 [J]．中国食品学报，14（9）：257-262.

王存龙，刘华峰，夏学齐，等，2012.沾化冬枣产地土壤元素分布特征及其对冬枣品质的影响 [J]．物探与化探，36（4）：641-645，650.

王政，周永学，2016.《伤寒论》中生姜、大枣和甘草联合配伍规律浅析 [J]．现代中医药，36（3）：77-79.

王毕妮，2011.红枣多酚的种类及抗氧化活性研究 [D].杨凌：西北农林科技大学.

王毕妮，曹炜，樊明涛，等，2011.红枣不同部位的抗氧化活性 [J]．食品与发酵工业，37（6）：126-129.

王毕妮，樊明涛，曹炜，等，2011.烹饪方式对红枣多酚抗氧化活性的影响 [J]．食品与发酵工业，37（11）：130-133.

王蕾，周秦，李子阳，等，2018.大枣的健康调节功效及其功能食品研发 [J]．中国食物与营养，24（4）：14-18.

王娜，冯艳风，潘治利，等，2014.超声辅助提取对大枣粗多糖体外抗凝血活性及得率的影响 [J]．中国食品学报，14（4）：87-94.

王娜，潘治利，谢新华，等，2009.红枣渣中芦丁的提取工艺研究 [J]．食品科学，30（16）：185-188.

王依，鲁晓燕，牛建新，等，2013.新疆枣不同品种果实和果核性状的比较 [J]．石河子大学学报，31（1）：24-29.

王清华，井大炜，杜振宇，等，2019.叶面喷硒对沾化冬枣富硒及品质的影响 [J]．经济林研究，37（2）：23-28.

吴翠，刘超，巢志茂，2016.大枣色泽与 5- 羟甲基糠醛含量相关性分析 [J]．中国中医药信息杂志，23（8）：83-86.

魏然，2014.圆铃大枣多糖提取、纯化及生物活性研究 [D].泰安：山东农业大学.

魏利，2011.枣干制过程中苦辣味形成原因探讨 [D].乌鲁木齐：新疆农业大学.

邢诒善，1995.中老年肠胃保健［M］.广州：广东旅游出版社.

许牡丹，张瑞花，王瑾锋，2011.枣核中总皂苷提取工艺的研究［J］.食品科技，36（1）：181-183.

张伟，1999.葶苈大枣泻肺汤加减在兽医临床中的应用［J］.中兽医医药杂志（1）：46.

于莉，吴晓毅，梁曜华，等，2015.山萸肉不同仓储时间与 5- 羟甲基糠醛含量的相关性研究［J］.中国中医药信息杂志，22（6）：95-98.

杨国军，2003.黄酒中苦味物质及其来源探讨［J］.食品与发酵工业，30（3）：86-89.

杨若明，张经华，摆亚军，等，2001.外源性加硒法增加枣中硒含量的研究［J］.广东微量元素科学（1）：29-31.

杨生海，陈建茂，马磊，等，2011.大枣渣多糖对 CCl_4 肝损伤小鼠的保护作用［J］.宁夏医科大学学报，33（9）：874-875，902.

杨庆，李玉洁，陈颖，等，2017.大枣提取物对缺铁性贫血大鼠的保护作用［J］.中国实验方剂学杂志，23（3）：102-109.

阎克里，朱秀卿，赵丽，2009.红枣中总黄酮与芦丁含量测定及关系研究［J］.中国药物与临床，9（3）：222-223.

叶亮，郭盛，段金廒，等，2009.大枣在方剂中的配伍规律及应用特点［J］.新中医，41（3）：96-98.

展锐，邵金辉，2017.大枣多糖抗氧化及抗炎活性的研究［J］.现代食品科技，33（12）：38-43.

赵子青，林勤保，原超，等，2013.三种大枣低聚糖的分离纯化［J］.食品工业科技，34（23）：101-103，107.

赵桂芳，何庆勇，2015.何庆勇运用甘麦大枣汤的经验［J］.世界中西医结合杂志，10（1）：7-8，12.

赵京芬，郭一妹，朱京驹，等，2011.北京地区 8 个枣品种果实主要营养成分分析［J］.河北林果研究，26（2）：170-173.

赵堂，郝凤霞，杨敏丽，2011.几种红枣中生物活性物质环磷酸腺苷的含量分析［J］.湖北农业科学，50（23）：4955-4957.

赵堂，2013.不同产地红枣中氨基酸含量的测定［J］.湖北农业科学，52（16）：3963-3965.

赵晓，2009.枣果主要营养成分分析［D］.保定：河北农业大学.

赵爱玲，薛晓芳，王永康，等，2016.枣和酸枣果实糖酸组分及含量特征分析［J］.塔里木大学学报，28（3）：29-36.

赵其达拉吐，孙美艳，2016.富含大枣多糖食品对运动员缓解运动性疲劳的效果研究［J］.食品研究与开发，37（18）：182-185.

赵智慧，刘孟军，屠鹏飞，2010.金丝小枣水溶性粗多糖性质研究［J］.河北农业大学学报，33（5）：58-61.

张志国，陈锦屏，邵秀芝，等，2007.红枣核类黄酮清除 DPPH 自由基活性研究［J］.食品科学（2）：67-70.

张颖，郭盛，严辉，等，2016.不同产地不同品种大枣中可溶性糖类成分的分析［J］.食品工业，37（8）：265-269.

张宝善，陈锦屏，吴丽花，2003.红枣芦丁提取工艺的研究［J］.陕西师范大学学报（自然科学版）（1）：89-93.

张清安，范学辉，陈锦屏，2004.红枣汁对小鼠血脂水平影响的研究［J］.陕西师范大学学报（自然科学版）（2）：77-79.

张富县，李娜，李妙清，等，2018.三种红枣香气成分的分析及模块香精的调配［J］.食品工业科技，39（12）：222-226，237.

张雅利，陈锦屏，李建科，2004.红枣汁对小鼠高血脂症的影响［J］.河南农业大学学报（1）：116-118.

张雅利，郭辉，2005.红枣补血作用的物质基础探讨［J］.中国食物与营养（2）：45-47.

张萍，史彦江，宋锋惠，等，2011.南疆灰枣主要营养品质性状的变异及相关性研究［J］.果树学报，28（1）：77-81.

张艳红，2007.红枣中营养成分测定及质量评价［D］.乌鲁木齐：新疆大学.

张娜，雷芳，黄帅，等，2016.骏枣在蒸制后主要活性成分含量的变化［J］.食品科技，41（6）：100-103.

张娜，雷芳，马娇，等，2017.蒸制对红枣主要活性成分的影响［J］.食品工业，38（1）：138-141.

张倩，樊君，罗云书，2008.HPLC 测定陕北大枣和新疆大枣中环磷酸腺苷含量的研究［J］.药物分析杂志，28（6）：895-897.

张上隆，陈昆松，2007.果实品质形成与调控的分子生理［M］.北京：中国农业出版社.

张志国，2006. 冬枣核类黄酮的提取工艺研究及其生物功能初探［D］. 西安：陕西师范大学.

张仁堂，张利，孙欣，等，2021. 8 种枣核油脂肪酸组成及含量分析与比较［J］. 中国油脂，46（2）：93-96，101.

张仙土，付承林，陈灵斌，等，2012. 大枣多糖对 S-180 瘤细胞杀伤性实验研究［J］. 中国现代医生，50（12）：20-21.

张艳红，陈兆慧，王德萍，等，2008. 红枣中氨基酸和矿质元素含量的测定［J］. 食品科学（1）：263-266.

罩文才，洪庚辛，饶芳，1994. 甘麦大枣汤的中枢抑制作用［J］. 中药药理与临床（5）：9-11.

朱虎虎，玉苏甫·吐尔逊，斯坎德尔·白克力，2012. 新疆大枣的抗肿瘤作用［J］. 中国实验方剂学杂志，18（14）：188-191.

邹曼，2018. 圆铃枣主要抗氧化成分鉴定及抗氧化特性研究［D］. 泰安：山东农业大学.

邹玉龙，邹玉林，宋益洲，2015. 红枣中铁含量测定［J］. 微量元素与健康研究，32（6）：42-43.

郑晓冬，宋烨，潘少香，等，2015. 高效液相色谱法检测红枣中苯甲酸［J］. 中国果菜，35（10）：33-36.

BALTACI C，ILYASOGLU H，GUNDOGDU A，2016. Investigation of hydroxymethylfurfural formation in herle［J］. International journal of food properties，19（12）：2761-2768.

DAI C，et al.，2002. The protective effects of polyphenols from jujube peel（*Ziziphus jujuba* Mill.）on isoproterenol-induced myocardial ischemia and aluminum-induced oxidative damage in rats［J］. Food and chemical toxicology，50（5）：1302-1308.

GUO S，DUAN J A，TANG，Y P，et al.，2010. Characterization of triterpenic acids in fruits of ziziphus species by HPLC-ELSD-MS［J］. Journal of agricultural and food chemistry，58（10）：6285-6289.

HE X J，LIU R H，2007. Triterpenoids isolated from apple peels have potent antiproliferative activity and may be partially responsible for apple's anticancer activity［J］. Journal of agricultural and food chemistry，55（11）：4366-4370.

HAN B H，PARK M H，WAH S T，1987. Structure of daechualkaloid-A，a new pyrrolidine alkaloid of novel skeleton from *Zizyphus jujuba* var. *inermis* [J] . Tetrahedron letters, 28 (34): 3957-3958.

HUNG C F, HSU B Y, CHANG S C, et al., 2012. Antiproliferation of melanoma cells by polysaccharide isolated from *Zizyphus jujuba* [J] . Nutrition, 28 (1): 98-105.

HUANG X D, KOJIMA Y A, NORIKURA T, et al., 2012. Mechanism of the anti-cancer activity of *Zizyphus jujuba* in HepG2 cells [J] . American journal of chinese medicine, 35 (3): 517-532.

CYONG J C, HANABUSA K, 1980. Cycle adenosine monophosphate in fruits of *Zizyphus jujuba* [J] . Phytochemistry, 19 (12): 2747-2748.

CHI A, KANG C, ZHANG Y, et al., 2015. Immunomodulating and antioxidant effects of polysaccharide conjugates from the fruits of ziziphus jujube on chronic fatigue syndrome rats [J] . Carbohydrate polymers, 122: 189-196.

KALIDOSS A, KRISHNAMOORTHY P, 2011. Antioxidant efficacy of endocarp with kernel of ziziphus mauritiana lam. In p-dimethylaminoazobenzene induced hepatocarcinoma in rattus norvigicus [J] . Indian journal of natural products and resources, 2 (3): 307-314.

KOMMERA H, KALUDEROVIC G N, KALBITZ J, et al., 2011. Lupane triterpenoids-betulin and betulinic acid derivatives induce apoptosis in tumor cells [J] . Investigational new drugs, 29 (2): 266-272.

LEE S M, MIN B S, LEE C G, 2003. Cytotoxic triterpenoids from the fruits of *Zizyphus jujuba* [J] . Planta medica, 69 (11): 1051-1054.

LI J W, LIU Y F, FAN L P, et al., 2011. Antioxidant activities of polysaccharides from the fruiting bodies of *Zizyphus jujuba* cv. Jinsixiaozao [J] . Carbohydrate polymers, 84 (1): 390-394.

LI J W, FAN L P, DING S D, 2011. Isolation, purification and structure of a new water-soluble polysaccharide from *Zizyphus jujuba* cv. Jinsixiaozao [J] . Carbohydrate polymers, 83 (2): 477-482.

LIU N, YANG M, HUANG W Z, et al., 2017. Composition, antioxidant activities and hepatoprotective effects of the water extract of *Ziziphus jujuba* cv. Jinsixiaozao [J] . Journal of the royal society of chemistry (7): 6511-6522.

OKAMURA N, YAGI A, NISHIORA I, 1981. Studies on the constitunts of

Zizyphi fructus. V. Structures of glycosides of alcohol, vomifoliol and naringenin [J]. Chemical and pharmaceutical bulletin, 29 (12): 3507-3514.

PERIASAMY S, LIU C T, WU W H, 2015. Dietary ziziphus jujuba fruit influence on aberrant crypt formation and blood cells in colitis-associated colorectal cancer in mice [J]. Asian pacific journal of cancer prevention, 16 (17): 7561-7566.

PLASTINA P, BONOFIGLIO D, VIZZA D, et al., 2012. Identification of bioactive constituents of ziziphus jujube fruit extracts exerting antiproliferative and apoptotic effects in human breast cancer cells [J]. Journal of ethnopharmacology, 140 (2): 325-332.

TOMODA M, TAKAHASHI M, NAKATSUKA S, 1973. Water soluble carbohydrates of zixyphi fructus (2): Isolation of two polysaccharides and structure of an arabinan [J]. Chemical and pharmaceutical bulletin, 21 (4): 707-711.

TRUZZI C, ANNIBALDI A, ILLUMINATI S, et al., 2012. Determination of very low levels of 5- (hydroxymethyl) -2-furaldehyde (HMF) in natural honey: Comparision between the HPLC technonique and the spectrophotometric white method [J]. Journal of food science, 77 (7): C784-C790.

VAHEDI F, NAJAFI M F, BOZARI K, 2008. Evaluation of inhibitory effect and apoptosis induction of zyzyphus jujube on tumor cell lines, an in vitro preliminary study [J]. Cytotechnology, 56 (2): 105-111.

WANG C, CHENG D, CAO J K, et al., 2013. Antioxidant capacity and chemical constituents of chinese jujube (*Ziziphus jujuba* Mill.) at different ripening stages [J]. Food science and biotechnology, 22 (3): 639-644.

WANG D Y, ZHAO Y, JIAO Y D, et al., 2012. Antioxidative and hepatoprotective effects of the polysaccharides from *Ziziphus jujuba* cv. Shanbeitanzao [J]. Carbohydrate polymers, 88 (4): 1453-1459.

XU M Y, LEE S Y, KANG S S, 2014. Antitumor activity of jujuboside B and the underlying mechanism via induction of apoptosis and autophagy [J]. Journal of natural products, 77 (2): 370-376.

XUE Z, FENG W, CAO J, et al., 2009. Antioxidant activity and total phenolic contents in peel and pulp of chinese jujube (*Ziziphus jujuba* Mill.) fruits [J]. Journal of food biochemistry, 33 (5): 613-629.

YAN S L, HUANG C Y, WU S T, et al., 2010. Oleanolic acid and ursolic acid

induce apoptosis in four human liver cancer cell lines [J] . Toxicology in vitro,
24 (3): 842-848.

YANG C M, LI Y, FU L Y, et al., 2018. Betulinic acid induces apoptosis and
inhibits metastasis of human renal carcinoma cells in vitro and in vivo [J] .
Journal of biological chemistoy (4): 1-12.

ZHANG H, JIANG L, YE S, et al., 2010. Systematic evaluation of antioxidant
capacities of the ethanolic extract of different tissues of jujube (*Ziziphus jujuba*
Mill.) from China [J] . Food and chebmical toxicology, 48 (6): 1461-1465.

ZHAO Z H, LI J, WU X M, et al., 2006. Structures and immunological
activities of two pectic polysaccharides from the fruits of *Ziziphus jujuba* Mill. cv.
Jisixiaozao [J] . Food research international, 39 (8): 917-923.

ZHAO Z H, DAI H, WU X M, et al., 2007. Characterization of a pectic polysac
charides from the fruits of *Ziziphus jujuba* [J] . Chemistry of natural compounds,
43 (4): 374-376.

第八篇
枣食疗保健知识篇

251 古语讲"老人喝粥，多福多寿"

我国有句古语："老人喝粥，多福多寿。"从古至今，很多老年人把这句话当作养生名言。人老了，消化系统的功能渐渐衰退了，适当喝粥的确有利于消化（钱国宏，2011）。在国内著名的长寿之乡广西巴马和江苏如皋，喝粥早已成为当地人万古不变的养生妙招。许多老人通过早晚喝粥配合其他食物调养，甚至治好了胃痛、失眠和便秘的毛病。宋代大诗人陆游就有一首《食粥》诗："世人个个学长年，不悟长年在目前。我得宛丘平易法，只将食粥致神仙。"这首诗就是在描述食粥可以养生。

中国元代著名医药学家、养生学家邹铉，是粥养生的坚决拥护者，他认为早晨是喝粥的最佳阶段，因为此时是脾胃"值班"的时间，胃经过一夜蠕动，需要水分和营养，而粥比较柔腻细致，易于消化，喝粥最养胃（俞宝英，2008）。初秋季节，比较适合老人的有以下几款粥品：玉米粥、南瓜粥、黑芝麻粥、红枣粥等（高文彦，2015）。

古语讲"老人喝粥，多福多寿"

注：红枣莲子小米粥食材（左）；八宝粥食材（右）。

252 常食木耳枸杞红枣粥对身体有良好补益作用

黑木耳是一种食用菌，营养丰富，特别是富含铁、纤维素等。我国医学历来认为黑木耳有滋润强壮，清肺益气，补血活血，镇静止痛等功效，中医用来辅助治疗腰腿疼痛、手足抽筋麻木、痔疮出血和产后虚弱等病症。明代李时珍在《本草纲目》中记载："木耳生于朽木之上，性甘平，主治益气不饥，轻身强志，并有治疗痔疮、血痢下血等作用。"常食黑木耳也可避免血液黏稠，清洁血液。

《神农本草经》记载："枸杞，味苦，寒。主五内邪气，热中消渴；周痹，久服坚筋骨，轻身不老""大枣，味甘，平。主心腹邪气，安中养脾，助十二经，平胃气，通九窍，补少气，少津液，大惊，四肢重，和百药。"

粥润喉易食，营养丰富又易于消化，采用药食同源食材或对人体具有明显辅助调节功能的食品制作的粥，实在是养生保健的佳品。枸杞和红枣均被列为药食同源食材，黑木耳属于清热凉血、补血、滋阴食材。用此3 种材料熬粥，适时适量服用，可起到很好强体健身的功效。煮粥时，建议多用糙米，少用精米；非糖尿病患者，宜用大米、小米为主料，搭配薏苡仁、燕麦等杂粮。

木耳枸杞红枣粥的制作方法，选取黑木耳适量（可以根据个人喜好适当多放或者少放）、金丝小枣类小枣 10 个（灰枣等中等个头的枣 5～7个）、枸杞 15 粒左右，红枣和黑木耳应先用温水浸泡，泡涨清洗干净后与清洗过的枸杞一同待水开后下锅，并下小米（或大米）50 g 左右，温火煮沸 15～20 min，依照个人需要及喜好控制粥的黏稠程度。上述数量通常为1 个人食用的量。

253 用红枣等食材制作的粥可用于许多疾病的辅助食疗

《中华食疗》（李永来，2008）中，收集整理了不少含有枣的粥和汤，或是辅助治疗疾病，或是强身养颜，以下为几种含枣粥的种类及其做法。

（1）木耳枣米粥。木耳枣米粥的配料为木耳 5 g，粳米 100 g，红枣50 g，冰糖、水各适量。旺火煮沸后改文火煨至木耳粳米熟软时加入冰糖，再稍煮片刻即可。分早晚 2 次食用，连服 10 日为 1 个疗程，适用肺肾两虚型哮喘患者辅助食疗服用。

（2）生姜枣米粥。生姜枣米粥的配料为生姜9g，大枣2枚，糯米150g。生姜切片，大枣、糯米洗净，同煮成粥。每日2次，温热食用。适用于辅助治疗寒喘，症见喘促气短，喉中喘鸣，痰液稀白，恶寒无汗，头痛身酸，舌苔薄白。外感风热及里热盛者禁用。

（3）阿胶大枣粥。阿胶15g，糯米15g，大枣10枚。将阿胶捣碎，大枣去核与糯米煮粥，待熟时加入阿胶，稍煮，搅动融化即可。每日早晚餐温热服用，适用于血虚萎黄，眩晕心悸等辅助食疗。

（4）芪枣羊骨粥。羊骨1 000 g左右，黄芪30g，大枣10枚，粳米100g，细盐、葱白、生姜各适量。先将羊骨打碎，与黄芪、大枣下砂锅，加水煎汤，然后取汤代水同米煮粥，待粥将要熟时，加入细盐、生姜和葱白，稍煮即可。温热空腹食用，10～15日为1个疗程，适用于血小板减少性紫癜、再生障碍性贫血的辅助食疗。

（5）大枣桑葚粥。干桑葚30g（鲜品50g），大枣10枚，粳米100g，冰糖适量。先将桑葚浸泡片刻，洗净后与大枣、粳米同投入砂锅煮粥，粥熟后加入冰糖溶化即可。每日2次，空腹食用。功效是养血明目，补肝滋肾。

（6）百合龙眼大枣粥。鲜百合50g，大枣8枚，龙眼10个，小米100g，冰糖适量。先将百合洗净后与大枣、小米同下砂锅熬煮，煮熟后加入冰糖溶化即可。每日2次，空腹食用。此粥适合于因用脑过度而失眠的人，经常服用，对思虑过度、神经衰弱、失眠多梦者有很好辅助疗效。

（7）核桃红枣芡实粉粥。芡实粉30g，核桃肉（打碎）15g，红枣去核5～7枚，糖适量。芡实粉先用凉开水打成糊状，放入滚开水中搅拌，再拌入核桃肉、红枣肉，放糖适量。功效是滋养脾肾，固涩精气。

（8）芝麻红枣粥。芝麻25g，糯米50g，红枣40g，白糖适量。糯米洗净，红枣洗净去核，干净芝麻用小火焙熟，趁热碾成粉末。取砂锅1只，放入糯米，加入适量清水，用旺火烧开，加入芝麻、红枣，改用小火边煮边搅动至熟，服用前放入白糖。功效是滋润补身。

（9）红枣茯苓粥。茯苓粉30g，粳米60g，大枣10个，白糖适量。将大枣去核，浸泡后连水同粳米煮粥，粥成时加入茯苓粉搅拌，稍煮即成。服用时加白糖适量。功效为利水化湿，健脾补中。

除上述粥以外，红枣可以和许多食材搭配，煮制成营养可口的粥。常见的组合有红枣山药大米粥、红枣薏米银耳粥、红枣山药莲子粥、小米南瓜红枣粥等。山药性味甘平，能补脾胃，益肺肾，尤其适用于脾肾气虚者；薏米也叫薏苡仁、苡仁，其性凉，味甘淡，具有利水、健脾、除痹、清热排脓的功效；银耳可滋养阴液，生津润燥；莲子可清心益脾，开胃安神，滋补元气；百合性平，味甘，能润肺止咳，清心安神，补虚强身；桂圆对贫血、神经衰弱的恢复有一定作用。

在《大国医讲了你才懂》（沈绍功，2017）中，对于胃气受损而导致脾胃不和的人，推荐了"黄金粥"。"黄金粥"虽然有黄金二字，但食材并不昂贵，其实就是用小米、玉米、南瓜、大枣一起煮粥，因除大枣外，小米、玉米、南瓜的颜色为金黄色，故称为"黄金粥"。同时介绍了养肝八宝粥，做法为红枣 10 个，枸杞子 10 g，白扁豆 30 g，龙眼肉 10 g，乌梅 10 个，薏米 30 g，银耳 10 g，赤小豆 10 g。养肝八宝粥的功效是调经止痛，益气养血，养肝健脾。

可见，根据个人膳食习惯和身体状态，结合季节和年龄，可选择变换大枣粥的食材搭配。特别是老年人，常以小米红枣粥为基本养生粥，并时常加入山药、莲子、枸杞、桂圆等，对健康养生很有益处。

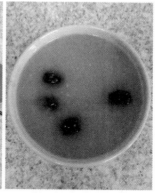

用红枣等食材制作的粥可用于许多疾病的辅助食疗

注：木耳枸杞红枣粥（左）；小米南瓜红枣粥（黄金粥）（右）。

254 用红枣等食材制作的汤可用于许多疾病的辅助食疗

（1）黑木耳红枣汤。黑木耳 15 g，红枣 15 个。将黑木耳、红枣用温水泡发放入碗中，加水和冰糖适量，再将碗放入蒸锅中，蒸 1 h。每日 2 次，吃木耳、红枣，喝汤，适用于贫血患者的辅助食疗。

（2）枸杞大枣鸡蛋汤。枸杞 20 g，大枣 10 枚，鸡蛋 2 个。将上述 3 种共放入砂锅中煮，鸡蛋半熟去壳再煮。食鸡蛋饮汤，每日 1 次，空腹食之，连服数天。功效补血养肾，适用于神经衰弱辅助食疗。

（3）红枣羊骨汤。羊胫骨（羊小腿上的骨头）500 g，红枣 100 g。将羊胫骨洗净放入砂锅中，加水适量，用大火煮沸后改用文火煎煮 1 h，下入洗净的红枣，继续用文火炖煮 2 h 左右。功效补血养血，补肾健脾。可用于再生障碍性贫血、血小板减少性紫癜，精血不足、眩晕、四肢乏力、面色无华等症的辅助食疗。

（4）冬菇大枣汤。红枣 15 枚，干冬菇 15 个，生姜、熟花生油、料酒、食盐、味精各适量。先将干冬菇洗去泥沙；红枣洗净，去核；然后将清水、冬菇、食盐、红枣、料酒、味精、姜片、熟花生油少量，一起放入蒸碗内，盖严，上笼蒸 60～90 min，出笼即可，佐餐食用。适用于各种虚症、高血压、食少、十二指肠溃疡等辅助食疗。

（5）红枣芹菜汤。鲜芹菜茎 500 g，红枣 30 g。食材洗净后，加清水 500 mL，同煮 30 min。分 2 次食枣喝汤。或者红枣、芹菜根各 50 g，红枣去核，芹菜根洗净，加水 500 mL，水煎至 300 mL。分 1～2 次食枣、喝汤，用于高血压患者的辅助食疗。

（6）花生红枣赤豆汤。红皮花生仁（带红衣）90 g，红枣 50 g，赤小豆 100 g。洗净后，加水煮汤，食花生、枣和豆，饮汤。上述 3 种食物都有补脾生血之功，单用有效，三味合用，更能增强补血作用。红枣、红豆、花生衣，三味共同熬汤俗称"三红汤"。功效是滋养、补血理气，适用于气血虚、脾胃不好者辅助食疗。

（7）枣莲鲫鱼汤。瘦肉 250 g，鲫鱼 100 g，灯心草 3 g，莲子 10 g，红枣 8 枚，生姜 4 片，竹叶 6 g，食盐、油各适量。先将中药置砂锅中加清水煮 30 min，再加鱼及肉同锅煮沸后改文火煮 40 min，以盐油调味即可。功效是清热健脾，适用于肌肤增白除斑点的辅助食疗。

（8）海带大枣羊肝汤。羊肝 30 g，海带 50 g，大枣 1 个。将羊肝和海带切细，与大枣同煮。吃羊肝、海带，喝汤。适用于耳鸣的辅助食疗。

（9）小麦枣桂汤。小麦 50 g，红枣 30 g，桂圆肉 15 g。将小麦去皮，红枣水泡后去核，与桂圆肉一起下锅，加水适量，用大火煮沸后改用小火煎煮 1 h 左右即可。喝汤，吃红枣和桂圆肉。补虚止汗，益气养血，可用于气虚引起的自汗等症的辅助食疗。

（10）芪枣瘦肉汤。瘦猪肉片 250 g，黄芪片 30 g，红枣 10 枚去核，姜、精盐、味精各适量。瘦猪肉、黄芪片、红枣加 60 mL 清水煮沸后，加入姜片和精盐，炖至瘦猪肉酥烂，拣出黄芪，加味精，调匀。分 2 次食肉和枣，喝汤。适用于气血两虚、身体瘦弱、贫血患者的辅助食疗。

用红枣等食材制作的汤可用于许多疾病的辅助食疗

注：黑木耳红枣汤（左）；花生红枣赤豆汤原料（右）。

255 蒸食红枣木耳冰糖可驻颜祛斑

红枣 10 枚，黑木耳 15 g，冰糖适量。将红枣冲洗干净，用清水浸泡约 2 h 后捞出，剔去枣核。黑木耳用清水泡发，洗干净。把红枣、黑木耳放入汤盆内，加入适量开水、冰糖，上笼蒸 0.5～1 h 即成。每日早、晚餐后各服 1 次，可以补虚养血。适用于血虚面色苍白、心慌心惊及贫血者食用。无病者食之，可起到养血强壮的保健作用。经常服食，可以驻颜祛斑，健美丰肌，并用于辅助治疗面部黑斑、形瘦。

木耳是含铁量高的食物之一，每 100 g 含铁量为 97.4 mg。所以，红枣和木耳蒸煮搭配是不错的组合。

256 姜枣汤冬夏都可饮用

郭旭光（2010）撰文，秋冬季节，气候寒凉，胃肠功能不好的人容易腹胀，表现为脘腹胀满、不思饮食、辗转难安。遇此情况，喝点陈皮姜枣汤有明显治疗效果。具体方法：陈皮 10 g，生姜 50 g 剁成碎末，大枣数枚。加水 500 mL，煮沸后改文火，煎 3～5 min 即可。趁热饮用效果最好。

对于肠胃功能虚寒的人，姜枣汤冬夏都可饮用。掌握的原则是，秋冬天冷加姜减枣；春夏天热加枣减姜。通常生姜用量 10～30 g，红枣 3～10 枚，红糖依据个人口味随意。1 剂分早晨、中午、下午 3 次趁热服用。

枣属于湿热之物，脾虚脾湿的人吃了就会虚不受补，导致上火。但是加入生姜以后的效果就会大不一样，因为姜主散，可将枣的湿热之气散掉。同样，因为有了枣的制约，姜的生发之性就会收敛，不至于生发过度，耗散了津液。因为有了枣，姜就温而不燥；因为有了姜，枣就滋而不腻。姜与枣，一升一降，一散一收，一补一泄，一阴一阳，就这样把你的营卫调和了。当然红枣、生姜都是温热之品，应根据个人体质和脾胃虚寒程度，调节掌握服用次数。

257 红枣验方和民间常用良方应科学选用

红枣广泛应用在不同食疗食材组合中，主要起到滋补调养作用。在《大国医全书》（高文彦，2015）中，收集了不少以红枣为主要材料，进行预防、调养和辅助治疗疾病的民间常用良方。也有人总结了红枣的 12 种主要做法和功效为红枣蒸熟吃，预防哮喘；红枣泡茶，补气护嗓；红枣熬汤，止咳润肺；红枣煮蛋，补血养颜；红枣熬粥，安神助眠；红枣泡酒，血管通畅；红枣泡水，养肝排毒；鲜枣煮水，强健脾胃；红枣煮饭，延年益寿；红枣蒸木耳，驻颜祛斑；红枣蜂蜜膏，预防失眠；红枣生姜茶，养胃安神。

对书籍、资料或其他来源的红枣验方和民间常用良方，应结合自己的年龄、体质、性别和健康状况，在医生的指导下有针对性地科学选用，方可起到良好的调理作用。

《大国医讲了你才懂》（沈绍功，2017）中阐述，《黄帝内经》载："故智者之养生也，必顺四时而适寒暑，和喜怒而安居处，节阴阳而调刚柔。"大意是，真正的养生就是顺应四季，情绪和平，适度适量，不急不躁。只有找到适合自己的方法，"饮食有节，起居有常"，保证生活规律，是最为重要的养生之道。

258 含有红枣的食疗验方选编

选编自《大国医全书》（高文彦，2015），可根据个人情况酌情选用或咨询中医后科学选用。

（1）适用于慢性支气管炎、咳嗽、咽干、喉痛等症的辅助食疗。蜜枣甘草汤：蜜枣 8 个，生甘草 6 g。将蜜枣和生甘草放入锅中，加清水 2 碗，煎至 1 碗，去渣服汤，每日 2 次。具有补中益气，润肺止咳之功效。

（2）用于高血压辅助食疗。大枣 10 枚，洋葱 30 g，芹菜根 20 g，糯米适量，煮粥食用。

（3）用于贫血患者的辅助食疗。大枣 50 g，绿豆 50 g，同煮，加红糖适量服用，每日 1 次，15 天为 1 个疗程。

（4）用于腹泻患者的辅助食疗。大枣 10 枚，薏米 20 g，干姜 3 片，山药 30 g，糯米 30 g，红糖 15 g，共煮粥服用。

（5）用于食欲不振、消化不良患者的辅助食疗。大枣 10 枚（炒焦），陈皮 4 g，沸水冲泡 10 min，饭前饭后代茶饮。

（6）用于神经衰弱患者的辅助食疗。大枣 10 枚，枸杞 15 g，水煎半小时，再将鸡蛋 2 只打入同煮，至熟食用，每日 2 次。

（7）用于妇女月经不调的辅助食疗。大枣 20 枚，益母草和红糖各 10 g，水煎服，每日 2 次，连服数日。或者大枣 5 枚，生姜 2 片，桂圆肉适量，同煮食，每日 1 次，连服数日。

（8）防病御寒保健粥。山药 15～30 g，栗子 50 g，大枣数枚，粳米 100 g。栗子去壳后，与山药、大枣、粳米同煮成粥。

（9）用于失眠的辅助食疗。大枣 20 枚，葱白 7 根，煎汤，睡前服。

在《健康真律——远离疾病的生活饮食处方》（李德初，2003）中，对妇女产后不适症状轻微者、慢性支气管炎及咽干喉痛辅助治疗，给出了自行调理的食疗方剂如下。

（10）用于妇女产后惊悸、忧郁的辅助食疗。茯苓 25 g，龙眼肉 50 g，红枣 10 个，水煎服，每日 2 次。

（11）用于妇女产后惊悸、忧郁的辅助食疗。莲子 25 g，小麦 50 g，红枣 15 个，黑糖 10 g，水煎服，每日 2 次。

（12）用于妇女产后气喘的辅助食疗。黑木耳 25 g，红枣 10 个，生姜 10 g，水煎喝汤、吃木耳及红枣。

《中华食疗》（李永，2008）中，收集了许多大枣治病或养生的食疗方，选编部分，可结合自身体质和身体周期，并在医生指导下合理食用或饮用。

（13）用于风寒感冒的辅助食疗。红枣 50 g，生姜、紫苏叶各 10 g，共煎 20 min，2 次混合，去渣取汁，代茶饮。

（14）用于小儿风寒感冒、咳嗽、鼻流清涕的辅助食疗。白萝卜 1 个，生姜 1 块，大枣 3 枚，蜂蜜 30 g。将白萝卜和生姜洗净，切取白萝卜 5 片，生姜 3 片，大枣 3 枚，放入锅内，加水 1 碗，煮沸 20 min，去渣留汤，最后加入蜂蜜，再煮沸即成。趁热代茶频饮。

（15）用于滋补强身，老年便秘的辅助食疗。糯米 2 000 g，干柿饼 300 g，大枣 100 g，松子仁 50 g，核桃仁 50 g，蜂蜜 1 000 g。将糯米打成细粉，大枣蒸熟去核，与柿饼一同制成泥状。将糯米粉和制成的柿饼泥、枣泥混在一起，加适量水制成面团，铺平放在蒸锅内，用旺火蒸熟，取出稍凉后，再加入松子仁、核桃仁揉匀，搓成长条，揪成剂子，将剂子制成小圆饼盛入盘中，用蜂蜜熬沸浇于柿饼糕上即可，随意食用。

（16）用于慢性支气管炎的辅助食疗。苦菜 500 g，红枣 30 枚。将苦菜洗净切碎，加水 600 mL，小火熬至苦菜酥烂，去渣，加入红枣，继续加热至红枣酥烂，再去渣留汁，浓缩成膏。每日早晚各服 1 匙。

（17）用于气血两亏，脾胃虚弱，食欲不振的辅助食疗。糯米 100 g，葡萄干 50 g，小红枣 50 g，冰糖适量。糯米加水 1 000 mL，煮沸后，将洗净的葡萄干、去核的小红枣和冰糖一起加入，小火慢煮成粥。分 2 次空腹服用。

（18）用于血虚及面色无华之人的辅助食疗。红枣 10 枚，花生米 50 g，兔肉 500 g，调味品适量。将红枣、花生米、兔肉洗净，同下锅内炖熟，调味，每日分 2 次佐餐食用。

其他许多科技资料中，也有不少关于大枣与其他食材和药物配合使用、调养身体的参考膳食，可作为参考或结合自身体质和身体周期，并在医生指导下合理食用或饮用。

（19）护肝的辅助食疗。大枣 20～30 g，花生仁 10 g，冰糖适量，一起煮烂食用，此为 1 天的食用量。

（20）强筋壮骨茶。枸杞 10 g，大枣（炙烤）3 个，菊花 5 朵，开水冲泡代茶饮。

（21）体虚怕冷（特别是中老年人）的辅助食疗。大枣 5～6 个，枸杞 7～8 颗，桂圆 4～5 颗，红糖 1 小块，熬水喝。

（22）失眠的辅助食疗。甘麦大枣饮：淮小麦 60 g，甘草 30 g，大枣 15 个，用水 4 碗煎成 1 碗，早晚各服 1 次。

（23）适用失眠的辅助食疗。鲜红枣 1 000 g，洗净去核取肉捣烂，加适量水用文火煎，过滤取汁，混入 500 g 蜂蜜，于火上调匀取成枣膏，装瓶备用。每次服 15 mL，每日 2 次，连续服完。

（24）适用于神经衰弱之失眠。大枣 15 个，葱白 8 根，白糖 5 g。用水 2 碗熬煮成 1 碗。临睡前顿服。

（25）适用于气血不足、月经不调、闭经痛经、血虚头痛、眩晕及便秘等症的辅助食疗。当归 15 g，红枣 50 g，白糖 20 g，粳米 50 g。先将当归用温水浸泡片刻，加水 200 mL，先煎浓汁 100 g，去渣取汁，与粳米、红枣和白糖一同加水适量，熬煮成粥。每日早晚温热服用，10 日为 1 个疗程。

（26）具有健脾补血、清肝明目的辅助食疗作用。红枣 50 g，粳米 100 g，菊花 15 g，一同放入锅内加清水适量，煮至浓稠时，放入适量红糖调味食用。

（27）具有健脾益气的功效。适用于食少纳呆，腹胀便溏，疲乏无力的中老年人辅助调理。山药 30 g，薏米 30 g，莲肉（去心）15 g，红枣 10 枚，小米（或粳米）50～100 g，白糖少许。把山药洗净、切片，薏米、红枣洗净备用，小米淘净后加适量水，倒入山药、薏米、莲肉、红枣，武火煮开，转文火煮至米烂，温食。

几种含有红枣的食疗验方

注：红枣枸杞鸡蛋汤（左）；红枣枸杞桂圆汤（中）；红枣夹糯米粉（右）。

259 《红楼梦》中蕴含的红枣养生膳食

《红楼梦》是中国文学四大名著之一，也是一部奇书，它的"奇"不仅在于情节和人物，更在于它对一个庞大封建家族生活事无巨细的刻画，简直就是一部封建社会的百科全书。而在中医眼中，《红楼梦》中更蕴含了博大精深的中医养生文化，尤其是中医药膳和治病良方。枣泥山药糕、建莲红枣汤以及枣儿熬的粳米粥，都是《红楼梦》中提及的红枣养生膳食。

《红楼梦》第 11 回"庆寿辰宁府排家宴，见熙凤贾瑞起淫心"中写道，秦可卿说道："好不好，春天就知道了。如今现过了冬至，又没怎么样，或者好的了也未可知。婶子回老太太、太太放心罢。昨日老太太赏的那枣泥馅的山药糕，我倒吃了两块，倒像克化的动似的。"枣泥山药糕易于消化，味道清甜，红枣可以补气血，山药可以健脾胃，是非常有补益作用的小点心。

《红楼梦》第 52 回"俏平儿情掩虾须镯，勇晴雯病补孔雀裘"中写道："宝玉点头，即使换了衣裳，小丫头便用小茶盘捧了一盖碗建莲红枣汤来，宝玉喝了两口；麝月又捧过一小碟法制紫姜来，宝玉噙了一块。"解析《红楼梦》中的建莲红枣汤这一美食，莲子有安心养神的功效，红枣则有补气血之功效，莲子中最上品者为"建莲"，即产自福建建宁的莲子。

《红楼梦》第 54 回"史太君破除腐旧套，王熙凤效戏彩斑衣"中写道："上汤时，贾母说：'夜长，不觉得有些饿了。'凤姐忙回说：'有预备的鸭子肉粥。'贾母道：'我吃些清淡的罢。'凤姐儿忙道：'也有枣儿熬的粳米粥，预备太太们吃斋的'。贾母道：'倒是这个还罢了。'"凤姐所说的鸭肉粥和枣粥，都是地地道道的养生粥。

枣泥馅山药糕、莲子红枣粥都是《红楼梦》所载的良好养生膳食

260 医药典上记载或医嘱食枣有哪些害处和禁忌

《神农本草经彩色图鉴》（沐之，2015）中有："《日华子诸家本草》载：有齿病、疳病、蛔虫的人不宜吃，小儿尤其不宜吃。枣忌与葱同食，否则令人五脏不和。枣与鱼同食，令人腰腹痛。"又"李时珍说，现在的人蒸枣大多用糖、蜜拌过，这样长期吃最损脾，助湿热。另外枣食多了，令人齿黄生虫。"此外，红枣和鲶鱼一同食用，容易导致头发脱落。

《大国医讲了你才懂》（沈绍功，2017）中，将红枣列为常见的补脾食物，并指出气滞、湿热和便秘者忌食。

《大国医全书》（高文彦，2015）中，对食枣的禁忌包括痰浊偏盛，腹部胀满，舌苔厚腻，肥胖病者忌多食常食；急性肝炎湿热内盛者忌食；小儿疳积和寄生虫病儿忌食；牙齿疼痛者忌食；糖尿病患者切忌多食。湿热体质的人主要表现为面部不清洁感，面色发黄、发暗、油腻；牙齿比较发黄，牙龈比较红，口唇也比较红。

【参考文献】

曹雪芹，高鹗，2017.绣像全本红楼梦［M］.北京：北京联合出版公司.

郭旭光，2010.秋冬季节腹胀宜食陈皮姜枣汤［J］.山东人力资源和社会保障（11）：47.

李德初，2003.健康真律：远离疾病的生活饮食处方［M］.北京：中国城市出版社.

李永来，2008.中华食疗［M］.北京：线装书局.

高文彦，2015.大国医全书［M］.北京：中医古籍出版社.

沐之，2015.神农本草经彩色图鉴［M］.北京：北京联合出版公司.

钱国宏，2011.八旬老人的"四季养生粥"［J］.新农村（9）：44.

沈绍功，2017.大国医讲了你才懂［M］.长沙：湖南科学技术出版社.

《图解经典》编辑部，2017.图解黄帝内经［M］.长春：吉林科学技术出版社.

谭洪福，胡剑北，王惟恒，2010.大枣妙用［M］.北京：人民军医出版社.

王惟恒，王君，谭洪福，2017.妙用大枣治百病［M］.北京：中国科学技术出版社.

邢诒善，1995.中老年胃肠保健［M］.广州：广东旅游出版社.

俞宝英，2008.老年养生医学指南：邹铉《寿亲养老新书》述评［J］.上海中医药杂志，42（9）：48-49.

后　记

年复一年，枣树看起来还是老样子。虽然树龄逐年增大，但耐干旱和盐碱、抗严寒和暑热的本性基本没变；虽然树干上布满了密密麻麻的皱纹和斑块，犹如老人那饱经风霜的脸，但那些经历了风风雨雨枝干上潜伏的隐芽，仍具有创伤后或逆境下爆出新枝的强大潜力。谚语讲："杨柳当年成活不算活，枣树当年不活不算死"，看来枣树确有蓄势待发的本领。此外，枣树也常常为自己比多数其他树种具有更长的自然寿命和经济寿命而自豪。

家乡的枣树栽植在田间、道路旁、房前屋后，有成片的纯枣林，也有不少是枣树和矮秆作物间作种植的。不少枣树"道行"很深，年龄已经有几百年。

每年，桃红李白之后，枣树才从一冬的沉睡中渐渐醒来。起初，它一点儿也不忙于抽枝发芽，而是先睁开它的眸子，悄悄地打探春天的信息。几天后，在褐黑色枣股上长出了三五个嫩嫩的小芽，小芽渐渐伸长，其上生出一片片淡绿色的小叶，椭圆形的小叶油亮油亮的，阳光一照，闪闪烁烁，像是给枣树点缀了许多绿色的宝石。在一些老枣区和古枣园，枣农精心采集枣芽和嫩叶制作枣芽茶，近年来作为商品或馈赠品都十分时尚。

5—6月，随着枣吊的生长，叶腋先呈现出一簇一簇小米粒似的花蕾，随后渐渐增大开裂，接着枣花开放，枣吊中部的花朵略大而健实，五个光光的米黄色花瓣，像五角形小星星一样，它们混在枣叶中，开得十分繁茂，从初花期到末花期可持续一两个月。花朵于米黄色中糅进些许淡绿色开得虽不像桃李那般灿烂鲜艳，但也芳香醉人，令人着迷。起初枣花无声无息地开在绿叶掩映之下，几天后，它便透出甜丝丝的醉人醇香，微风一吹，阵阵浓郁甜蜜的香味迎面扑来，也吸引着无数蜂蝶在它周围翩翩起舞，采集花蜜和花粉，为人们提供品质良好的枣花蜜。

6月上中旬是枣树坐果的关键时期，如果天气阴冷或栽培管理跟不上，枣树常会出现满树花却不坐果的情况。为此，枣农给金丝小枣等落花严重的枣树逐棵进行环剥手术，这一方法其实是从古农书《齐民要术》记载的

"嫁枣"演化而来，同时结合现代喷施激素技术，取代了《齐民要术》中"以杖击其枝间，振去狂花"的做法，通过综合技术的应用，使得枣树坐果率大幅提高。

7月上旬，通常每个枣吊上只挂了一两颗枣，但是整个枣树上的枣仍显得密密麻麻。有些老百姓将圆形的枣品种称为圆枣、长形的枣品种称为长枣、长形顶端发尖的枣品种称为马牙枣，其实它们都有自己确切的名字。这时期枣是青绿色，咬开后果肉中心已经有枣核的模样，但是枣核还没有硬化。

夏季阳光雨露的滋润，枣农精心耕耘，小枣一天一个模样，日渐长大，到农历七月十五前后，就已经显现出果压枝头的喜人景象，挂果多的年景，果实会压弯或压断枝梢。青的如碧玉，个别红的似玛瑙，在阳光照耀下，金光闪闪的。小伙伴们早就馋得流口水了，总想摘几个红的放到嘴里，而有经验的农人总是告诫说，先红的枣大多是有毛病的枣，多半是里面有虫子或受了伤，使得孩子们听后欲摘又止。

中秋节前后，枣树的叶子变得不那么绿了，一颗颗枣儿先是由绿黄色变成白色，渐渐地由白色变成红色，紧挨着，像是一个个"红玛瑙"挂满了枝头。它们欣喜地向人们报告："收获季节到了。"这时，若顺手摘一颗熟透的枣儿放进嘴里，你会觉得它是那样的清脆，满嘴是那样的香甜。枣子熟了，人们或站在树下或爬到树上，用竹竿一打，红枣就像下冰雹一样，"噼里啪啦"落下来。小伙伴们高兴极了，拍着手，跳着脚，迫不及待地蹲下来，捡呀，捡呀，不一会儿就捡满了一只只竹篮和一袋袋提兜。新疆若羌的灰枣，则是在枣果成熟后继续挂树风干一个多月，然后再震落捡拾，这种在树上晾干的枣在当地叫作"吊干枣"。

随着深秋到来，枣树叶子渐渐落光，无情的秋冬剥去了它们美丽的衣裳，虽然枯瘦的躯干光秃秃地站立在那里，但是当你放眼眺望着它们，你确确实实会感到，默默无语的枣树，在经历的岁月中坚守着自己独有的品格：叶不争春，花不争艳，根不争地，冠不争天。年年夏季，枣树在枣农刀割斧砍（环剥）下，经过盛夏阳光雨露滋润，吸取大地的养分，奉献给人们金秋累累硕果，周而复始，经受岁月的磨炼和见证。

山东乐陵有"中国金丝小枣之乡"的称号，在土坡上、大路旁、田边、房前屋后，真是见缝插针，有小块地栽植的，也有万亩连片的枣园。这些枣树有高有低、有粗有细，树皮都很粗糙，上面裂纹斑斑，见证了历史的变迁，岁月的沧桑，大多有几百年了，准确的树龄谁也说不清楚。朱集镇最老的那棵枣树树龄据说已千年以上，传说乾隆还赐了"枣王"二字。

我的家乡虽然没有连片的枣林，但是也有枣树，老百姓在庭院栽种几棵枣树是很平常的事，也认为枣树是适合庭院栽植的树种。我家院子里枣树不算少，大大小小估计有二三十棵。在我的童年记忆中，那两棵最大的枣树直径比碗口粗，小些的应该是根蘖苗逐渐长大的。这些枣树结的枣虽然不大，但是鲜食或干制枣品质都不错，鲜枣脆甜，干制枣枣肉也能拉丝，应该是干鲜兼用品种。

十几年前父母尚在世，十分喜爱这些枣树，每年打枣时提前将院子清扫得干干净净，地上铺上塑料布，以防打落的枣粘上脏土，收获的枣经挑选后摊晾在空房的炕上或放在筐箩里，起初几天每天要翻动几次，使水分及时均匀散失，防止霉烂。这样阴干的枣含水量适中、色泽鲜亮、外观饱满、皱褶少、品相好。如果雨水正常枣子丰产的年份，也能干制近百斤红枣。在外地工作的我们，每逢回家时父母总要给带点红枣，因为这是家乡的特产，颗颗枣儿晶莹剔透，承载着父母的一片真心。将这些红枣带回城市的家中，煮小米粥时放几颗，或过年过节时做枣花面食，每次都舍不得多放总想细水长流，能多吃一段时间。

老家院中正房前的那两棵枣树，推断可能是爷爷辈栽种的，因为我有记忆时两棵枣树干径均比碗口粗，枣木瓷实长得慢，这样的粗度估计要长上几十年，现在我已经60多岁了，所以说它们是百年的枣树也不为过。记得童年时，在枣快成熟的时候，爬上枣树或屋顶摘枣吃是家常便饭。孩子们爬到树杈上，攀爬到大的枝干上或沿着墙攀爬至屋顶，用手摘，或用竿子打，或使劲摇。无论是红圈的枣还是全红的枣，拿一颗咬在嘴里，脆脆的、甜甜的。在枣成熟的季节，上学前总爱偷偷摘些枣子装进书包里或口袋里，课间时分给要好的伙伴们吃。

冬天了，枣树叶子早已落光，树顶上挂的那些枣才无奈地不时往下掉，下雪后偶尔还有枣掉落在雪地上，白里透红一眼就能看到。掉下来的枣可好吃了，怪不得它们不愿意落下来，然而即使它们不掉下来，也会被喜鹊当作"零食"叼走。乡亲们称留在树上的这些枣为"树绵枣"，它确实比成熟时打下来晾干的枣口感和味道好不少。

鲁迅先生在作品《秋夜》中写道："在我的后园，可以看见墙外有两株树，一株是枣树，还有一株也是枣树。"枣树是鲁迅先生心目中的"猛士",在他陷入迷惘,孤寂与希望并存的时候,以"枣树形象"为精神鼓舞,展现了鲁迅先生不屈不挠的战斗精神和坚强决心。枣树,是农人心中的"良木";枣子,是诗人笔下的"红玉";枣是大枣仙话中的"仙果";枣是《本经》所载植物药物的"上品"。枣,香甜如蜜、金丝缕缕、品质优良、营养滋补;它不仅为世人所喜爱,也让历朝历代的文人墨客情有独钟,从最初的《诗经》到民间的传说,从浩瀚如海的散文小说,到家家户户门上的楹联,从知名作家到一般作者,都不吝赞誉,使枣与文学结下了不解之缘,使枣成为火红生活的点缀……

山东百枣枣产业技术研究院
王文生

主 编 心 语

　　天津恒运能源集团股份有限公司（以下简称"集团"）在新时代背景下，坚持优势资源向优势企业聚集，不断补齐产业短板，以科学技术引领企业转型升级，助力企业持续、稳定发展。集团以能源产业为龙头，以农业产业为基础，以金融产业为保障，多元化协同发展，下辖多家子公司，员工1 000多人。

　　在党的政策指引下，通过持续拼搏和创新，集团在天津乃至全国都有较强的影响力，笔者也获得许多荣誉称号和社会兼职，2017年当选全国农业劳动模范、山东省第五届齐鲁乡村之星，被评为食安山东2017年度杰出人物。

　　身为民营企业家的先进代表，笔者始终不忘感恩社会、回报社会，担当社会责任。近年来，先后在重大突发应急事件、"恒爱行动"等活动中捐赠物资，为乡村建桥修路，帮扶困难群众，为家乡乐陵经济、教育文化事业的发展出力献策，并积极助力"京津冀一体化高质量发展"，持续推进企业产品创新、技术创新、金融创新、管理创新和商业模式创新。其中，立足山东乐陵，凭借几十万亩枣林的独特优势，发展了集金丝小枣种植、研发、生产加工、销售、金丝小枣文化博物馆、旅游文化、"互联网+"等于一体的枣全产业链，成立了山东百枣纲目生物科技有限公司，并创建了经山东省民政厅批准的专门从事枣研究的山东百枣枣产业技术研究院。公司生产研发以枣为主要原材料的产品有保鲜脆枣、枣脯凰、夹心枣、精制枣花蜜、硒枣骨人参茶、枣酵素、枣香型白酒、金丝小枣发酵酒、中华蜜酒等，通过红枣的精深加工，为乐陵枣产业乃至山东枣产业的可持续发展做出了积极贡献。

　　然而，近年来由于全国枣种植面积和产量的猛增，致使山东的枣园面积、特别是金丝小枣种植面积呈现逐年减少的趋势，整体经济效益大幅下滑，许多枣园出现"丰产不丰收"的现象，严重挫伤了生产者和经营者的积极性。虽然各级政府和农林技术推广部门在品种选育、栽培管理、提高品质、产业融合等方面进行了持续地努力，但红枣产业面临的挑战依然严峻，枣产业正处于提质增效转型期。无论从企业盈利、农民增值，还是从我国枣产业的发展现状来看，如何围绕枣的精深加工做大文章，做好大健康产业，将是今后工作的重点。

产业要转型，企业要上新台阶，知识、人才和科技推广普及至关重要。为此，我们聘请了国家农产品保鲜工程技术研究中心（天津）原副主任王文生研究员，出任山东百枣枣产业技术研究院副院长。山东百枣枣产业技术研究院目前的四大主要任务，即通过与国内外高等院校、科研院所和企事业单位的多层次合作，聚集整合各种创新要素；围绕枣产业开展科技攻关及创新活动；支撑企业稳步发展；促进山东及我国枣产业的技术进步。

国务院印发的《国务院关于实施健康中国行动的意见》中明确了 3 个方面共 15 个专项行动，其中的第一个行动是实施健康知识普及行动。枣是我国最有特色的药食同源且经济廉价的食物，总结现有的研究技术成果，挖掘深厚的枣文化和养生知识，并在研发、生产及生活中得以科学应用，也是实施健康知识普及行动的重要内容。为此，围绕技术、文化、养生等方面，我们编著出版了这本《中国枣知识集锦 260 条——科学技术古今文化食疗养生》科普图书。衷心地期盼该书对读者有益，对行业有益，对提升产业的发展有益！

天津恒运能源集团董事局主席
山东百枣枣产业技术研究院院长
李长云